AutoCAD 2010
应用基础教程

（第二版）

伍超奎 刘晓燕 赖 炼 等编著

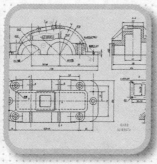

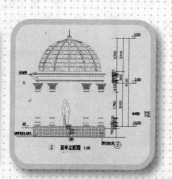

清华大学出版社
北 京

内 容 简 介

本书秉承案例驱动的原则，以机械、建筑、道路桥梁、家具、园林、电气等众多领域的正在使用或已经竣工的工程项目设计图和实物平面图作为教学案例及课后练习案例，系统地讲解了使用 AutoCAD 2010 进行二维图形设计的基本方法与技巧，包括图形的绘制与编辑、图层设计、文字编辑、图块设计、尺寸标注、样板文件、图形输出等内容，且同一知识点均有不同领域的案例，案例涉及的图形均有详细的尺寸标注、绘图要点及详细的绘图步骤，不同层次的读者可以选择只按尺寸绘图、根据尺寸及绘图要点绘图和根据案例详细步骤绘图。书中主要章节均配有来自于时尚、流行、热点等方面的自由创作导引，激发读者进行创新设计和主动学习，使读者可以很快设计出属于自己的个性化作品。

本书是在作者十多年来从事计算机辅助设计教学和研究工作的基础上编写的，内容丰富、结构清晰、语言简练、叙述通俗易懂、实例丰富，既可作为大专院校及高职高专学校计算机辅助设计课程的教材，也可作为 AutoCAD 爱好者的自学用书。

图书在版编目（CIP）数据

AutoCAD 2010 应用基础教程/伍超奎编著. —2 版. —北京：清华大学出版社，2011.9

ISBN 978-7-302-26426-2

I. ①A… II. ①伍… III. AutoCAD 软件–教材 IV. ①TP391.72

中国版本图书馆 CIP 数据核字（2011）第 162913 号

责任编辑：钟志芳
封面设计：张　岩
版式设计：文森时代
责任校对：柴　燕
责任印制：何　芊

出版发行：清华大学出版社　　　　　　　　　　地　　址：北京清华大学学研大厦 A 座
　　　　　http://www.tup.com.cn　　　　　　邮　　编：100084
　　　　　社　总　机：010-62770175　　　　邮　　购：010-62786544
　　　　　投稿与读者服务：010-62776969，c-service@tup.tsinghua.edu.cn
　　　　　质　量　反　馈：010-62772015，zhiliang@tup.tsinghua.edu.cn
印　刷　者：清华大学印刷厂
装　订　者：三河市新茂装订有限公司
经　　　销：全国新华书店
开　　　本：185×260　印　张：24　字　数：552 千字
版　　　次：2011 年 9 月第 2 版　　印　　次：2011 年 9 月第 1 次印刷
印　　　数：1～5000
定　　　价：39.80 元

产品编号：038087-01

本书编委会

前　言

　　计算机辅助设计（Computer Aided Design，CAD）是计算机科学技术发展和应用中的一门重要技术，对提高设计质量、加快设计速度、节省人力与时间、提高设计工作的自动化程度具有十分重要的意义，目前它已成为工厂、企业和科研部门提高技术创新能力、加快产品开发速度、促进自身快速发展的一项必不可少的关键技术。计算机辅助设计能力也随之成为社会对各界人士提出的一项新的要求。

　　AutoCAD 是由美国 Autodesk 公司开发的计算机辅助绘图软件包，由于具有容易掌握、使用方便、绘图速度快、精度高等特点，广泛应用于机械、建筑、土木工程、电子、冶金、园林、道路桥梁、家具设计、轻工、测绘等众多领域，深受广大工程技术人员的欢迎，已成为工程设计领域应用最为广泛的计算机辅助绘图软件之一。

　　本书作者从事计算机辅助设计教学和研究工作已经十多年，书中饱含作者多年实践的经验和心血。书中结合机械、道路桥梁、土木建筑、家具、其他工艺等众多领域正在使用或者已经竣工的工程项目设计图和实物平面图向读者介绍 AutoCAD 2010 的基本使用方法，且同一知识点均有不同领域的案例，案例涉及的图形均有详细的尺寸标注、绘图要点及详细的绘图步骤，不同层次的读者可以选择只按尺寸绘图、根据尺寸及绘图要点绘图和根据案例详细步骤绘图。书中主要章节均配有来自于时尚、流行、热点等方面的自由创作导引，激发读者进行创新设计和主动学习，使读者可以很快设计出属于自己的个性化作品，提高计算机辅助设计能力。

　　本书共分 11 章。第 1~3 章介绍计算机辅助设计的概念、AutoCAD 2010 中文版的基本知识和基本操作以及计算机绘图的一些基本知识；第 4 章介绍点、线及面形图元（矩形、圆、多边形等）等基本图元的绘图；第 5 章介绍图形的编辑功能；第 6、7 章介绍图层设计、文字与图块设计的方法；第 8 章介绍尺寸标注的方法；第 9 章介绍样板文件的生成；第 10 章介绍图形输出；第 11 章介绍机械、建筑、道路桥梁、园林、家具及电气等专业图的绘制实例。本书既可作为大专院校及高职高专学校计算机辅助设计课程的教材，也可作为 AutoCAD 爱好者的自学用书。

　　本书是集体智慧的结晶，参加本书编写和制作的人员还有刘名蔚、郑杰明、刘晓鲜、伍金明、李淑媚、韦中绵、姚怡、余益、焦小焦、李捷、廖平光、柳永念、李向华、陈大海、韦文代、包金陵、易向阳、藤金芳、黄毅然、王淖等人。由于编者水平有限，同时时间较紧，书中难免有错误和不足之处，欢迎广大读者和专家批评指正。

编　者

目　录

第 1 章　计算机辅助设计概述

1.1　计算机辅助设计的概念

计算机辅助设计（Computer Aided Design，CAD）是计算机科学技术发展和应用中的一门重要技术。它是利用计算机快速的数值计算和强大的图文处理功能来辅助工程师、设计师、建筑师等工程技术人员进行产品设计、工程绘图和数据管理的一门计算机应用技术，如提供模型、计算、绘图等。

计算机辅助设计对提高设计质量、加快设计速度、节省人力与时间、提高设计工作的自动化程度具有十分重要的意义，目前它已成为工厂、企业和科研部门提高技术创新能力、加快产品开发速度、促进自身快速发展的一项必不可少的关键技术。

与计算机辅助设计（CAD）相关的概念有如下两个。

❑ CAE（Computer Aided Engineering，计算机辅助分析）：是把CAD设计或组织好的模型，用计算机辅助分析软件对原设计进行仿真设计成品分析，通过反馈的数据，对原CAD设计或模型进行反复修正，以达到最佳效果。

❑ CAM（Computer Aided Manufacture，计算机辅助制造）：是把计算机应用到生产制造过程中，以代替人工进行生产设备与操作的控制，如计算机数控机床、加工中心等都是计算机辅助制造的例子。CAM不仅能提高产品加工精度、产品质量，还能逐步实现生产自动化，对降低人力成本、缩短生产周期有很大的作用。

计算机辅助设计过程如图 1-1 所示。把 CAD、CAE、CAM 结合起来，使得一项产品由概念、设计、生产到成品形成，节省了相当多的时间和投资成本，而且保证了产品质量。

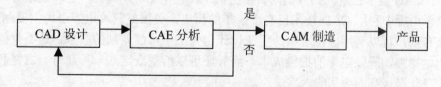

图 1-1　计算机辅助设计过程

计算机辅助设计（CAD）技术是集计算、设计绘图、工程信息管理、网络通信等计算机及其他领域知识于一体的高新技术，是先进制造技术的重要组成部分，其显著特点是：提高设计的自动化程序和质量，缩短产品开发周期，降低生产成本，促进科技成果转化，提高劳动生产效率，提高技术创新能力。

可见，计算机辅助设计（CAD）对工业生产、工程设计、机器制造、科学研究等诸多领域的技术进步和快速发展产生了巨大的影响。

1.2　计算机辅助设计的范畴

　　计算机辅助设计（CAD）是一个涵盖范围很广的概念，概括来说，CAD 的设计对象最初包括两大类：一类是机械、电子、汽车、航天、轻工和纺织产品等；另一类是工程设计产品，如工程建筑等。如今，CAD 技术的应用范围已经延伸到艺术等各行各业，如电影、动画、广告、娱乐和多媒体仿真（如模拟霜冻植被受损的过程）等都属于 CAD 范畴。

　　CAD 在机械制造行业的应用最早，也最为广泛。采用 CAD 技术进行产品设计不但可以使设计人员甩掉图板，更新传统的设计思想，实现设计自动化，降低产品的成本，提高企业及其产品在市场上的竞争能力；还可以使企业由原来的串行式作业转变为并行式作业，建立一种全新的设计和生产技术管理体制，缩短产品的开发周期，提高劳动生产率。如今世界各大航空、航天及汽车等制造业巨头不但广泛采用 CAD/CAM 技术进行产品设计，而且投入大量的人力、物力及资金进行 CAD/CAM 软件的开发，以保持自己在技术上的领先地位和国际市场上的优势。

　　CAD 在建筑方面的应用——计算机辅助建筑设计（CAAD）为建筑设计带来了一场真正的革命。随着 CAD 软件从最初的二维通用绘图软件发展到如今的三维建筑模型软件，CAD 技术已开始被广为采用，这不但可以提高设计质量、缩短工程周期，还可以节约 2%~5% 的建设投资，而近几年来仅在我国每年的基本建设投资就有几千亿元之多，如果全国大小近万个工程设计单位都采用 CAD 技术，则可以大大提高基本建设的投资效益。

　　CAD 技术还被用于轻纺及服装行业中。以前，我国纺织品及服装的花样设计、图案的协调、色彩的变化、图案的分色、描稿及配色等均由人工完成，速度慢，效率低，而目前国际市场上对纺织品及服装的要求是批量小、花色多、质量高、交货要迅速，这使得我国纺织产品在国际市场上的竞争力不强。采用 CAD 技术以后，大大加快了我国纺织及服装企业走向国际市场的步伐。

　　如今，CAD 技术已进入到人们的日常生活中，在电影、动画、广告和娱乐等领域大显身手。电影拍摄中利用 CAD 技术已有十余年的历史，美国好莱坞电影公司主要利用 CAD 技术构造布景，可以利用虚拟现实的手法设计出人工不可能做到的布景。这不仅能节省大量的人力、物力，降低电影的拍摄成本，而且还可以给观众造成一种新奇、古怪和难以想象的环境，获得极高的票房收入。

1.3　计算机辅助设计的现状与发展

　　计算机辅助设计（CAD）技术产生于 20 世纪 60 年代，但它的技术发展之快、应用之广、影响之大都令人瞩目，特别是进入 20 世纪 90 年代，随着计算机软硬件技术取得突飞猛进的发展，以及互联网的广泛应用，都极大地促进了 CAD 技术的发展。CAD 技术应用展现出广阔的应用前景，从早期的几个特殊行业的应用，到现在几乎遍及所有领域。

随着 CAD 技术的发展和人们需求的不断提高，人工智能等各类技术逐渐融入到 CAD 系统中，形成了基于各种知识的 CAD 系统（或智能 CAD 系统）。知识的应用使 CAD 系统的"设计"功能和设计自动化水平大大提高，对产品设计全过程的支持程度大大加强，促进了产品和工程的创新开发。

世界发达国家已把计算机辅助设计技术作为增强企业生产竞争力和促进发展的重要手段。我国在"八五"期间就实施了"国家 CAD 应用工程"计划，十几年来，我国加大了计算机辅助设计技术的研究、应用和推广，越来越多的设计单位和企业采用这一技术来提高设计效率、产品质量和改善劳动条件。目前，我国从国外引进的 CAD 软件有几十种，国内的一些科研机构、高校和软件公司也已立足于国内，开发出了自己的 CAD 软件，并投放市场，使我国的 CAD 技术应用呈现出一片欣欣向荣的景象。

计算机辅助设计将朝着标准化、智能化、集成化、网络化、三维化及多媒体虚拟化等方向发展，甩掉图板，实现全自动无纸化设计、生产和制造，是计算机辅助设计发展的最终目标。

1.4　计算机辅助设计的常用软件介绍

计算机辅助设计深入到各行各业，所使用的软件很多，这里着重介绍应用较广泛的几个常用软件。

1. AutoCAD

AutoCAD 是美国 Autodesk 公司研究开发的一种通用计算机辅助设计软件包。Autodesk 公司在 1982 年推出了 AutoCAD 的第一个版本 V1.0，随后相继开发出多个版本，其中典型版本有 R14、AutoCAD 2000、AutoCAD 2004、AutoCAD 2007 等，目前最新版本是 AutoCAD 2010。AutoCAD 的功能越来越强大和完善，应用领域非常广泛，不仅用于机械图形设计，还用于建筑行业的工程制图、水电工程以及城市规划和园林设计等。同时，Autodesk 公司还开发了不同行业的专用 AutoCAD 版本，如在机械设计与制造行业发行了 AutoCAD Mechanical 版本，在电子电路设计行业发行了 AutoCAD Electrical 版本等。AutoCAD 已成为当今世界上最为流行的计算机辅助设计软件之一。

2. Photoshop

Photoshop 是 Adobe 公司推出的一款功能十分强大、使用范围广泛的平面图像处理软件。目前 Photoshop 是众多平面设计师进行平面设计、图形图像处理的首选软件。

3. CorelDRAW

CorelDRAW 是 Corel 公司出品的世界一流的平面矢量绘图软件，被专业设计人员广泛使用，其集成环境（称为工作区）为平面设计提供了先进的手段和最方便的工具。在 CorelDRAW 系列的软件包中，包含了 CorelDRAW、CorelPHOTO-PAINT 两大软件和一系列的附属工具软件，可以完成一幅作品从设计、构图、草稿、绘制、渲染的全部过程。CorelDRAW 是系列软件包中的核心软件，可以在其集成环境中集中完成平面矢量绘图。

4. Pro/ENGINEER

Pro/ENGINEER 是美国参数技术公司（PTC）的产品，它刚一面世（1988 年），就以其先进的参数化设计、基于特征设计的实体造型而深受用户的欢迎。Pro/ENGINEER 整个系统建立在统一的数据库上，具有完整而统一的模型，能将整个设计至生产过程集成在一起，其共有 20 多个模块供用户选择。基于以上原因，Pro/ENGINEER 在最近几年已成为三维机械设计领域中最富魅力的系统。

5. SolidWorks

SolidWorks 是由美国 SolidWorks 公司于 1995 年 11 月研制开发的最有代表性的三维 CAD 绘图软件，多用于外形设计。SolidWorks 是一套基于 Windows 的 CAD/CAE/CAM/PDM 桌面集成系统，与 Office 兼容，具有较强的参数化特征造型功能。

6. CAXA 电子图板

CAXA 电子图板是由北京海尔软件有限公司于 1996 年研制开发的二维绘图 CAD 软件。CAXA 电子图板以交互方式对几何模型进行实时的构造、编辑和修改，并能保存各类拓扑信息。目前该软件已在工程和产品设计绘图中得到广泛的应用，成为全国制图员计算机绘图技能考试的指定软件。

7. PICAD

PICAD 系统及系列软件是中科院凯思软件集团及北京凯思博宏应用工程公司开发的具有自主版权的 CAD 软件。该软件具有智能化、参数化和较强的开放性，对特征点和特征坐标可自动捕捉及动态导航。PICAD 是国内商品化最早、市场占有率最大的 CAD 支撑平台及交互式工程绘图系统。

8. 高华 CAD

高华 CAD 由清华大学和广东科龙（容声）集团联合创建，系列产品包括计算机辅助绘图支撑系统 GHDRAFTING、机械设计及绘图系统 GHMDS、工艺设计系统 GHCAPP、三维几何造型系统 GHGEMS、产品数据管理系统 GHPDMS 及自动数控编程系统 GHCAM。高华 CAD 也是基于参数化设计的 CAD/CAE/CAM 集成系统，是全国 CAD 应用工程的主推产品之一，其中 GHGEMS 5.0 曾获第二届全国自主版权 CAD 支撑软件评测第一名。

9. 清华 XTMCAD

清华 XTMCAD 是清华大学机械 CAD 中心和北京清华艾克斯特 CIMS 技术公司共同开发的基于 Windows 95 和 AutoCAD R12 及 R13 二次开发的 CAD 软件。它具有动态导航、参数化设计及图库建立与管理功能，还具有常用零件优化设计、工艺模块及工程图纸管理等模块。其作为 Autodesk 注册认可的软件增值开发商，可直接得到 Autodesk 公司的技术支持，其优势体现在对 CIMS 工程支持数据的交换与共享上。

10.　开目 CAD

开目 CAD 是华中理工大学机械学院（公司名称：武汉开目信息技术有限责任公司）开发的具有自主版权的基于微机平台的 CAD 和图纸管理软件，其面向工程实际，模拟人的设计绘图思路，操作简便，机械绘图效率比 AutoCAD 高得多。开目 CAD 支持多种几何约束种类及多视图同时驱动，具有局部参数化的功能，能够处理设计中的过约束和欠约束的情况。开目 CAD 实现了 CAD、CAPP、CAM 的集成，适合我国设计人员的习惯，是全国 CAD 应用工程主推产品之一。

1.5　小　　结

本章主要介绍了计算机辅助设计的概念、范畴以及计算机辅助设计的现状与发展，同时还介绍了目前常用的计算机辅助设计软件。通过本章的学习，读者可以快速、全面地了解计算机辅助设计的相关知识，明确计算机辅助设计的作用和重要性，为后续学习 AutoCAD 2010 打下基础。

1.6　上机练习与习题

1. 什么是计算机辅助设计？
2. 现实生活中，你了解或者接触过的哪些应用属于计算机辅助设计范畴？
3. 你用过哪一种计算机辅助设计软件？
4. 你期待具备怎样的计算机辅助设计能力？

第2章 AutoCAD 2010 介绍

AutoCAD 2010 是美国 Autodesk 公司推出的 AutoCAD 软件的最新版本，于 2009 年 3 月正式发布，它继承了 AutoCAD 2009 之前版本的优点，同时还增加了许多新功能，其中包括参数化绘图、自由形式的设计工具以及对于 PDF 性能的多项升级和惊人的三维打印增强，使与同事共享和共同工作项目变得非常简单。AutoCAD 2010 提供了更加高效、直观、友好的设计环境，三维设计更为顺畅，使任何设计想法及将其转化为现实的过程比以往更快。

2.1 AutoCAD 2010 的环境要求

AutoCAD 2010 软件对运行环境要求比较高，如果用户的计算机配置不符合要求，安装的 AutoCAD 2010 软件可能会无法运行。所以在安装 AutoCAD 2010 软件之前，必须确保计算机满足最低系统需求。用户可参考下面列出的硬件环境和软件环境需求。

1. 软件环境

AutoCAD 2010 中文版可以在 32 位 Windows XP 专业版或家庭版及更高版本的操作系统上运行。

2. 硬件环境

运行 AutoCAD 2010 中文版所需要的硬件环境如下：

（1）Intel Pentium 4 或 AMD Athlon 双核处理器，1.6GHz 或更高主频支持的 SSE2 技术的 CPU。

（2）不少于 2GB RAM 的内存。

（3）可用硬盘空间不少于 2GB（不包括安装所需的 1GB）。

2.2 AutoCAD 2010 的安装及运行

2.2.1 AutoCAD 2010 的安装

在安装 AutoCAD 2010 之前，需要查看系统需求，了解管理权限需求，关闭所有正在运行的应用程序。

　　安装步骤如下：首先将 AutoCAD 2010 光盘放入计算机的 CD-ROM 驱动器中，在光盘中找到记录有 AutoCAD 2010 安装序列号的文本文件，并双击 setup.exe 文件，弹出【安装初始化】对话框，等几秒钟后初始化完成，会自动弹出 AutoCAD 2010 安装界面，单击【安装产品】选项，打开 AutoCAD 2010 安装向导，选中【AutoCAD 2010】复选框，如图 2-1 所示，然后按照每页上的说明进行操作即可，安装完成后系统弹出【安装完成】界面，单击【完成】按钮即完成安装。

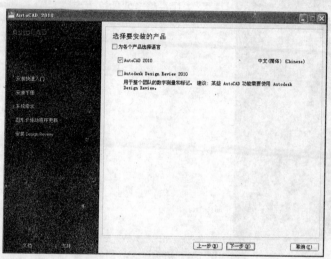

图 2-1　AutoCAD 2010 向导

★★提示：安装时，一般采用系统默认配置安装。即在每一个页面中单击【下一步】按钮进行安装即可。安装时所需的序列号在光盘中的 *.txt 文件中。

2.2.2　启动 AutoCAD 2010

　　完成 AutoCAD 2010 中文版的安装后，会在 Windows 桌面上产生一个快捷图标，并在【所有程序/程序】菜单中添加一个【Autodesk】程序组。

　　启动 AutoCAD 2010 中文版的方法有以下 3 种。

　　方法一：双击桌面上 AutoCAD 2010 快捷图标，如图 2-2 所示。

　　方法二：选择【开始】→【所有程序/程序】→【Autodesk】→【AutoCAD 2010-Simplified Chinese】→【AutoCAD 2010】命令，如图 2-3 所示。

　　方法三：双击任一个 AutoCAD 2010 的图形文件（*.dwg），即可启动 AutoCAD 2010，并在窗口中打开该图形文件。

　　第一次启动 AutoCAD 2010 时，系统会弹出初始设置界面，如图 2-4 所示（共 3 页）。用户在初始设置界面可以选择最符合自己工作领域的行业、优化默认工作空间及指定图形样板文件的设置，用户也可以跳过初始设置，采用系统默认设置。

图 2-2　AutoCAD 2010 快捷图标　　　　　　图 2-3　菜单方式启动 AutoCAD 2010

图 2-4　初始设置界面

2.3　AutoCAD 2010 工作界面

AutoCAD 2010 的工作界面（即工作空间）包括 AutoCAD 经典、三维建模、二维草图与注释 3 种，它们之间的转换可以通过如图 2-5 中的工作空间栏来实现。若用户在第一次启动 AutoCAD 2010 时进行了初始设置，则将多一个【初始设置工作空间】选项。

2.3.1　AutoCAD 2010 经典界面

AutoCAD 2010 经典界面（如图 2-5 所示）主要由标题栏、菜单栏、工具栏、绘图区、命令窗口、状态栏等部分组成。

1.　标题栏

AutoCAD 2010 标题栏与之前版本有所不同，除了显示 AutoCAD 2010 的程序图标以及当前图形文件的名称外，还增加了【快速访问】工具栏、【菜单浏览器】按钮、【信息中心】工具栏等，如图 2-6 所示。

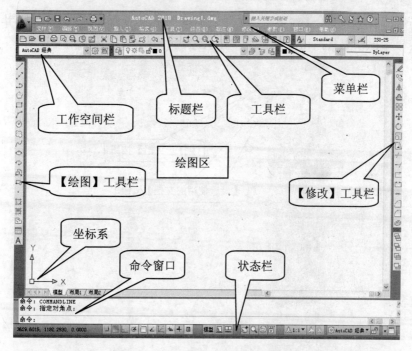

图 2-5　AutoCAD 2010 经典工作界面

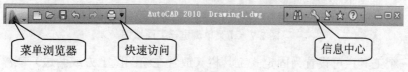

图 2-6　标题栏

【快速访问】工具栏用于存储用户经常使用的命令，如"打开"、"保存"等，便于快速访问。

单击【菜单浏览器】按钮可弹出如图 2-7 所示的面板，在该面板中包括常用的菜单项，选择各菜单项会弹出相应的子菜单，在左上角包含了【最近使用的文档】按钮和【打开文档】按钮，单击相应按钮，在面板的右侧就会显示对应的文档名称和缩略图。在【菜单浏览器】面板的右上角有一个【搜索】文本框，其作用是在此框中输入命令，则系统搜索出命令的相关信息。

【信息中心】工具栏包括【搜索】、【收藏夹】、【帮助】、【通信中心】、【速博应用中心】等按钮，单击相应按钮，系统会弹出相应面板供用户进行相关的操作。

2. 菜单栏

菜单栏几乎包含了 AutoCAD 2010 的大部分命令，并分组放置在不同的菜单中，单击菜单栏中的某一项，会显示出相应的下拉菜单。

3. 工具栏

AutoCAD 2010 共提供了 30 多个工具栏，通过这些工具栏可以实现大部分命令的操作。它是与菜单等效的另一种使用 AutoCAD 命令的方法。其中常用的默认工具栏为【标准】、

【绘图】、【修改】、【图层】、【对象特性】等。如果把光标指向某个工具按钮上并停顿一下，屏幕上就会显示出该工具按钮的名称，并在状态栏中给出该按钮的简要说明。

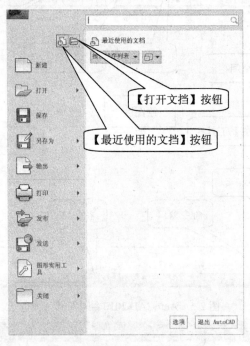

图 2-7　【菜单浏览器】面板图

　　任意一个工具栏可设置为固定式工具栏（放置在绘图区上方或两边）或浮动式工具栏（放置在绘图区），如图 2-8 所示，同时用户还可以根据需要显示或隐藏任一个工具栏。显示和隐藏工具栏的方法是：在任意一个工具栏上右击，从弹出的快捷菜单中单击所要显示或隐藏的工具栏。快捷菜单中工具栏名前带【√】标志的表示该工具栏处于显示状态，否则处于隐藏状态。隐藏（关闭）工具栏的方法很简单：单击工具栏右上角的关闭按钮✕即可。

　　有一个特殊工具栏——【工具选项板】，它为用户提供了组织、共享、放置块及填充图案的快捷方法。AutoCAD 2010 的【工具选项板】包括了【建模】、【注释】、【机械】、【土木工程】、【电力】、【图案填充】、【建筑】、【命令工具】、【绘图】和【修改】等工具选项板，如图 2-8 所示。用户可以将自己的块、图案填充组织到指定的工具选项板中成为"工具"，也可以将【工具选项板】中的工具（块、图案）拖放到绘图区中创建图形。显示或隐藏【工具选项板】的方法：单击【标准】工具栏中的▯按钮即可。

　　4．绘图区

　　绘图区是用户进行图形绘制和显示的区域，它相当于工程绘图的图纸。绘图区没有边界，利用视窗实现缩放功能，可使绘图区无限增大或缩小。因此，无论多大的图形，都可放置其中。在绘图区的左下角有一个用户坐标系的图标，如图 2-9 所示，它表明当前坐标系的类型，图标左下角为坐标的原点（0，0，0）。

　　绘图区的默认背景为白色。用户可根据作图的需要，改变绘图区的颜色，方法是：单击【菜单浏览器】按钮，在弹出的面板中单击【选项】按钮（或在菜单栏中选择【工

具】→【选项】命令），在弹出的【选项】对话框中选择【显示】选项卡，然后单击【颜色】
按钮，在弹出的【图形窗口颜色】对话框的【颜色】下拉列表框中选择一种合适的颜色，
如图 2-10 所示。

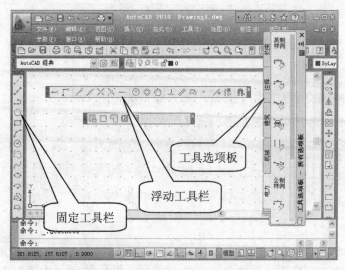

图 2-8　各类工具栏显示图

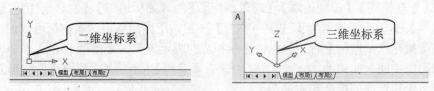

图 2-9　绘图区左下角的用户坐标

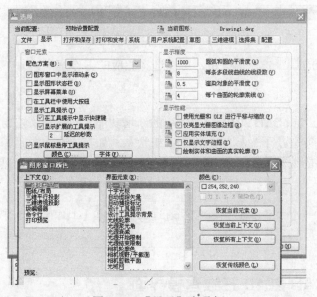

图 2-10　【显示】选项卡

AutoCAD 绘图区底部有【模型】、【布局 1】、【布局 2】3 个选项卡，如图 2-11 所示。

【模型】代表模型空间，供用户在此空间设计绘图，【布局】代表图纸空间，供用户布局排版，输出图形。

模型
布局1
布局2

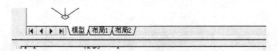

图 2-11　绘图区底部的【模型】、【布局 1】、【布局 2】选项卡

5. 命令窗口

命令窗口在绘图区下方，用于接收用户从键盘输入的各种命令、数据等信息，同时还可以显示命令操作过程中的各种信息和提示，如图 2-12 所示。

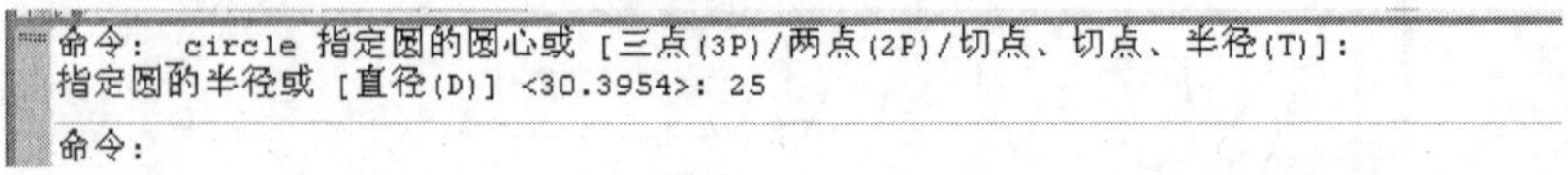

命令: circle 指定圆的圆心或 [三点(3P)/两点(2P)/切点、切点、半径(T)]:
指定圆的半径或 [直径(D)] <30.3954>: 25
命令:

图 2-12　AutoCAD 2010 命令窗口

6. 状态栏

状态栏位于主窗口的底部，用于显示或改变当前的绘图空间状态，如图 2-13 所示。最左侧的数字是当前光标所在位置的坐标；其中依次是【捕捉模式】、【栅格显示】、【正交模式】、【极轴追踪】、【对象捕捉】、【对象捕捉追踪】、【允许/禁止动态 UCS】、【动态输入】、【显示/隐藏线宽】、【快捷特性】按钮，用鼠标单击这些按钮可以切换当前状态，当鼠标放在这些按钮上时，状态栏显示相应的提示。单击【模型/图纸】按钮即可在模型空间和图纸空间之间切换；分别单击【快速查看布局】按钮和【快速查看图形】按钮，在绘图区将出现对应的模型和布局图纸。

412.5511, 12.3436 , 0.0000
模型
1:1
AutoCAD 经典

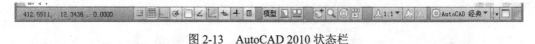

图 2-13　AutoCAD 2010 状态栏

单击状态栏上的 AutoCAD 经典 按钮，可以选择相应的工作空间。

7. 快捷菜单

快捷菜单是从 AutoCAD 2010 开始使用的新增功能。单击鼠标右键后，在光标处将弹出快捷菜单，其内容取决于光标的位置或系统状态。如在选择对象后单击鼠标右键，则快捷菜单将显示常用的编辑命令。在执行命令的过程中单击鼠标右键，则快捷菜单中将给出该命令的选项等。

★★提示：在任何一个工作界面，都可以通过工具栏的【工作空间】下拉列表框切换到另一个工作界面。

2.3.2　AutoCAD 2010 三维建模界面

当工作空间设为“三维建模”时，系统就会进入三维建模界面，如图 2-14 所示。与经

典界面不同的是，原菜单栏和常用工具栏的位置以各选项卡面板的形式显示。切换到各个选项卡面板并单击各选项卡上的按钮即可执行相应的命令。

图 2-14　AutoCAD 2010 三维建模界面

2.3.3　AutoCAD 2010 二维草图与注释界面

初次打开 AutoCAD 2010 时，弹出【初始设置】对话框，若单击对话框中的【跳过】按钮，则弹出【跳过初始设置】页面，然后再单击【启动 AutoCAD 2010】按钮，再单击【确定】按钮，就会打开【二维草图与注释】界面，如图 2-15 所示。该界面的组成部分与三维建模相似，但其功能区的各选项卡面板中的命令与经典界面的命令一样，用于二维绘图的绘制与修改。

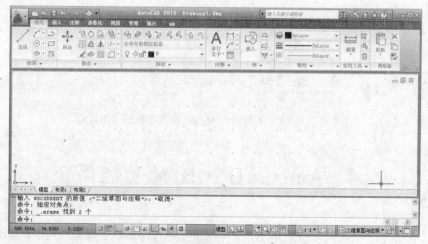

图 2-15　AutoCAD 2010 二维草图与注释界面

草图中如图 2-16（a）所示部分称为完整的功能区，通过单击其中的 按钮可以将功能区简化成如图 2-16（b）所示的"面板标题"和如图 2-16（c）所示的"选项卡"形式。

按钮是一个循环按钮，可以实现 3 种形式的转换。在经典界面中"完整的功能区"也有这 3 种形式，转换方法相同。

（a）完整的功能区

（b）面板标题   （c）选项卡

图 2-16　AutoCAD 2010 二维草图与注释界面中的功能区的 3 种形式

在 AutoCAD 2010 二维草图与注释界面中也可以调出经典的下拉式菜单，具体操作可以通过 AutoCAD 2010 界面中【快速访问】工具栏上的 按钮来完成，当选择弹出菜单中的【显示菜单栏】命令时得到经典的下拉式菜单，当选择【隐藏菜单栏】命令时将隐藏经典的下拉式菜单，操作过程如图 2-17 所示。

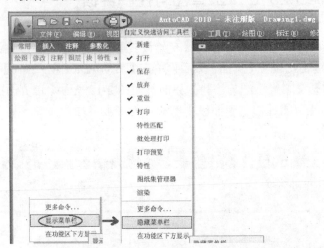

图 2-17　AutoCAD 2010 经典的下拉式菜单的调用过程

2.4　AutoCAD 2010 的功能简介

AutoCAD 2010 除具有以前版本的基本功能外，还有许多新的功能，下面分别进行介绍。

1.　绘图功能

在 AutoCAD 2010 中，可以通过菜单、工具栏和输入相应的绘图命令方式绘制二维图形和三维图形等，同时可以将绘制的图形转换为面域。为了加快绘图速度，AutoCAD 2010 还给用户提供了图块、外部参照等功能。

2. 编辑功能

AutoCAD 2010 具有强大的图形编辑功能。如对于图形或线条对象，可以采用删除、恢复、移动、复制、镜像、旋转、修剪、拉伸、缩放、倒角、倒圆角等方法进行修改和编辑。

3. 标注功能

AutoCAD 2010 具有强大的文字标注和尺寸标注功能。文字标注是对图形加以文字性的说明，尺寸标注是向图形中添加测量尺寸的过程。AutoCAD 2010 提供了一套完整的尺寸标注和尺寸编辑命令，用户可以方便、快速地以一定格式创建符合行业标准的标注。

4. 图形显示及共享功能

AutoCAD 2010 为用户提供了 6 个标准视图和 4 个轴测视图。可以利用视点工具设置任意的视角，可以任意调整图形的显示比例，以便观察图形的全部或局部。同时还可以利用三维动态观察器设置任意的透视效果。AutoCAD 2010 还为多人合作设计提供设计中心以及内置的 Internet 功能，以便用户实现图形共享，提高设计效率。

5. 二次开发功能

用户可以根据需要来自定义各种菜单及一些与图形有关的属性。不同行业的用户也可根据需要，利用 AutoCAD 2010 提供的一种内部的 Visual LISP 编辑开发环境，在其平台上开发新的具体专业应用软件。

6. 轻松的设计输出环境

AutoCAD 2010 提供了模型绘图和图纸绘图空间，方便用户在设计时不受空间约束，准确、快速地绘图，同时可将所绘制的图形以不同样式打印在图纸上，或生成图块和创建文件以供其他应用程序使用。

7. 新增功能

AutoCAD 2010 在性能和功能方面均有了进一步的改善，自由形式设计是 AutoCAD 2010 在三维建模方面增强的功能，参数化绘图及动态图块也是 AutoCAD 2010 的新增功能。其存储文件格式、打开速度、文件输出等方面也都有所增强。

2.5　图形文件的基本操作

图形文件的基本操作包括：新建图形文件，打开、保存已有的图形文件，以及如何退出打开的文件。

2.5.1　新建图形文件

启动 AutoCAD 2010 后会自动进入新的空白文件窗口，若要再建立新的图形文件，有下列 6 种方法。

方法一：选择【文件】→【新建】命令。

方法二：单击【标准】工具栏中的【新建】按钮。

方法三：单击【快速访问】工具栏中的【新建】按钮。

方法四：单击【菜单浏览器】按钮，在弹出的面板中单击【新建】按钮。

方法五：按 Ctrl+N 组合键。

方法六：在命令行中输入 new 命令。

使用上述任意一种方法，系统将打开【选择样板】对话框，如图 2-18 所示。在【名称】列表框中显示了 AutoCAD 预设的样板文件，用户可根据不同的需要选择模板样式。一般选择 acadiso.dwt（公制）或 acad.dwt（英制）样板文件。样式文件的扩展名为.dwt（在【文件类型】下拉列表框中显示）。当选择其中的一个文件时，在右侧的【预览】框中将显示出样板的预览图像，单击【打开】按钮后，就可以在这个样板的基础上创建一个新的图形文件。

图 2-18　【选择样板】对话框

2.5.2　打开图形文件

当用户创建了图形文件后，如需要再次浏览和编辑图形文件，可打开图形文件，打开方法有下列 7 种。

方法一：直接在 Windows 资源管理器中找到需打开的图形文件并双击该文件。

方法二：选择【文件】→【打开】命令。

方法三：单击【标准】工具栏中的【打开】按钮。

方法四：单击【快速访问】工具栏中的【打开】按钮。

方法五：单击【菜单浏览器】按钮，在弹出的面板中单击【打开】按钮。

方法六：按 Ctrl+O 组合键。

方法七：在命令行中输入 open 命令。

使用第一种方法，系统将启动 AutoCAD 2010 程序，并同时打开该图形文件。

使用后 6 种方法，系统都将打开【选择文件】对话框，如图 2-19 所示。在该对话框的【查找范围】下拉列表框中，选择需要打开的图形文件所在的位置并在下方的列表框中选择相应的文件名，在右侧的【预览】框中将显示出样板的预览图像。默认情况下，打开的图形文件的扩展名为.dwg（在【文件类型】下拉列表框中显示）。

★★提示：AutoCAD 2010 在打开图形文件时提供了多种打开方式，如图 2-20 所示。若图形文件太大（10MB 以上），打开编辑文件时又只编辑修改局部图形，此时可以选择【局部打开】选项（只打开某些图层）；若想保存原图形文件，防止其被修改，可选择【以只读方式打开】选项；若选择【以只读方式局部打开】选项，则用户只能以只读方式打开图形的一部分。

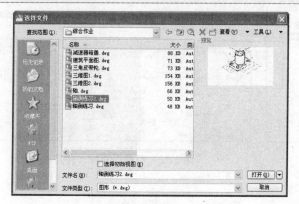　　　　　　　　　

图 2-19　【选择文件】对话框　　　　　　　图 2-20　【打开】按钮的下拉选项

2.5.3　保存图形文件

图形文件在绘制过程中或绘制完成后，都可将其进行保存，保存方法有下列 6 种。

方法一：选择【文件】→【保存】命令。

方法二：单击【标准】工具栏中的【保存】按钮。

方法三：单击【快速访问】工具栏中的【保存】按钮。

方法四：单击【菜单浏览器】按钮，在弹出的面板中单击【保存】按钮。

方法五：按 Ctrl+S 组合键。

方法六：在命令行中输入 save 命令。

使用上述任意一种方法，系统都将以当前文件名保存图形。也可以使用【另存为】命令，将当前文件以新的名称进行保存。

如果是第一次保存图形文件，系统将弹出【图形另存为】对话框，如图 2-21 所示。在【保存于】下拉列表框中指定图形文件保存的路径，在【文件名】下拉列表框中输入图形文件的名称，在【文件类型】下拉列表框中选择图形文件要保存的类型，默认以"AutoCAD 2010 图形（*.dwg）"格式保存，设置完成后，单击【保存】按钮保存图形文件。

★★提示：除了可以将文件保存为默认的.dwg 格式外，还可以在【图形另存为】对话框中的【文件类型】下拉列表框中选择其他文件格式。其中，.dwt 表示 AutoCAD 样板图形格式文件，.dwf 表示一种可以在不同图形软件中进行数据交换的文件格式。还可选择保存为 AutoCAD 2000、AutoCAD 2004 版本格式。

为了防止绘图过程中因意外造成图形文件的丢失，可通过【选项】对话框设置自动保存时间。自动保存的文件扩展名为.sv$，保存路径为 C:\Documents and Setting***\Local Settings\Temp（如图 2-22 所示），将自动保存文件的扩展名改为.dwg 即可找回因意外丢失的文件。

图 2-21　【图形另存为】对话框

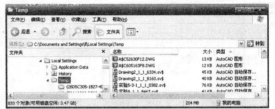

图 2-22　自动保存的文件路径

2.6　AutoCAD 2010 的设计中心

AutoCAD 2010 的设计中心就像一个图形仓库，其功能是共享 AutoCAD 图形中的设计资源（如 AutoCAD 图形、图形中的图块、尺寸标注、文字样式、布局、图层、线型、图案填充等）。利用设计中心可快速查找所需的图形文件，同时可以将图形文件中的图块、尺寸标注、文字样式、布局、图层、线型、图案填充等设计资源复制到当前图形中。利用设计中心的搜索功能可以快速查找到所需的图形。

2.6.1　打开设计中心

打开设计中心的方法有下列 3 种。
方法一：选择【工具】→【选项板】→【设计中心】命令。
方法二：单击【标准】工具栏中的【设计中心】按钮。
方法三：在命令行中输入 adcenter 命令。

使用上述任意一种方法，系统都将弹出【设计中心】窗口，如图 2-23 所示。

【设计中心】窗口类似于 Windows 资源管理器窗口，左边是树状图，用于显示文件目录、图形文件的资源列表等。右边是内容显示区域，用于显示树状列表中当前选定的项目内容。最上边是工具栏，包括 3 个选项卡，分别为【文件夹】、【打开的图形】和【历史记录】，选择任意一个选项卡，即可在左边树状图中显示相关的信息资料。

图 2-23　【设计中心】窗口

2.6.2　设计中心的应用

1. 打开图形文件

在【设计中心】窗口右边的内容显示区域，用鼠标右击要打开的图形文件，在弹出的快捷菜单中选择【在应用程序窗口中打开】命令，就可以在当前绘图区打开相应的图形文件，如图 2-24 所示。

2. 插入图形文件的设计资源

图形文件的设计资源包括图块、尺寸标注、文字样式、布局、图层、线型、图案填充等，要将这些元素插入到当前图形文件，有下列两种方法。

方法一：在【设计中心】窗口左边树状图中选择需要的图形文件，右边的内容显示区域中则列出该图形文件的图块、尺寸标注、文字样式、布局、图层、线型、图案填充等项目，双击某一项目，即可列出该项目的内容，如图 2-25 所示。

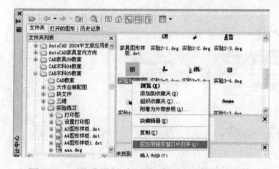

图 2-24　用【设计中心】窗口打开图形文件

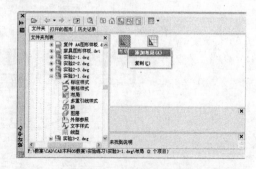

图 2-25　用【设计中心】窗口插入设计资源

如选择【设计中心】窗口左边的"实验 5-3-1.dwg"图形的布局项目，在右边显示区域将列出该图的两个布局（A4 图纸横、A4 图纸竖），使用鼠标右击名为"A4 图纸横"的布局，在弹出的快捷菜单中选择【添加布局】命令，就可以把此布局插入到当前图形中。

方法二：按照方法一提示，找到某图形文件的设计资源（如布局），在右边显示区域选择名为"A4 图纸横"的布局，按下鼠标左键，将所选择的对象拖到当前图形文件的绘图区。

2.7　小　　结

　　本章主要介绍了 AutoCAD 2010 中文版的基本知识和基本操作。通过本章的学习，读者可以快速全面地认识和了解 AutoCAD 2010 的功能及其安装、启动方法，熟悉 AutoCAD 2010 的工作界面和图形文件的基本操作，为进一步学习 AutoCAD 2010 绘图打下良好的基础。

2.8　上机练习与习题

1．创造机会体验 AutoCAD 2010 软件的安装。
2．以 acad.dwt 为样板创建一个以你的名字命名的图形文件，并将其保存。
3．用两种以上的方法打开你的名字命名的图形文件。
4．使用设计中心找到 AutoCAD 2010 的安装路径中的 Sample\Database Connectivity\db_samp.dwg 文件（如图 2-26 所示），同时将图形文件中的图层资源复制到以你的名字命名的图形文件中（事先打开以你的名字命名的图形文件），如图 2-27 所示。

图 2-26　在【设计中心】窗口中显示图形文件 db_samp.dwg 的图层资源

图 2-27　图形文件 db_samp.dwg 的图层资源被复制到新的图形文件中

第3章 计算机辅助绘图基础

在使用 AutoCAD 2010 绘图的过程中，首先要了解绘图中坐标、命令、鼠标的用法，然后进行绘图环境的设置。为了快速、准确、高效地绘图，系统还提供了一些辅助绘图工具和图形显示的方法。

3.1 坐 标 系

3.1.1 世界坐标系和用户坐标系

坐标系是图形学的基础，利用坐标系可以精确地确定图形在空间中所处的位置。AutoCAD 2010 默认的坐标系为世界坐标系（WCS），如图 3-1 所示。其坐标原点在图纸的左下角，水平方向为 X 轴，垂直方向为 Y 轴，Z 轴垂直于 XY 平面，方向为从屏幕向外。AutoCAD 将 XY 平面称为构造面，通常是在构造面上绘图。世界坐标系是不可更改的。

为了能够方便地绘图，用户经常需要改变坐标系的原点和方向，此时世界坐标系就变成了用户坐标系（UCS），如图 3-2 所示。用户坐标系中 3 个坐标轴之间始终互相垂直，但是它的原点可以是绘图区域上的任一点，且 X、Y、Z 轴的方向都可以任意调整。要创建用户坐标系，可以选择【工具】→【新建 UCS】命令，也可以在命令行中输入 UCS 命令，然后根据需要选择命令提示中的选项，即可建立用户自己的坐标系。

图 3-1　绘图区域的世界坐标系（WCS）

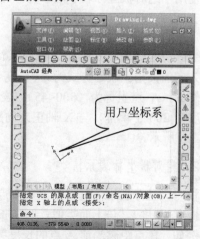

图 3-2　绘图区域的用户坐标系（UCS）

3.1.2 直角坐标

使用 AutoCAD 2010 绘制二维图形时，一般使用直角坐标或极坐标来确定点的位置。

直角坐标也称为笛卡儿坐标，是从两条相互垂直的直线（即 X 轴和 Y 轴）进行测量，X 表示水平方向，Y 表示垂直方向。直角坐标可以使用"绝对直角坐标表示法"和"相对直角坐标表示法"表示。

1. 绝对直角坐标表示法

绝对直角坐标表示法是指在平面坐标系中，X 轴和 Y 轴永远相对原点（0，0）的实际位移，并以（X，Y）这种形式表示点的坐标。

例如，A 点坐标为（200，150），表示该点在 X 轴方向离原点 200 个单位，在 Y 轴方向离原点 150 个单位，如图 3-3 所示。

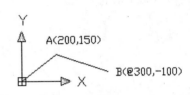

图 3-3　绝对（相对）直角坐标表示法

2. 相对直角坐标表示法

相对直角坐标表示法是指相对于上一个坐标点的 X 轴和 Y 轴方向的实际位移。表达方式为：（@X，Y），即在坐标值前加上符号@。

例如，B 点距当前 A 点 X 轴方向 300 个单位，Y 轴负方向 100 个单位，则 B 点坐标表示为（@300，-100），如图 3-3 所示。

3.1.3 极坐标

AutoCAD 的极坐标和数学中的极坐标一样，用距离和角度来确定点的位置。极坐标也可以使用"绝对极坐标表示法"和"相对极坐标表示法"表示。

1. 绝对极坐标表示法

绝对极坐标表示法是指距原点实际长度和与 X 轴正方向的夹角。表达方式为：（长度<角度）。

例如，A 点坐标为（300<45），表示该点距离原点长度为 300 个单位，与 X 轴正方向夹角为 45°，如图 3-4 所示。

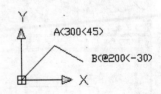

图 3-4　绝对（相对）极坐标表示法

2. 相对极坐标表示法

相对极坐标表示法是指距上一个点的实际长度和与 X 轴正方向的夹角。表达方式为：（@长度<角度）。与上面类似，即在长度坐标值前加上符号@。

例如，B 点距离当前 A 点的长度为 200 个单位，与 X 轴正方向夹角为-30°，则 B 点坐标表示为（@200<-30），如图 3-4 所示。

3.1.4　坐标的输入

使用 AutoCAD 2010 绘图的过程中输入坐标的方法常采用光标动态输入和命令行输入。

1. 光标动态输入

在绘图过程中，当十字光标移动到绘图区时，AutoCAD 2010 会自动显示出十字光标当前的位置，当确定第二点时，AutoCAD 2010 不但显示了坐标位置，而且显示了直线的长度和直线相对水平线的角度，这称为动态输入（状态栏中的 按钮处于点亮状态），如图 3-5 所示。用光标动态输入法输入相对坐标非常方便，不必在坐标值前加 "@" 符号。

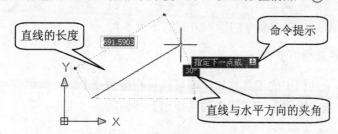

图 3-5　光标动态输入

如果要输入相对极坐标，移动光标到指定绘图点的坐标位置（根据动态显示的长度及角度），单击确认拾取点即可。或者先输入长度值（如 300），再按 Tab 键，在角度框中输入角度值（如 42°），如图 3-6 所示。如果要输入相对直角坐标，直接从键盘输入 X、Y 值，它将在命令提示位置显示出来，如图 3-7 所示。

图 3-6　动态输入相对极坐标值　　　　图 3-7　动态输入相对直角坐标值

2. 命令行输入

在命令行中可以直接通过键盘输入点的绝对直角坐标（X，Y）、相对直角坐标（@X，Y）、绝对极坐标（长度<角度）、相对极坐标（@长度<角度），如图 3-8 所示。在命令行中输入相对坐标时，不能省略符号 "@"。

图 3-8　在命令行中输入坐标

★★提示：在命令行中输入直角坐标时，用来分隔 X 和 Y 坐标值的逗号一定要是英文状态下的逗号 "，"，不能是中文状态下的逗号 "，"。

3.2 命令的输入

在 AutoCAD 2010 中，进行各种操作都需要执行命令，命令是绘图的核心。在 AutoCAD 2010 中输入命令时常用到鼠标和键盘这两个工具，利用键盘输入命令和参数，利用鼠标输入菜单和工具栏对应的命令。

3.2.1 命令的输入方式

在 AutoCAD 2010 中命令的输入方式有下列 5 种。

1. 工具栏按钮方式

直接单击工具栏中的工具按钮，即可执行相应的命令。

例如，单击【绘图】工具栏中的【矩形】按钮□。

2. 菜单命令方式

在菜单中依次选择命令，即可执行相应的命令。

例如，选择【绘图】→【矩形】命令。

3. 命令行输入命令方式

在 AutoCAD 2010 中，要使用键盘输入执行命令，只需在命令行中输入完整的命令名或命令别名（命令的缩写，一般取命令的第一个字母），然后按 Enter 键或空格键即可。

例如，要执行画圆命令，除了通过输入 circle 来启动该命令之外，还可以通过输入 C 来启动。

★★提示：在命令行中输入命令时，命令不区分大小写，如直线命令 line、LINE、Line 执行效果是一样的。在命令行输入命令后，一定要按 Enter 键。

4. 右键快捷菜单方式

单击鼠标右键后，在光标处将弹出快捷菜单，用户可从中选择需要执行的菜单命令。右键快捷菜单的内容取决于光标的位置或系统状态。如在选择对象后单击鼠标右键，则快捷菜单将显示常用的编辑命令；在执行命令的过程中单击鼠标右键，则快捷菜单中将给出该命令的相关选项。

5. 重复命令输入方式

有时要连续执行相同的命令或重复执行最近使用过的命令，可以使用下列方法。

（1）要重复执行上一个命令，可以按 Enter 键或空格键，或者在绘图区域中单击鼠标右键，从弹出的快捷菜单中选择【重复】命令。

　　（2）要重复执行最近使用过的 6 个命令中的任意一个，可以在命令窗口或文本窗口中单击鼠标右键，从弹出的快捷菜单中选择【近期使用的命令】的子菜单中的对应命令即可。

　　（3）要多次重复执行同一个命令，可以在命令行中输入 multiple 命令，然后在"输入要重复的命令名："提示下输入需要反复执行的命令，这样 AutoCAD 2010 将持续执行该命令，直到按 Esc 键为止。

　　使用上述任一种方式输入命令后，命令窗口中都会显示命令的名称和相关的提示信息选项（如数字或一组选项）。根据需要在命令行中输入相关的数字或括号内的一个选项中的字母即可（字母不分大小写）。

★★提示：一般情况下，每次只能执行一个命令，也就是说当执行下一个命令时，上一个命令已经结束。但有些命令可以在执行某一命令的过程中被调用执行而不结束当前执行的命令，这种命令称为透明命令。如在画直线的过程中需要使用【正交】辅助工具，则可同时单击打开状态栏上的【正交】按钮，然后继续画直线。这种透明执行命令的方法主要用于打开绘图辅助工具或修改图形设置，大部分命令是不可以透明使用的。

3.2.2　命令的结束

　　在使用 AutoCAD 2010 绘图过程中，执行的命令有些可以自动结束，但有些需要强行结束。命令强行结束的方法有下列 4 种。

　　方法一：直接按 Enter 键结束。

　　方法二：单击鼠标右键，在弹出的快捷菜单中选择【确定】命令。

　　方法三：按 Esc 键。

　　方法四：执行另一个新的命令，即可结束当前命令的操作。

3.2.3　命令的取消及恢复

　　在使用 AutoCAD 2010 绘图的过程中，当结束一个命令操作时，发现刚才的命令操作错误，要想取消这个命令，可以使用【放弃】命令。

方法是：单击【标准】工具栏中的【放弃】按钮 ⇦，或选择【编辑】→【放弃】命令。反复执行【放弃】命令，则可以取消前面连续几个命令的操作。也可以一次取消多次命令操作，方法是：单击【标准】工具栏中【放弃】按钮右边的三角形下拉按钮，从弹出的下拉列表中选择多步操作，如图 3-9 所示。

图 3-9　【放弃】按钮的下拉列表

　　如果在命令执行过程中（命令没有结束）发现命令的上一步操作有误，则可以单击鼠标右键，在弹出的快捷菜单中选择【放弃】命令，则可以取消本命令的上一步操作，然后继续执行命令。

当取消一个或多个操作后，需要恢复这些操作，将图形恢复到原来的效果时，可以使用【重做】命令。方法是：单击【标准】工具栏中的【重做】按钮 ↷，或选择【编辑】→【重做】命令。反复执行【重做】命令，可以重做多个已取消的命令操作。

3.3　绘图环境设置

在使用 AutoCAD 2010 绘图之前，首先要进行绘图单位、绘图范围、系统选项等设置，以方便用户定制符合个人习惯的工作环境，快速、高效地绘制图形。

3.3.1　系统选项设置

系统选项设置主要包括文件的存储路径、绘图区域的背景颜色、光标颜色、自动捕捉点的颜色及大小、夹点的颜色及大小等一系列参数的设置。

所谓自动捕捉点，就是通过对象捕捉设置的一些特殊点，如端点、中点、交点、圆心点等，如图 3-10 所示。

端点　　　　　　　中点　　　　　　　交点　　　　　圆心点

图 3-10　部分对象捕捉点

所谓夹点，就是对象的特征点。如图 3-11 所示，圆的夹点是 4 个象限点和圆心，多边形的夹点是多边形的几个顶点。

图 3-11　夹点示例

这些对象捕捉点和特征点对于绘图、编辑图形都是非常重要的。

要进行系统选项设置，选择【工具】→【选项】命令，弹出【选项】对话框，如图 3-12 所示。在该对话框中，共有【文件】、【显示】、【打开和保存】、【打印和发布】、【系统】、【用户系统配置】、【草图】、【三维建模】、【选择集】、【配置】10 个选项卡，每个选项卡中都提供了许多参数的设置，不同参数的选择，会影响 AutoCAD 系统的状态及工作环境。一般情况下，大部分选项卡都采用默认设置，只有部分选项卡的参数设置需要修改以满足用户个人习惯的需要。

绘图区的背景颜色设置在前面已叙述（见 2.3.1 节，这里不再赘述）。

若要改变自动保存的时间、文件保存的类型及给文件加密，则选择【打开和保存】选项卡，设置相应的参数，如图 3-13 所示。

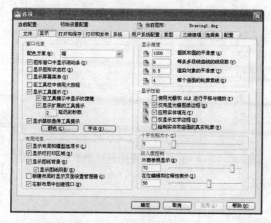

图 3-12　【选项】对话框

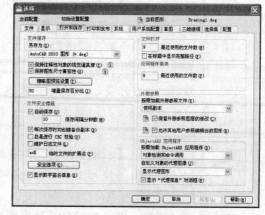

图 3-13　【打开和保存】选项卡

【草图】和【选择集】选项卡主要用于设置对象捕捉点和对象夹点的颜色、大小，常用默认设置如图 3-14 和图 3-15 所示。

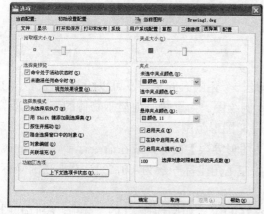

图 3-14　【草图】选项卡

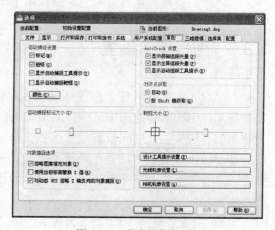

图 3-15　【选择集】选项卡

其他选项卡的设置方法类似，这里不再一一叙述。

3.3.2　图形单位设置

在 AutoCAD 2010 中，绘图只能以图形单位来计算图形尺寸，如图形单位是厘米，绘图一个单位就是 1cm，若图形单位是毫米，绘图一个单位就是 1mm，所以绘图前首先要进行图形单位的设置（默认的图形单位是 mm）。

图形单位设置的方法是：选择【格式】→【单位】命令，或在命令行中输入 units 命令，系统弹出【图形单位】对话框，如图 3-16 所示。

在对话框中可以设置长度和角度的单位及精度，各选项含义如下。

- ❑ 【类型】：在【长度】选项区域中，系统提供了5种长度单位类型，即分数、工程、建筑、科学和小数，默认类型为"小数"；在【角度】选项区域中，系统提供了5种角度类型，即百分度、度/分/秒、弧度、勘测单位和十进制度数，默认类型为"十进制度数"。

图 3-16　【图形单位】对话框

- ❑ 【精度】：在【长度】或【角度】选项区域的【精度】下拉列表中可以选择需要的精度。
- ❑ 【顺时针】：默认逆时针为角度测量的正方向。若选中该复选框，则表示顺时针方向为角度正方向。
- ❑ 【插入时的缩放单位】：系统在此下拉列表中提供了20多种图形单位选项，如英寸、英尺、米、毫米等。默认图形单位为"毫米"。

3.3.3　图形范围设置

在 AutoCAD 2010 中，绘图区域可以看作是一个无限大的空间，可以绘制任何大小的实物图形。但在实际绘图中，一般采用 1:1 的比例绘图。为了更好地显示物体的形状大小，应根据物体的实物尺寸来设置绘图区域大小——即图形范围。

图形范围设置的方法是：选择【格式】→【图形界限】命令，或在命令行中输入 limits 命令，接着输入它的左下角和右上角坐标即可。左下角坐标一般为（0，0），右上角的坐标要根据图幅而定。

limits 命令还有两个选项："开(ON)"和"关(OFF)"。如果选择"ON"选项，将打开图形检查，此时不能在图形界限之外结束一个对象，也不能将"移动"或"复制"命令所需基点设在图形界限外。如选择"OFF"选项，将禁止检查，此时可以在图形界限外绘图或指定点。系统默认选择"OFF"选项。

例 3-1　要设置一张 A3 的图幅（420mm×297mm），用上述图形范围设置方法来规定一个绘图范围。

选择【格式】→【图形界限】命令，或在命令行中输入 limits 命令。

命令窗口提示如下：

```
命令：limits
重新设置模型空间界限：
指定左下角点或 [开(ON)/关(OFF)] <0.0,0.0>：↙    （默认按 Enter 键）
指定右上角点 <420.0000,297.0000>：420,297 ↙    （输入右上角坐标 420，297）
```

★★说明：

　　（1）圆括号中的内容表示编者解释的内容。

　　（2）用"✓"表示按 Enter 键。

　　（3）后面章节中所有命令操作提示按此约定。

当重新设置图形界限后（即修改图形范围大小后），一般要在命令状态下输入 zoom 命令，再选择"A"（ALL）选项，或是通过选择【视图】→【缩放】→【全部】命令，即可在屏幕上显示刚设置好的图幅全貌，也是栅格显示的区域。

工程图上常用的几种图纸的图幅范围有：A0（1189mm×841mm）、A1（841mm×594mm）、A2（594mm×420mm）、A3（420mm×297mm）、A4（297mm×210mm）等。

3.3.4　草图设置

在使用 AutoCAD 2010 绘图时，为了准确、快速地定点绘图，提高绘图效率，同时为了准确地标注尺寸，减少误差，常常需要捕捉到图形的一些特殊点，如端点、中点、圆心点等，系统提供了一些辅助绘图工具，其中【草图设置】对话框就是用来设置这些捕捉绘图工具的功能模式的。

图 3-17　【草图设置】对话框

打开【草图设置】对话框的方法是：选择【工具】→【草图设置】命令，弹出如图 3-17 所示的对话框。

该对话框包括【捕捉和栅格】、【极轴追踪】、【对象捕捉】、【动态输入】、【快捷特性】5 个选项卡。

1. 【捕捉和栅格】选项卡

【捕捉和栅格】选项卡主要是用于设置捕捉间距和栅格间距，如图 3-17 所示。其中各选项的含义如下。

- ❑ 【捕捉间距】：用来输入鼠标移动的间距值，从而使绘图区的光标在 X 轴、Y 轴方向的移动量总是设定距离的整数倍，以提高绘图的精度。
- ❑ 【栅格间距】：用来输入等距离的点之间的长度，一般设置栅格间距是捕捉间距的整数倍或相同。栅格是 AutoCAD 中显示在屏幕上的一个个等距离的点，如同方格纸一样。栅格不是图形的一部分，只是作为一种视觉参考用于辅助绘图，打印时也不会输出。
- ❑ 【捕捉类型】：用来设定捕捉模式。在二维绘图中一般选择【矩形捕捉】模式，【等轴测捕捉】模式只在绘制等轴测图时才会使用。

设置完成后，选中【启用捕捉】复选框和【启用栅格】复选框，或按 F7 键（栅格控制）

和 F9 键（捕捉控制），单击【确定】按钮，即可打开捕捉功能和栅格功能。如果启动"栅格"功能，在图形全部缩放状态下，栅格指示的区域就是图形界限所确定的区域。

2. 【极轴追踪】选项卡

【极轴追踪】选项卡用于设置自动追踪的极轴方向，如图 3-18 所示。其中各选项的含义如下。

- ❑ 【极轴角设置】：用来输入某一增量角（在【增量角】下拉列表框中选择）。输入增量角后，系统将沿着与增量角成整倍数的方向指定点的位置。例如，增量角为 30°，系统将沿着 0°、30°、60°、90°、…、300°和 330°方向指定目标点的位置。如果用户需要设置附加角，可单击【新建】按钮，即可在【附加角】列表中添加新角度。
- ❑ 【极轴角测量】：可以选择【绝对】或【相对上一段】的测量方式来测量极轴角，默认选择的是【绝对】方式。
- ❑ 【对象捕捉追踪设置】：可以选择【仅正交追踪】或【用所有极轴角设置追踪】的追踪方式，默认选择的是【用所有极轴角设置追踪】方式。

设置完成后，选中【启动极轴追踪】复选框，或按 F10 键，单击【确定】按钮，即可打开极轴追踪功能。

3. 【对象捕捉】选项卡

【对象捕捉】选项卡用于设置对象捕捉点的类型，如图 3-19 所示。

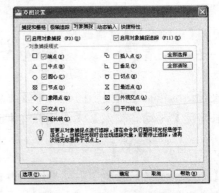

图 3-18　【极轴追踪】选项卡　　　　　图 3-19　【对象捕捉】选项卡

该"对象捕捉"与前面讲到的"捕捉"有不同的功能，它捕捉的不是栅格点，而是可见图形中的一些特征点。对象捕捉的类型包括端点、中点、圆心、节点、象限点、交点、延长线、插入点、垂足、切点、最近点、外观交点和平行线。用户可以根据实际绘图需要在【对象捕捉】选项卡中选择一种或多种需要捕捉的类型。

设置完成后，选中【启用对象捕捉】复选框，或按 F3 键，单击【确定】按钮，即可打开对象捕捉功能。

4. 【动态输入】选项卡

动态输入是 AutoCAD 2006 以上版本的新增功能，【动态输入】选项卡用于设置动态输入的参数，如图 3-20 所示。其中各选项的含义如下。

- ❑ 【启用指针输入】复选框：用来打开或关闭动态指针的显示。单击【指针输入】选项区域中的【设置】按钮，可以在弹出的【指针输入设置】对话框中设置显示信息的格式和可见性。
- ❑ 【可能时启用标注输入】复选框：用来打开或关闭输入标注数值的显示。单击【标注输入】选项区域中的【设置】按钮，可以在弹出的【标注输入设置】对话框中设置显示标注输入的字段数和内容。

5. 【快捷特性】选项卡

【快捷特性】选项卡用于设置对象类型的常用特性，如图 3-21 所示。

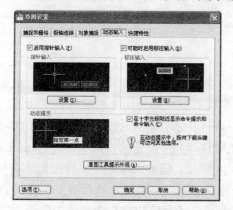
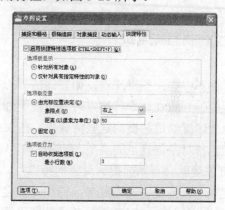

图 3-20　【动态输入】选项卡　　　　　图 3-21　【快捷特性】选项卡

选中【启用快捷特性选项板】复选框，则在选择绘图区中的对象时，会弹出该对象的【快捷特性】面板，如图 3-22 所示。在该面板中可以很方便地修改图形对象的特性。

★★提示：在【草图设置】对话框中设置完成后，在绘图过程中随时可打开或关闭各辅助设置工具的功能。方法是：单击状态栏上的【捕捉模式】、【栅格显示】、【极轴追踪】、【对象捕捉】、【对象捕捉追踪】、【动态输入】等按钮，当按钮"亮"时为打开，否则为关闭，如图 3-23 所示。右击这些按钮，在弹出的快捷菜单中选择【设置】命令也可快速打开【草图设置】对话框。

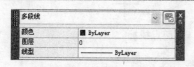
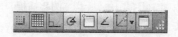

图 3-22　【快捷特性】面板　　　　　图 3-23　状态栏中的按钮状态

3.3.5　正交模式设置

通过单击状态栏上的【正交模式】按钮，或按 F8 键，可以执行正交模式的打开和关闭操作。

正交模式用于约束光标只能在水平或垂直方向上移动。如果打开正交模式（状态栏上的【正交模式】按钮在"亮"状态），则只在垂直或水平方向上画线或指定距离。因此，如果要绘制的图形完全由水平或垂直的直线组成时，使用此功能是非常方便的。若在水平方向绘点，只需输入 X 轴坐标值。若在垂直方向绘点，只需输入 Y 轴坐标值。

如果要绘制斜线或用极坐标绘图，就不能打开正交模式（状态栏上的【正交模式】按钮在"不亮"状态）。

3.4　对象捕捉与对象追踪

3.4.1　对象捕捉

图形中的一些特殊点，如直线的端点、中点、圆的圆心等，如果用光标拾取，难免会有误差，导致在命令行输入时有可能不知道它的坐标数据。而使用"对象捕捉"功能，就可以快速准确地捕捉到这些特殊点。在 3.3.4 节中，已讲述了如何通过【对象捕捉】选项卡固定选择对象捕捉点的类型，在绘图时，只要将光标移动到所设定的特殊点附近，AutoCAD 2010 系统就会自动捕捉到对象的特殊点，如图 3-24 所示。但如果在【对象捕捉】选项卡中选定的对象捕捉特殊点过多，捕捉对象之间便会相互干扰，甚至无法准确找到需要的点。要解决此类问题，可重新打开【草图设置】对话框，在【对象捕捉】选项卡中取消选中起干扰作用的对象捕捉点。

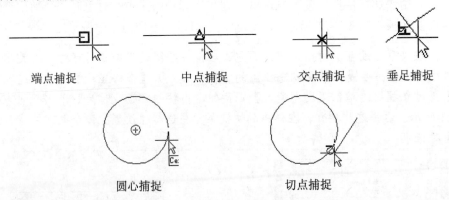

端点捕捉　　　　中点捕捉　　　　交点捕捉　　　　垂足捕捉

圆心捕捉　　　　切点捕捉

图 3-24　对象捕捉

对象捕捉功能的设置，还可以通过【对象捕捉】工具栏来实现。在【对象捕捉】工具栏上有许多对象捕捉模式（特殊点），如图 3-25 所示。单击某一模式（如端点），在图形上只能捕捉一次，其优点是灵活多变，它是"特殊点"方便快捷的对象捕捉模式。

在【对象捕捉】选项卡中设置的对象捕捉模式一旦设置，将一直起作用，直到再次修改设置。其优点是可以设置常用的对象捕捉模式。

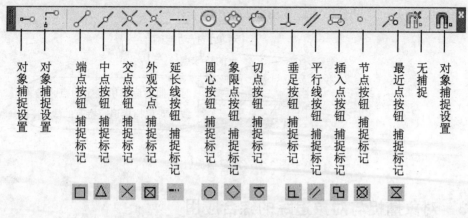

图 3-25　【对象捕捉】工具栏按钮及捕捉标记

★★提示：【对象捕捉】工具栏上的按钮对应的命令都是透明命令，不能直接执行，要与绘图、编辑命令配合使用。

3.4.2　对象追踪

1. 极轴追踪

设置好极轴追踪各选项参数后（参考 3.3.4 节介绍），即可启用极轴追踪功能，使用该功能可方便、精确地捕捉到所设极轴角度（或倍数角度）上的任意点。用户在极轴追踪模式下确定目标点时，系统会在光标接近指定角度的方向上显示临时的对齐路径，并自动在对齐路径上捕捉距离光标某距离的点，用户只需输入距离指定点的长度即可，如图 3-26 所示。

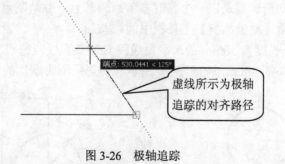

图 3-26　极轴追踪

★★提示：极轴追踪模式与正交模式不能同时使用。

2. 对象捕捉追踪

对象捕捉追踪应与对象捕捉配合使用。设置好对象捕捉模式后（参考 3.3.4 节、3.4.1 节介绍），即可启用对象捕捉及对象捕捉追踪功能。该功能可以看作是对象捕捉和极轴追踪功能的联合应用，即用户先根据对象捕捉功能确定对象的某一特征点，然后以该点为基准点进行追踪，得到准确的目标点，如图 3-27 所示。

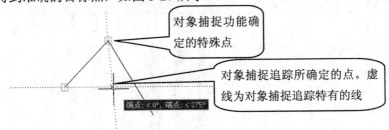

图 3-27　对象捕捉追踪

3.4.3　对象捕捉与对象追踪的综合应用

1. 临时追踪点（tt）

临时追踪点是以一个临时参考点为基点，从基点沿水平或垂直追踪一定距离得到捕捉点。调用方式：单击【对象捕捉】工具栏中的 ☒ 按钮。

例 3-2　在距直线 AB 的中点 C 上方 50mm 处捕捉一个圆心点 D，绘制一个半径为 30mm 的圆，如图 3-28 所示（图形范围为默认的 A3 图幅（420mm×297mm））。

命令窗口操作如下：

```
命令: _circle 指定圆的圆心或 [三点(3P)/两点(2P)/相切、相切、半径(T)]:（单击 ☒ 按钮）
_tt 指定临时对象追踪点:　（在直线 AB 上拾取中点 C 为临时追踪基点）
指定圆的圆心或 [三点(3P)/两点(2P)/相切、相切、半径(T)]: 50（在垂直方向输入 50 进行追踪）
指定圆的半径或 [直径(D)] <100.0000>: 30
```

2. 自动捕捉、自动追踪点（from）

自动捕捉、自动追踪点是以一个临时参考点为基点，并从基点偏移一定距离得到捕捉点。调用方式：单击【对象捕捉】工具栏中的 ☒ 按钮。

例 3-3　绘制一长度为 50mm 的水平直线段 EF，该直线段起点 E 要求偏移圆心 D 水平方向 50mm，垂直方向 50mm，如图 3-29 所示（图形范围为默认的 A3 图幅）。

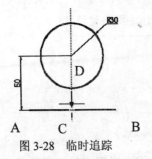

图 3-28　临时追踪

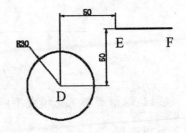

图 3-29　自动捕捉追踪

命令窗口操作如下：

```
命令: line　（绘直线）
指定第一点:（单击 ☒ 按钮，拾取 D 点为临时追踪基点）
<偏移>:　@50,50↙　（输入偏移量）
```

指定下一点或 [取消(U)]：　50↙　　（在正交模式水平方向输入 50）
指定下一点或 [取消(U)]：↙

3.5　图　形　显　示

在使用 AutoCAD 2010 绘图过程中，图形缩放与移动是必不可少的。利用缩放与移动功能，可以在绘图窗口中更好地显示图形，方便用户快速浏览及绘制图形。

3.5.1　图形缩放

图形缩放（zoom）命令有时也称为视图缩放或屏幕缩放。它可以放大和缩小图形，如同使用带有变焦镜头的照相机一样将图拉近（放大）或推远（缩小），但图形实际尺寸保持不变，只是改变图形与屏幕的比例。而第 5 章中将介绍的修改工具栏上【缩放】（scals）命令则使图形实际几何尺寸发生了改变，虽然工具按钮名称一样，但其对应的命令不一样，千万不要把两者混淆了。

要实现图形缩放，有下列 4 种方法。

方法一：单击【标准】工具栏中的【实时缩放】或【窗口缩放】按钮，如图 3-30 所示。

方法二：右击打开的任意一个工具栏，在弹出的快捷菜单中选择【缩放】命令，在弹出的【缩放】工具栏中单击相应的缩放命令按钮，即可进行相应的缩放，如图 3-31 所示。

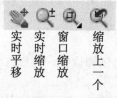

图 3-30　【标准】工具栏中的缩放按钮　　　　　　图 3-31　【缩放】工具栏

方法三：选择【视图】→【缩放】命令，并在弹出的子菜单中选择相应的缩放命令，如图 3-32 所示。

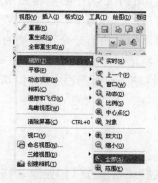

图 3-32　【缩放】菜单命令

方法四：在命令行输入 zoom 命令，然后输入对应选项后面的字母，即可进行相应的缩放，默认为实时缩放。命令窗口操作如下：

命令: zoom
指定窗口的角点，输入比例因子(nX 或 nXP)，或者
[全部(A)/中心(C)/动态(D)/范围(E)/上一个(P)/比例(S)/窗口(W)/对象(O)] <实时>:

在【缩放】菜单、【缩放】工具栏和缩放命令 zoom 中都有实时缩放、窗口缩放和全部缩放，下面重点介绍这 3 个图形缩放的操作。

1. 实时缩放（R）

【实时缩放】通过向上或向下拖曳光标在逻辑范围内交互缩放。这是一种最方便实用的缩放方式。用上面的任一方法实现【实时缩放】，光标就类似一个放大镜，按住鼠标左键向上移动光标图形放大，向下移动光标则图形缩小。也可以滚动鼠标中间的滑轮快速缩放图形。按 Esc 键或 Enter 键退出实时缩放。

2. 窗口缩放（W）

【窗口缩放】是在由两个角点定义的矩形窗口框定的区域内控制显示图形的大小。在【窗口缩放】状态，使用鼠标在需要放大的图形内（或图形中的某部分）框定一个矩形区域，则窗口内将尽可能大地显示框定的图形对象并使其位于绘图区域的中心。【窗口缩放】对图形细小部分的绘制和修改都非常实用。

3. 全部缩放（A）

【全部缩放】是在当前窗口中缩放显示整个图形，如果图形超出当前所设置的图形界限，在绘图窗口中将全部图形对象进行显示，如果图形没有超出图形界限，在绘图窗口中将显示整个图形界限。

其他缩放选项含义如下。

❑ 【缩放上一个】：可以快速恢复到上一次视图的比例和位置。可以连续单击逐次回退到以前的视图比例和位置。

❑ 【范围缩放】：将显示图形范围并使所有对象最大显示，与图形界限无关。

❑ 【中心缩放】：由中心点和放大比例值（或高度）定义。

❑ 【比例缩放】：输入比例因子，并以当前窗口的中心为中心点进行缩放。

❑ 【放大】：将以当前窗口的中心为中心点将图形放大一倍。

❑ 【缩小】：将以当前窗口的中心为中心点将图形缩小一半。

❑ 【动态缩放】：首先显示中心带有一个十字叉的平移矩形框，将矩形框放在图形要缩放的位置并单击，继而显示缩放矩形框（右边带有箭头）。移动箭头调整其大小，然后按 Enter 键将使当前矩形框中的对象布满当前视口。

3.5.2 图形重生

在绘图过程中，经常因为某些编辑操作（如删除、移动等）而使屏幕上留下一些像素痕迹，这时可以选择【视图】→【重画】命令（redrawall）来更新屏幕显示。如果执行【重

画】命令后还不能清除像素痕迹，需要选择【视图】→【重生成】命令（regen）来完成。AutoCAD 2010 将重生成整个图形并重新计算所有对象的屏幕坐标，提供尽可能精确的图形。它还将重新创建图形数据库索引，从而优化显示质量和对象选择的性能。

【重生成】命令只是在当前视口中重新生成整个图形。

例如，绘制一很小的圆，然后放大到足够大，圆已经不圆，如图 3-33 所示。这时使用【重画】（redrawall）命令可以更新屏幕显示，当使用该命令达不到目的时可以使用【重生成】（regen）命令完成，结果如图 3-34 所示。

图 3-33　使用 regen 命令之前的图　　　　　图 3-34　使用 regen 命令之后的图

3.5.3　图形平移

在绘图过程中需要观察不在当前窗口屏幕上的图形时，可以使用【实时平移】命令将需要显示的图形移动到当前窗口。【实时平移】是使用频率极高的一个绘图辅助工具。要实现图形平移，可以使用下列 3 种方法。

方法一：单击【标准】工具栏中的【实时平移】按钮。

方法二：选择【视图】→【平移】命令，然后在子菜单中选择一种方式。

方法三：在命令行输入命令 pan。

启动【实时平移】命令后，图标随即变为手形，按住鼠标左键拖动，即可移动图形。按 Esc 键或 Enter 键退出命令。

3.5.4　图形的显示精度

如果用户在绘图过程中绘制了较小的圆弧和圆，当图形快速放大时，所绘制的圆弧及圆可能就不圆了。为了提高圆弧及圆放大后的平滑度，除了使用【重画】或【重生成】命令外，系统还提供了 viewres 命令来设置显示效果。viewres 命令中圆的缩放百分比（也称为平滑度）范围是 1~20000，默认设置为 1000，如图 3-35 和图 3-36 所示。

```
命令：viewres
是否需要快速缩放？[是(Y)/否(N)] <Y>:　y✓
输入圆的缩放百分比(1-20000) <100>:　1000✓
正在重生成模型。
```

图 3-35　缩放百分比为 100 的圆　　　　　图 3-36　缩放百分比为 1000 的圆

在 viewres 命令中输入的值越高，对象越平滑，但是 AutoCAD 也因此需要更多的时间来执行重生成、平移和缩放对象的操作。因此可以在绘制大图时将该选项设置为较低的值（如 1000 以下），而在放大时增加该选项的值，从而提高系统性能及显示效果。

3.5.5 鸟瞰视图

使用【鸟瞰视图】窗口既可以在窗口内显示整个图形，又可以将图形快速平移到目标位置。一般在绘制大型图样时使用【鸟瞰视图】更能突显其优点。在绘图时，如果【鸟瞰视图】窗口保持打开状态，则无须中断当前命令便可以直接进行缩放和平移操作。如图 3-37 所示，右下角是打开的鸟瞰视图，显示了全部图形，而左边则为图形的某部分的放大图形。

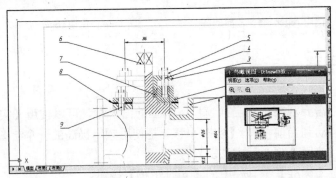

图 3-37　【鸟瞰视图】窗口

打开【鸟瞰视图】窗口的方法是：选择【视图】→【鸟瞰视图】命令。在【鸟瞰视图】窗口中也可以像动态缩放一样使用视图框平移和缩放图形。

3.6　使用 AutoCAD 2010 创建第一幅简单图形

本节通过例 3-4 来详细叙述使用 AutoCAD 2010 绘图的一般方法和步骤。

例 3-4　绘制如图 3-38 所示的图形。绘制一边长为 100mm 的等边三角形，然后在三角形的中点画一个内切圆，将图形界限设为 A4 图纸（297×210），单位为 mm，最后打开栅格在屏幕上显示其图形界限。

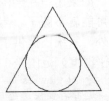

图 3-38　例 3-4 样图

绘图步骤：

1．创建图形文件

单击【标准】工具栏中的【新建】按钮，打开【选择样板】对话框，从中选择默认标准公制样板图文件 acadiso.dwt，然后单击【打开】按钮，即可创建新的图形文件，如图 3-39 所示。

2. 设置绘图单位和绘图区域

操作步骤如下：

（1）选择【格式】→【单位】命令，在弹出的对话框中选择单位为"毫米"，如图 3-40 所示。

图 3-39　【选择样板】对话框

图 3-40　【图形单位】对话框

（2）选择【格式】→【图形界限】命令，按如下命令行提示进行操作。

```
命令：limits
重新设置模型空间界限：
指定左下角点或 [开(ON)/关(OFF)] <0.0,0.0>✓
指定右上角点<420.0000,297.0000>：　297,210✓
```

（3）显示绘图区域。选择【视图】→【缩放】→【全部】命令，单击状态栏中的【栅格】按钮，在绘图窗口就会显示栅格指示的区域，也就是图形界限所确定的区域。

3. 设置绘图辅助工具

选择【工具】→【草图设置】命令，在弹出的如图 3-41 所示对话框中设置参数。在【对象捕捉】选项卡中设置对象捕捉模式为【端点】、【中点】、【圆心】，在【极轴追踪】选项卡中设置【增量角】为 60。在状态栏中单击【对象捕捉】、【极轴追踪】和【对象捕捉追踪】按钮，保证这些辅助绘图工具处于启动状态。

图 3-41　【草图设置】对话框参数设置

4. 绘制图形

操作步骤如下：

（1）使用 line（直线）命令和极轴追踪绘制等边三角形。

> 命令：_line 指定第一点：　（用鼠标在绘图区指定一点 A）
> 指定下一点或 [放弃(U)]：　100↙　（在水平方向绘制 B 点）
> 指定下一点或 [放弃(U)]：　100↙　（在极轴追踪的 120°路径方向绘制 C 点）
> 指定下一点或 [闭合(C)/放弃(U)]：　C　（三角形闭合）

（2）使用 circle（圆）命令绘制内切圆。

> 命令：circle　指定圆的圆心或 [三点(3P)/两点(2P)/相切、相切、半径(T)]：　3p↙（三点画圆）
> 指定圆上的第一个点：　（用鼠标在 AB 上捕捉拾取中点）
> 指定圆上的第二个点：　（用鼠标在 AC 上捕捉拾取中点）
> 指定圆上的第三个点：　（用鼠标在 BC 上捕捉拾取中点）

5. 保存文件

选择【文件】→【保存】命令，打开【图形另存为】对话框。选择存储路径，在【文件名】下拉列表框中输入图形文件名，然后单击【保存】按钮，即可把绘制好的图形保存到指定的磁盘位置。

3.7　小　　结

本章主要介绍了绘图的一些基本知识。通过本章的学习，读者可以了解绘图前的一些准备工作，如绘图环境设置、坐标系与坐标系的应用、视窗的缩放和平移等，能够灵活应用精确绘图的辅助工具，如正交模式、对象捕捉、对象捕捉追踪、极轴追踪和动态输入等。掌握这些知识，可以为绘图和编辑图形打下良好的基础。

3.8　上机练习与习题

1．打开 AutoCAD 2010，设置其单位为 mm，设置图形范围为 100000×750000，并使用"选择【视图】→【缩放】→【全部】命令"方法对图形进行全部缩放，最后以 mydraw01 为文件名保存设置。

2．绘图环境设置应包括哪几个方面的内容？

3．简述 AutoCAD 2010 的工作界面，以及各个部分的主要功能。

4．如何打开和关闭栅格、捕捉、对象追踪、对象捕捉等绘图辅助工具？

5．简述在 AutoCAD 2010 中输入绘图命令的方法。

6．打开第 1 题创建的 mydraw01.dwg 文件，分别用相对坐标、绝对坐标和相对极坐标等不同的方式绘制如图 3-42 所示的某民族宾馆（见第 11 章）中所用的排气口的平面图，然后保存图形文件。

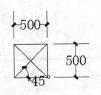

图 3-42　排气口平面图

7．打开第 6 题保存的 mydraw01.dwg 文件，以不同的图形显示方式显示其图形。

第4章 基本图元的绘制

任何复杂的图形都是由点、线、面等基本图元构成的。AutoCAD 2010 提供了多种基本图元的绘制命令，只要熟练掌握这些命令和绘图技巧，就能准确、快速地绘制出各种需要的图形。基本图元的绘制命令一般都可通过"绘图"菜单、绘图工具栏或在命令行输入相应的命令等方法来实现。本章及以后章节中命令的讲解和应用均基于 AutoCAD 2010 的经典界面。

4.1　点　的　绘　制

4.1.1　点的样式设置

在 AutoCAD 中，点主要用作绘图或对象捕捉的参照点。用户在绘制点时，需要知道绘制什么样的点及点的大小，因此要设置点的样式。设置方法有下面两种。

方法一：选择【格式】→【点样式】命令。

方法二：在命令行输入 ddptype 命令。

使用上面任一种方法，确认后系统都将弹出【点样式】对话框，如图 4-1 所示。

【点样式】对话框提供了多种点形状的选择，用户可以根据需要单击其中一种样式图标，还可以在【点大小】文本框中输入数值来确定点的大小，同时还需要选择点大小的设置是

图 4-1　【点样式】对话框

【相对于屏幕设置大小】还是【按绝对单位设置大小】，默认设置为【相对于屏幕设置大小】。

4.1.2　点的绘制

设置好点的样式后，就可以在指定的位置绘制点。方法有以下 3 种。

方法一：选择【绘图】→【点】命令，在弹出的子菜单中选择【单点】或【多点】命令，如图 4-2 所示（默认为单点模式）。

方法二：单击【绘图】工具栏中的【点】按钮（默认为连续绘制多点模式）。

方法三：在命令行输入 point。

上述 3 种方法，都可以在绘图区指定位置使用光标（或点的坐标）绘制点，如图 4-3 所示。

图 4-2　【点】菜单　　　　　　　　　　　　　　　　图 4-3　绘制点

例 4-1　在黄素梅球枝干轮廓完成之后，用点的"圆形"样式来绘制黄素梅球的叶子和果实。读者可以用按照 Y 字形路径不规则地绘制一些特殊点（如圆形点样式）进行自由创作，可以创作出喷泉状、烟花状图案。

园林规划设计中经常要用到的观赏植物的图例的画法在相同地域一般都有相应的约定，如许多地方对黄素梅球图例的约定如图 4-4 所示。该图例的制作一般采用圆和样条曲线绘制出黄素梅球枝干轮廓（如图 4-5 所示），之后采用小圆点或者小椭圆来绘制黄素梅球的叶子和果实。

绘图要点：先设置点样式，然后选择多点模式进行绘制。

绘图步骤：

（1）选择【格式】→【点样式】命令，在弹出的【点样式】对话框中设置点的样式为圆形样式（PDMODE=33），点大小为相对于屏幕 6%（点的大小可自行按情况实际修改），如图 4-6 所示。

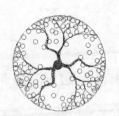

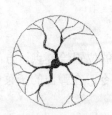

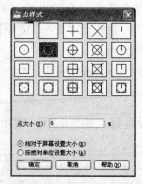

图 4-4　黄素梅球图例　　　图 4-5　黄素梅球枝干轮廓　　　图 4-6　【点样式】对话框

（2）参考图 4-4 中已绘制好的黄素梅球图，在黄素梅球枝干上绘制圆形点。

选择【绘图】→【点】→【多点】命令。命令行操作如下：

```
命令：_point
当前点模式： PDMODE=33   PDSIZE=0.0000
指定点：（参考已绘制好的黄素梅球图例在枝干上或枝干附近单击鼠标）
指定点：（继续在枝干上或枝干附近单击鼠标）
……
指定点：*取消*   （按 Esc 键结束画点命令，效果如图 4-7 所示）
```

★★提示：此实例只是用于说明点的绘制方法，现实中的通用图例一般不采用此法来绘制黄素梅球等图例的叶子，因为当点的样式和大小改变时绘制好的点也会动态地改变，如当把点的样式改为⊙时会得到如图 4-8 所示的效果。

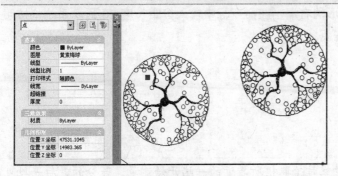

图 4-7　绘制效果图

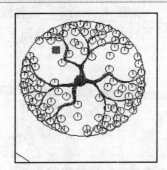

图 4-8　改变点样式的效果图

4.1.3　等分点的绘制

设置点的样式后，可用点来等分图形对象。等分图形对象又分两种情况，一种是给定等分点的数目，称为定数等分；一种是给定等分点的长度，称为定距等分。无论是定数等分还是定距等分，都是在指定对象上按给定的等分数目或等分线段的长度，用点在分点处做标记或插入块。

1. 通过定数绘制等分点

通过定数绘制等分点的方法如下。

方法一：选择【绘图】→【点】→【定数等分】命令。

方法二：在命令行输入 divide 命令。

使用上述任一种方法，都会在命令窗口出现如下提示：

```
命令：divide
选择要定数等分的对象：（选择要等分的对象，如单击一条线段或一个圆）
输入线段数目或 [块(B)]：5↙   （输入等分数目）
```

如图 4-9 所示，分别选择圆和线段图形，在命令中同样输入等分数 5 后，系统将按照设置的点的样式在所选图形上放置点。

★★提示：在定数等分时，用户输入的是等分段数而不是放置的点的个数（如图 4-9 所示的直线被分为 5 段，而不是 5 个点标记）。

2. 通过定距绘制等分点

通过定距绘制等分点的方法如下。

方法一：选择【绘图】→【点】→【定距等分】命令。

方法二：在命令行输入 measure 命令。

使用上述任一种方法，都会在命令窗口出现如下提示：

命令：measure
选择要定距等分的对象：　（选择要等距等分的对象，如单击一条线段的某一端）
指定线段长度或 [块(B)]：　20 ✓　（输入每隔多长放置一个点标记的长度）

如图 4-10 所示，选择线段图形的右端，在命令行中输入等距长度 20 后，系统将按照设置的点的样式在所选图形上放置点。

图 4-9　绘制定数等分点示例　　　　图 4-10　绘制定距等分点示例

★★提示：定距等分点是从选择对象时拾取框所靠近的一端开始测量。等分的最后一段可能要比指定的长度短。

★★说明：

（1）只有直线、弧、圆、多段线可以等分，如果选取的对象不属于上述类型，则命令行会提示"无法等分该对象"。

（2）被等分的对象并没有被划分或断开，而只是将这些点作为标记放上去，放上去的点叫做节点，可以作为目标捕捉点。

（3）当不需要标记点作为参照点时，可以通过【点样式】对话框（如图 4-1 所示）选择第二个选项（即无点标记）使已有的点标记立即消失。

例 4-2　绘制如图 4-11（a）所示的图形。首先要把三角形△ABC 的底边 BC 分为 4 等分，如图 4-11（b）所示。

绘图要点：先设置点样式，然后选择定数等分模式绘制。

绘图步骤：

（1）设置点的样式。选择【格式】→【点样式】命令，选择⊠点样式。

（2）选择【绘图】→【点】→【定数等分】命令，绘制定数等分点。

命令窗口操作如下：

命令：divide
选择要定数等分的对象：　（选择三角形△ABC 的底边 BC）
输入线段数目或 [块(B)]：　4✓　（输入等分数目）

绘图效果如图 4-11（b）所示。

（a）　　　　　　　　　　　　　　　　　（b）

图 4-11　等分点绘制过程

3. 等分点在现实中的应用

等分点在现实中的应用很广，无论是建筑、机械、桥梁、道路、园林、家具还是服装、玩具等行业的 CAD 设计图中都经常用到等分点。如图 4-12 所示索拉桥的斜索间距、图 4-13 所示棘轮上的齿的绘制都要借助等分点来完成。

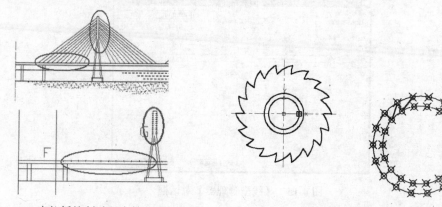

图 4-12　索拉桥绘制过程中等分点的应用　　　图 4-13　棘轮绘制过程中等分点的应用

4.2　线的绘制和应用

线是构造图形的基本实体。在 AutoCAD 2010 中，线的种类包括直线、射线、构造线、多线、圆弧线、样条曲线等。每一种线还具有线型、线宽、颜色等特性。

4.2.1　线型、线宽及颜色设置

在同一个图层或不同图层（图层概念将在第 6 章介绍）绘制图形时，可以把构成图形的不同对象设置为不同的线型，常用线型有实线、点画线和虚线，默认线型是实线。而同一种线型也可以使用不同的线宽及颜色，如有 0.25mm 的细线，也有 0.5mm 的粗线，这样绘制出的图形就清晰、层次分明。线型、线宽及颜色的设置可以通过菜单及【特性】工具栏进行设置，如图 4-14 所示。

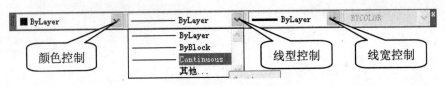

图 4-14 【特性】工具栏

1. 线型设置

线型设置的方法如下。

方法一：选择【格式】→【线型】命令。

方法二：单击【特性】工具栏中的线型控制三角形下拉按钮，从弹出的下拉列表中选择【其他】选项。

使用上述任一种方法，系统将弹出【线型管理器】对话框，如图 4-15 所示。

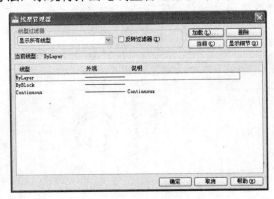

图 4-15 【线型管理器】对话框

【线型管理器】对话框下方的列表框中列出了系统默认的 3 种线型特征值：ByLayer（随层）、ByBlock（随块）和 Continuous（连续实线）。该对话框左上角还有 4 个按钮，具体作用如下。

- ❑ 【加载】：如果在【线型管理器】对话框下方列表框中没有所需的线型，则要加载，如加载中心线型（CENTER2），方法是：单击【线型管理器】对话框上方的【加载】按钮，在弹出的【加载或重载线型】对话框中选择 CENTER2 线型，然后单击【确定】按钮，则中心线型便显示在【线型管理器】对话框中，如图 4-16 所示。

- ❑ 【显示细节】：主要用于修改非连续性线段（虚线、点画线）的间隔与长度。在绘图应用到这些非连续性线段时，如果窗口显示的不是原本的虚线（或点画线）而是连续线，则可通过单击【显示细节】按钮，在下方显示的【全局比例因子】或【当前对象缩放比例】文本框中输入合适的数值（2~10）来调整放大虚线和点画线的间隔与线段长度比例，如图 4-17 所示。

★★提示：【全局比例因子】中设置的数值对所有图形文件有效，而【当前对象缩放比例】中设置的数值只对当前图形文件有效。若两者都设置有数值，则当前文件中的虚线和点画线的间隔与线段长度比例放大倍数是两者的乘积。

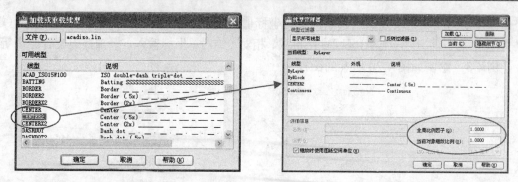

图 4-16　【加载或重载线型】对话框　　　　图 4-17　显示细节后的【线型管理器】对话框

   ❑　【当前】和【删除】：在【线型管理器】对话框下方列表框中选择某一种线型，
       然后单击【当前】（或【删除】）按钮，即可将该线型设置为当前（或删除）。

2. 线宽和颜色设置

线宽和颜色的设置方法如下。

方法一：选择【格式】→【线宽】（或【颜色】）命令，从弹出的对话框中选择某个线
宽（或颜色），如图 4-18 和图 4-19 所示。

图 4-18　【线宽设置】对话框

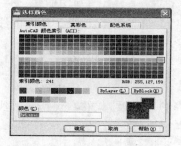

图 4-19　【选择颜色】对话框

方法二：单击【特性】工具栏中的线宽控制三角形下拉按钮（或颜色控制三角形下拉
按钮），从弹出的下拉列表中选择。

4.2.2　直线

直线是构造图形的最基本图元，所以绘制直线命令是 AutoCAD 中使用频率最高的一条
命令。它可以按照用户给定的起点和端点绘制直线或折线。使用绘制直线命令绘制的线段
都是一个独立的对象，可以单独编辑修改。

绘制直线的方法如下。

方法一：选择【绘图】→【直线】命令。

方法二：单击【绘图】工具栏中的▱按钮。

方法三：在命令行输入 line 命令或快捷命令 l。

使用上述任一种方法后，都可以绘制直线。绘制直线时必须确定直线的起点，起点常

用光标在绘图区域拾取或输入起点的绝对坐标值。当拾取起点后，系统要求指定下一点（端点），输入端点的方法有绘图区域直接拾取、相对（绝对）坐标输入、极轴捕捉配合距离等。

例 4-3　绘制如图 4-20 所示的图样。

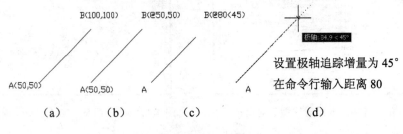

图 4-20　例 4-3 图样

绘图要点：使用不同的坐标参数来完成。

绘图步骤：

（1）绘制图 4-20（a）所示的线

```
命令:line
指定第一点: 50,50 ✓          （输入起点的绝对坐标）
指定下一点或[放弃(U)]:100,100 ✓   （输入端点的绝对坐标）
指定下一点或[放弃(U)]:✓
```

（2）绘制图 4-20（b）所示的线

```
命令: line
指定第一点: 50,50 ✓          （输入起点的绝对坐标）
指定下一点或[放弃(U)]:@50,50 ✓    （输入端点的相对坐标）
指定下一点或[放弃(U)]:✓
```

（3）绘制图 4-20（c）所示的线

```
命令: line
指定第一点:                  （用鼠标拾取 A 点）
指定下一点或 [放弃(U)]: @80<45✓   （输入端点的相对极坐标）
指定下一点或 [放弃(U)]:✓
```

（4）绘制图 4-20（d）所示的线

```
命令: line
指定第一点:                  （用鼠标拾取 A 点）
指定下一点或 [放弃(U)]:80 ✓    （用极轴追踪出 45°方向后，输入 80 长度）
指定下一点或 [放弃(U)]:✓
```

例 4-4　绘制如图 4-21 所示的在很多设计中常用的折断线图。

绘图要点：使用正交模式、对象捕捉及对象追踪功能来完成，折线的长短可以自由调整。

绘图步骤：

（1）输入命令 line，在正交模式下，在屏幕上垂直方向拾取 A、B 两点生成 AB 线，如图 4-22 所示。

（2）输入命令 line，关闭正交模式，在屏幕上往 AB 垂直线左下方偏离一定的距离拾取 C 点生成 BC 线，如图 4-22 所示。

（3）输入命令 line，关闭正交模式，在屏幕上往 AB 垂直线右下方偏离一定的距离拾取 D 点生成 CD 线，如图 4-22 所示。

（4）输入命令 line，关闭正交模式，确定已使用对象捕捉追踪（如图 4-23 所示），参考图 4-22，使用鼠标由 D 点移到 E 点之后由 E 点移向 B 点时出现对象捕捉追踪虚线，然后沿虚线往 E 点移动一定的距离，到达 E 点时单击鼠标确定 E 点，生成 DE 线，如图 4-22 所示。

（5）输入命令 line，在正交模式下，使用鼠标在屏幕上沿 E 点往下移动一定距离后到达 F 点，拾取 F 点生成 EF 线，效果如图 4-21 所示。

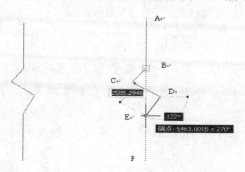

图 4-21　折断线　　图 4-22　折断线的绘制过程　　　　图 4-23　对象捕捉追踪设置

4.2.3　射线（单向射线、双向射线/构造线）

射线一般作为辅助线使用而不能作为图形的一部分，它可以在屏幕上显示出来，一般不需要打印输出，是绘图过程中重要的辅助工具之一。射线分为单向射线和双向射线（构造线）。

1.　单向射线

单向射线是从指定的起点向某一个方向无限延伸的直线。绘制射线的方法如下。

方法一：选择【绘图】→【射线】命令。

方法二：在命令行输入 ray。

例 4-5　绘制如图 4-24 所示的图样。

绘图要点：本例中点的选择不要求精确，图形只做练习用，因此可以随意拾取各点。

绘图步骤：

使用上述任一种方法输入命令后，命令窗口将出现如下提示：

```
命令: ray
指定起点:  （鼠标拾取 P 点）
指定通过点:  （用鼠标拾取射线通过点 A 点的位置）
指定通过点:  （用鼠标拾取射线通过点 B 点的位置）
指定通过点:  （用鼠标拾取射线通过点 C 点的位置）
指定通过点:  （用鼠标拾取射线通过点 D 点的位置）
指定通过点:↙
```

2.　双向射线（构造线）

在 AutoCAD 中，构造线是一条无限长的直线，在实际的绘图工作中，构造线起着定位辅助的作用。如在绘制机械零件的三视图时，构造线是为保证主视图与侧视图、俯视图之间的投影关系而做的辅助线。绘制构造线的方法如下。

方法一：选择【绘图】→【构造线】命令。

方法二：单击【绘图】工具栏中的 / 按钮。

方法三：在命令行输入 xline。

使用上述任一种方法输入命令后，命令窗口将出现如下提示：

命令: _xline 指定点或 [水平(H)/垂直(V)/角度(A)/二等分(B)/偏移(O)]:

指定通过点:

根据命令提示输入不同的选项，就可以绘制不同的构造线。选项"H"绘制水平的构造线；选项"V"绘制垂直的构造线；选项"A"绘制一定角度的构造线；选项"B"绘制某一个角度的平分线作为构造线；选项"O"绘制以某一条直线为基准而离其一段距离的构造线。

例 4-6 绘制如图 4-25 所示的三角形△ABC 角 B 的平分线为构造线。

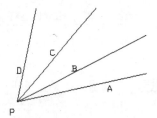
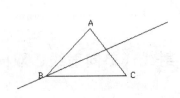

图 4-24　例 4-5 图样　　　　　　　　图 4-25　例 4-6 图样

绘图要点：绘制角度的平分线（构造线）时各点需要有精确的坐标，绘图时要使用对象捕捉功能来完成。

绘图步骤：

命令: _xline 指定点或 [水平(H)/垂直(V)/角度(A)/二等分(B)/偏移(O)]:　B　（输入二等分选项字符 B）

指定角的起点:　（用鼠标拾取角的一条边上任意一个点（A 点）的位置）

指定角的端点:　（用鼠标拾取角的另一条边上任意一个点（C 点）的位置）

指定角的端点:↙

4.2.4　多线与多线样式

多线是一种由多条平行线（1~16）组成的对象。在 AutoCAD 中，多线常用来绘制建筑平面图、园林平面设计图、道路交通图和电子线路图等。每一条多线都基于预定义的多线样式，所以绘制多线前先要设置多线样式，然后绘制多线及编辑多线。

1. 设置多线样式

用户可以根据需要定义多线的样式，设置其线条数目、间距及封口方式等。设置多线样式的方法如下。

方法一：选择【格式】→【多线样式】命令。

方法二：在命令行输入 mlstyle。

　　使用上述任一种方法，系统会弹出如图 4-26 所示的【多线样式】对话框。

　　该对话框提供创建、修改、保存和加载多线样式的功能。STANDARD 样式是 AutoCAD 2010 默认的多线样式，其为线条数目为 2、间距为 1 个单位的平行线。用户可根据需要建立新的样式，也可以修改某一种多线的样式，但 STANDARD 样式不能修改。

　　例 4-7　在【多线样式】对话框中设置如图 4-27 所示的多线样式。

图 4-26　【多线样式】对话框

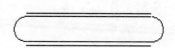

图 4-27　例 4-7 样图

操作步骤：

　　（1）单击对话框右边的【新建】按钮，在弹出的如图 4-28 所示的【创建新的多线样式】对话框中输入新样式名"sta4"，单击【继续】按钮，弹出如图 4-29 所示的【修改多线样式：STA4】对话框。

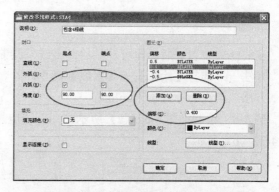

图 4-28　【创建新的多线样式】对话框

图 4-29　【修改多线样式：STA4】对话框

　　（2）在【修改多线样式：STA4】对话框中的【说明】文本框中输入线型说明（可空），如"包含 4 根线"，然后单击【添加】按钮，在【偏移】文本框中输入某一个元素的偏移量（如 0.4），在【颜色】下拉列表框和【线型】文本框中分别选择该元素的颜色和线型。如果某一个元素多余，可先在元素列表框中选定该元素，再单击【删除】按钮。另一条线使用同样的方法添加（偏移量为-0.4）。

　　（3）在【修改多线样式：STA4】对话框中的【封口】选项区域中确定多线的封口形式（封口示意如图 4-30 所示），单击【确定】按钮，返回【多线样式】对话框。

图 4-30　多线封口示意图

（4）单击【保存】按钮，对设置的多线样式进行保存。

2. 多线的对正类型

多线的对正类型可以解决如何在指定的点之间绘制多线的问题。对正类型分 3 种，即"[上(T)/无(Z)/下(B)]"。"上(T)"表示以拾取点作为多线的上方点，即在光标（拾取点）下方绘制多线，如图 4-31 所示就是以不同的对正类型来绘制 A 点到 B 点之间的多线，其中图 4-31（a）所示即为"上(T)"类型；"无(Z)"表示以拾取点作为多线的原点绘制多线，如图 4-31（b）所示；"下(B)"表示以拾取点作为多线的下方点，即在光标（拾取点）上方绘制多线，如图 4-31（c）所示。

（a）上(T)对正　　　　（b）无(Z)对正　　　　（c）下(B)对正

图 4-31　多线的对正类型图解

3. 绘制多线

多线样式设置好后，即可开始绘制多线。绘制多线的方法如下。

方法一：选择【绘图】→【多线】命令。

方法二：在命令行输入 mline。

例 4-8　绘制如图 4-32（a）所示的变压器电气原理图中的主要框架（铁心）部分，如图 4-32（b）所示。

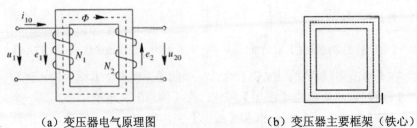

（a）变压器电气原理图　　　　　　　（b）变压器主要框架（铁心）

图 4-32　变压器电气原理图及主要框架图

绘图要点：主要框架（铁心）部分可以用多线来生成，本例只要求形状一致，框架大小及多线宽度读者可以自由掌握。

绘图步骤：

（1）环境设置（略）。

（2）创建多线样式。选择【格式】→【多线样式】命令，在弹出的对话框中单击【新建】按钮，在弹出的对话框中设置样式名称为"电气图用多线 001"，单击【继续】按钮，设置线数为 3 条，中间线型为 HIDEEN，其他线型为实线，线距（偏移量）分别为 20、0、-20，然后依次单击【确定】、【保存】、【置为当前】和【确定】按钮。

（3）绘制实体。绘制主要框架，效果如图 4-32（b）所示。打开正交模式，选择【绘图】→【多线】命令，命令行操作如下：

```
命令: _mline
当前设置: 对正 = 上，比例 = 20.00，样式 = 电气图用多线 001
指定起点或 [对正(J)/比例(S)/样式(ST)]:  s（选择比例参数）
输入多线比例 <20.00>:  1（设置多线比例为1）
当前设置: 对正 = 上，比例 = 1.00，样式 = 电气图用多线 001
指定起点或 [对正(J)/比例(S)/样式(ST)]:  （在屏幕上拾取一点）
指定下一点:  200（鼠标右移，输入 200，按 Enter 键）
指定下一点或 [放弃(U)]:  200（鼠标上移，输入 200，按 Enter 键）
指定下一点或 [闭合(C)/放弃(U)]:  200（鼠标左移，输入 200，按 Enter 键）
指定下一点或 [闭合(C)/放弃(U)]:  c（输入闭合参数 c）
```

4. 编辑多线

绘制好多线后，可以对多线进行编辑，编辑多线的方法如下。

方法一：选择【修改】→【对象】→【多线】命令。

方法二：在命令行输入 mledit。

使用上述任一种方法，系统会弹出如图 4-33 所示的【多线编辑工具】对话框。在该对话框中，用户可以选择相应的工具对十字形、T 字形及有拐角的顶点的多线进行编辑。选用不同的工具其编辑效果是不一样的。如图 4-34 所示为执行 T 形中的某个工具后修改多线相交的效果。

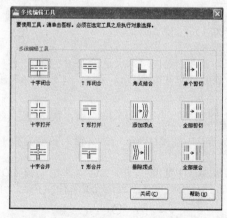

图 4-33 【多线编辑工具】对话框

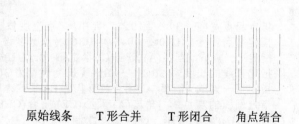

原始线条   T 形合并   T 形闭合   角点结合

图 4-34 多线的 T 形编辑效果

★★提示：多线编辑时，需要选择两条多线，AutoCAD 总是切断所选的第一条多线，并根据所选工具切断第二条多线。

4.2.5 多段线

多段线命令可以绘制出一条由若干等宽或不等宽的直线和圆弧连接而成的折线和曲线，而且整条线都属于同一对象，可以统一对其进行编辑。绘制多段线与绘制直线相似：指定一个起点和一个端点，但多段线中的线条在各连接点处的线宽可在绘图过程中进行设置。在实际绘图中，多段线命令主要还是用来绘制具有宽度的直线、指针和箭头等。

绘制多段线命令的方法如下。

方法一：选择【绘图】→【多段线】命令。

方法二：单击【绘图】工具栏中的 ╯ 按钮。

方法三：在命令行输入 pline。

使用上述任一种方法，命令窗口将出现如下提示：

命令：_pline
指定起点：
当前线宽为 0.0   （提示输入线的宽度值）
指定下一个点或 [圆弧(A)/半宽(H)/长度(L)/放弃(U)/宽度(W)]:

命令中有多个选项，它们影响多段线中各对象的形状及宽度，如果要绘制宽度有变化的直线或圆弧，则在命令行输入对应选项的字母。下面通过例 4-9 来了解该命令的使用。

例 4-9 绘制如图 4-35 所示的多段线图形。

绘图要点：本例只要求形状一致，具体尺寸大小及线宽读者可以自由掌握。

图 4-35   例 4-9 图样

绘图步骤：

命令：_pline
指定起点：（拾取 A 点）
当前线宽为 0.0
指定下一个点或 [圆弧(A)/半宽(H)/长度(L)/放弃(U)/宽度(W)]: w↙   （设置 AB 段宽度）
指定起点宽度 <0.0>: 3↙   （AB 起点宽度设置为 3）
指定端点宽度 <3.0>: 3↙   （AB 端点宽度设置为 3）
指定下一个点或 [圆弧(A)/半宽(H)/长度(L)/放弃(U)/宽度(W)]:   （水平拾取 B 点）
指定下一点或 [圆弧(A)/闭合(C)/半宽(H)/长度(L)/放弃(U)/宽度(W)]: w↙   （设置 AB 段宽度）
指定起点宽度 <30>: 10↙   （BC 起点宽度设置为 10）
指定端点宽度 <10.0>: 0↙   （BC 端点宽度设置为 0）
指定下一点或 [圆弧(A)/闭合(C)/半宽(H)/长度(L)/放弃(U)/宽度(W)]: l↙（输入长度参数 l）
指定直线的长度: 30↙   （BC 段长度设置为 30）
指定下一点或 [圆弧(A)/闭合(C)/半宽(H)/长度(L)/放弃(U)/宽度(W)]: a↙   （绘制弧 CD）
指定圆弧的端点或 [角度(A)/圆心(CE)/闭合(CL)/方向(D)/半宽(H)/直线(L)/半径(R)/第二个点(S)/放弃(U)/宽度(W)]: ce↙   （绘制弧 CD）
指定圆弧的圆心: （拾取弧 CD 的圆心）
指定圆弧的端点或 [角度(A)/长度(L)]:   <正交 关>   （拾取弧 CD 的端点）
指定圆弧的端点或 [角度(A)/圆心(CE)/闭合(CL)/方向(D)/半宽(H)/直线(L)/半径(R)/第二个点(S)/放弃(U)/宽度(W)]: w↙   （设置 DE 弧段宽度）
指定起点宽度 <0.0>: ↙   （接受默认宽度 0 为 DE 起点宽度）

指定端点宽度 <0.0>:　3↙　（DE 端点宽度设置为 0）
　　指定圆弧的端点或 [角度(A)/圆心(CE)/闭合(CL)/方向(D)/半宽(H)/直线(L)/半径(R)/第二个点(S)/放弃(U)/宽度(W)]:　（拾取弧 DE 的端点）
　　指定圆弧的端点或 [角度(A)/圆心(CE)/闭合(CL)/方向(D)/半宽(H)/直线(L)/半径(R)/第二个点(S)/放弃(U)/宽度(W)]:↙

★★提示：可以使用 fillmode 命令指定是否填充图案和填充二维实体以及宽多段线。参数 0 表示不填充对象（有宽度的多段线以空心线形式显示），参数 1 表示填充对象。

4.2.6　样条曲线

　　样条曲线是按照给定的某些控制点拟合生成的光滑曲线。在 AutoCAD 中，一般通过指定样条曲线的绘制点和起点，以及起点和终点的切线方向来绘制样条曲线。样条曲线命令主要是用来绘制不规则的曲线图形（如断面、波浪线、凸轮轴线、测绘中的等高线等）。

　　绘制样条曲线的方法如下。

　　方法一：选择【绘图】→【样条曲线】命令。

　　方法二：单击【绘图】工具栏中的⁓按钮。

　　方法三：在命令行输入 spline。

　　例 4-10　绘制如图 4-36 所示的图样。

图 4-36　例 4-10 图样

操作步骤：

命令：　spline
指定第一个点或 [对象(O)]:　（拾取 A 点）
指定下一点:　（拾取 B 点）
指定下一点或 [闭合(C)/拟合公差(F)] <起点切向>:　（拾取 C 点）
指定下一点或 [闭合(C)/拟合公差(F)] <起点切向>:　（拾取 D 点）
指定下一点或 [闭合(C)/拟合公差(F)] <起点切向>:　（拾取 E 点）
指定下一点或 [闭合(C)/拟合公差(F)] <起点切向>:　↙
指定起点切向:　（指定起点 A 切向方向在下方）
指定端点切向:　（指定端点 E 切向方向在上方）

★★提示：命令行中的"拟合公差(F)"选项，可用来指定拟合公差。拟合公差是指所画曲线与指定点的接近程度，拟合公差值越大，样条曲线离指定点越远，默认的拟合公差值为 0。

4.2.7　圆弧

　　圆弧在实际绘图中应用非常广泛。绘制圆弧的方法有 10 多种，每一种方法都需要输入 3 个相关的圆弧参数，而且都是从起点到终点沿逆时针方向画圆弧。绘制圆弧的方法如下。

　　方法一：选择【绘图】→【圆弧】命令，在弹出的子菜单中选择相应的命令绘制圆弧，如图 4-37 所示。

　　方法二：单击【绘图】工具栏中的⌒按钮。

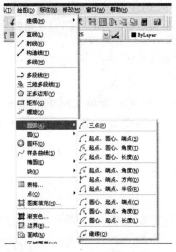

图 4-37 【圆弧】命令

方法三：在命令行输入 arc。

使用方法二或方法三时，需要在命令行中选择相应的选项绘制圆弧。下面将介绍几种最常用的圆弧绘制方法。

1. 三点绘弧法

这种绘制圆弧的方法非常简单，只需输入圆弧的起点、弧上的任意一点和终点即可，如图 4-38（a）所示。

命令：_arc　指定圆弧的起点或 [圆心(C)]：　（拾取起点 A）
指定圆弧的第二个点或 [圆心(C)/端点(E)]：　（拾取第二点 B）
指定圆弧的端点：　（拾取第三点 C）

2. 起点、圆心、端点法

此方法根据圆弧的起始点、圆心及端点（或角度、弦长）绘制圆弧，如图 4-38（b）所示。

命令：_arc 指定圆弧的起点或 [圆心(C)]：　（拾取起点 A）
指定圆弧的第二个点或 [圆心(C)/端点(E)]：　c↙　　（输入圆心参数 c）
指定圆弧的圆心：　（拾取圆弧的圆心 C）
指定圆弧的端点或 [角度(A)/弦长(L)]：　（拾取端点 B）

3. 起点、端点、角度法

此方法根据圆弧的起点、端点及圆弧的包含角（或圆弧半径、或方向）绘制圆弧，如图 4-38（c）所示。

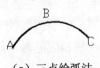

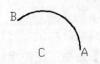

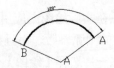

（a）三点绘弧法　　　　（b）起点、圆心、端点法　　　（c）起点、端点、角度法

图 4-38　绘制圆弧的方法

命令：_arc 指定圆弧的起点或 [圆心(C)]：　（拾取起点 A）
指定圆弧的第二个点或 [圆心(C)/端点(E)]：　e↙　（输入端点参数 e）
指定圆弧的端点：　（拾取端点 B）
指定圆弧的圆心或 [角度(A)/方向(D)/半径(R)]：　a↙　（输入角度参数 a）
指定包含角：　120↙　（输入角度值 120）

4.2.8　修订云线

修订云线是由连续圆弧组成的多段线以构成云线形对象。在检查或圈阅图形时，可以使用修订云线圈出范围以提高工作效率。AutoCAD 可以直接绘制修订云线，也可以将闭合对象转为修订云线。

绘制修订云线的方法如下。

方法一：选择【绘图】→【修订云线】命令。

方法二：单击【绘图】工具栏中的 按钮。

方法三：在命令行输入 revcloud。

使用上述任一种方法，命令行提示信息如下：

命令：_revcloud
最小弧长：15　最大弧长：15　样式：普通
指定起点或 [弧长(A)/对象(O)/样式(S)] <对象>：

在命令行中可以修改圆弧的长度，默认操作是沿云线路径引导十字光标绘制修订云线，常用选项为"对象(O)"，即把闭合对象（如圆、矩形、多边形等）变成修订云线，如图 4-39 所示。

命令：_revcloud
最小弧长：　15　最大弧长：　15　样式：　普通
指定起点或 [弧长(A)/对象(O)/样式(S)] <对象>：　o↙　（输入对象参数 o）
选择对象：　（鼠标单击圆对象）
反转方向 [是(Y)/否(N)] <否>：↙
修订云线完成。

　　（a）圆　　　　（b）把圆变成修订云线（不反转）　　（c）把圆变成修订云线（反转）

图 4-39　修订云线

4.2.9　徒手画线

徒手线和云线一样都是不规则的线，徒手线是由许多条线段组成。每条线段都可以是独立的对象，可以设置线段的最小长度或增量。徒手画线功能主要是 AutoCAD 为用户提供的一个个性化设置工具。

徒手线绘制方法只能使用命令 sketch。

命令：sketch
记录增量 <1.0000>：
徒手画. 画笔(P)/退出(X)/结束(Q)/记录(R)/删除(E)/连接(C)。

"记录增量"就是所绘制单位线段的长度，绘制徒手线时，鼠标就像画笔一样，一单击鼠标就开始落笔画线，再次单击鼠标就像提起画笔一样停止画线。

徒手线在服装设计、园林设计和家具设计中应用极为广泛，如服装设计（如图 4-40（a）所示），园林设计中常用的假山、生肖、花卉等（如图 4-40（b）所示）以及家具设计中的沙发、卧室用品等（如图 4-40（c）所示）都常用到徒手画线功能。

  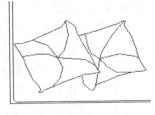

（a）服装设计　　　　　　　　（b）园林设计　　　　　　　（c）家具设计

图 4-40　徒手画线功能的应用

4.2.10　线的应用实例

1. 线在机械图中的应用实例

例 4-11　如图 4-41 所示是某一物体的俯视图。根据图中尺寸绘制此图。

绘图要点：先进行绘图环境设置，本例绘图使用【直线】命令、【正交】工具及【对象捕捉】工具。

绘图步骤：

（1）创建图形文件。单击【标准】工具栏中的【新建】按钮，打开【选择样板】对话框，从中选择默认标准公制样板图文件 acadiso.dwt，然后单击【打开】按钮，即可创建新的图形文件。

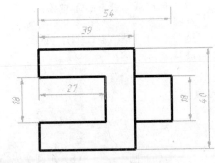

图 4-41　物体的俯视图

（2）设置绘图单位和绘图区域。选择【格式】→【单位】命令，将图形单位设为"毫米"，精度设为 0.0，选择【格式】→【图形界限】命令，按物体大小将图纸尺寸（图幅）设为 A4 纸（297×210），然后选择【视图】→【缩放】→【全部】命令显示绘图区域。

（3）设置绘图辅助工具。选择【工具】→【草图设置】命令，设置【捕捉间距】为 1，【对象捕捉】为"端点"、"交点"，在状态栏中打开【正交】、【对象捕捉】和【对象追踪】工具。

（4）绘图。

命令：_line 指定第一点：
指定下一点或 [放弃(U)]: 39↙　（在水平方向向右输入 39）
指定下一点或 [放弃(U)]: 40↙　（在垂直方向向下输入 40）
指定下一点或 [闭合(C)/放弃(U)]: 39↙　（在水平方向向左输入 39）
指定下一点或 [闭合(C)/放弃(U)]: 11↙　（在垂直方向向上输入 11）
指定下一点或 [闭合(C)/放弃(U)]: 27↙　（在水平方向向右输入 27）
指定下一点或 [闭合(C)/放弃(U)]: 18↙　（在垂直方向向上输入 18）
指定下一点或 [闭合(C)/放弃(U)]: 27↙　（在水平方向向左输入 27）
指定下一点或 [闭合(C)/放弃(U)]: C　　（输入 C，选择闭合，图形效果如图 4-42（a）所示）
命令：_line 指定第一点：（用对象追踪捕捉一个交点 D，如图 4-42（b）所示）
指定下一点或 [放弃(U)]: 15↙　（在水平方向向右输入 15）
指定下一点或 [放弃(U)]: 18↙　（在垂直方向向下输入 18）
指定下一点或 [闭合(C)/放弃(U)]: 15↙　（在水平方向向左输入 15）
指定下一点或 [闭合(C)/放弃(U)]:　　（图形效果如图 4-42（c）所示）

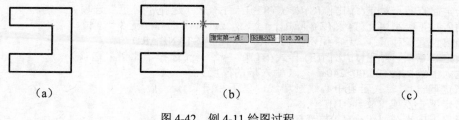

（a）　　　　　　　　　　　（b）　　　　　　　　　　　（c）

图 4-42　例 4-11 绘图过程

★★提示：绘制图形的方法有多种，本例使用画线方法绘制，后续章节还会介绍用其他更简便的方法。在绘制直线的过程中，有时利用正交和对象捕捉点，能更快速准确地绘制直线，这是实际绘图中常用的方法。

2. 线在建筑图中的应用实例

例 4-12　绘制如图 4-43 所示的墙体。

绘图要点：先进行绘图环境设置，在【特性】工具栏中设置相应的线型、颜色和线宽。本例使用到【多线】、【直线】等命令和【正交】、【对象捕捉】等工具。

绘图步骤：

（1）创建图形文件。单击【标准】工具栏中的【新建】按钮，打开【选择样板】对话框，从中选择默认标准公制样板图文件 acadiso.dwt，然后单击【打开】按钮，即可创建新的图形文件。

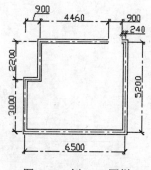

图 4-43　例 4-12 图样

（2）设置绘图单位和绘图区域。选择【格式】→【单位】（或【图形界限】）命令，将图形单位设为"毫米"，精度设为 0，图纸尺寸（图幅）设为（42000×29700），并选择【视图】→【缩放】→【全部】命令显示绘图区域。

（3）绘制墙体中心线，如图 4-44（a）所示。

在【特性】工具栏的对应下拉列表框中选择线型为中心线型（CENTER2），颜色为红色，如图 4-45（a）所示。若没有中心线型可选，则可以参照 4.2.1 节的内容加载。

```
命令:_line 指定第一点: （正交开）    （拾取 A 点）
指定下一点或 [放弃(U)]:  240↙   （输入 AB 长度）
指定下一点或 [放弃(U)]:  5200↙   （输入 BC 长度）
指定下一点或 [闭合(C)/放弃(U)]:  6500↙   （输入 CD 长度）
指定下一点或 [闭合(C)/放弃(U)]:  3000↙   （输入 DE 长度）
指定下一点或 [闭合(C)/放弃(U)]:  900↙   （输入 EF 长度）
指定下一点或 [闭合(C)/放弃(U)]:  2200↙   （输入 FG 长度）
指定下一点或 [闭合(C)/放弃(U)]:  4460↙   （输入 GH 长度）
指定下一点或 [闭合(C)/放弃(U)]:↙
```

（4）绘制墙线，如图 4-44（b）所示。

在【特性】工具栏的对应下拉列表框中选择线型为实线（Continuous），颜色为黑色，如图 4-45（b）所示。

```
命令:_mline
当前设置: 对正 = 上，比例 =20.00，样式 = STANDARD
指定起点或 [对正(J)/比例(S)/样式(ST)]:  j↙   （选择"对正"选项）
输入对正类型 [上(T)/无(Z)/下(B)] <上>:  z↙   （选择"无"选项）
当前设置: 对正 = 无，比例 = 20.00，样式 = STANDARD
指定起点或 [对正(J)/比例(S)/样式(ST)]:  s↙   （选择"比例"选项）
输入多线比例<20.00>240↙   （输入墙的厚度）
指定下一点:  （沿着中心线画墙线，以下相同）
指定下一点或 [放弃(U)]:
指定下一点或 [闭合(C)/放弃(U)]:
指定下一点或 [闭合(C)/放弃(U)]:
指定下一点或 [闭合(C)/放弃(U)]:
指定下一点或 [闭合(C)/放弃(U)]:
指定下一点或 [闭合(C)/放弃(U)]:
指定下一点或 [闭合(C)/放弃(U)]:
```

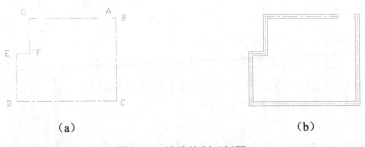

(a)   (b)

图 4-44　墙线绘制示例图

(a)   (b)

图 4-45　【特性】工具栏

3. 线在道路桥梁图中的应用实例

例 4-13　按图 4-46 所示绘制道路导向箭头。

绘图要点：先进行绘图环境设置，本例使用到【直线】、【圆弧】等命令和【对象捕捉】

工具。

绘图步骤：

（1）选择【格式】→【单位】命令，设置单位为"厘米"，精度为 0。

（2）选择【格式】→【图形界限】命令，设置图形范围为 420×297。

（3）选择【视图】→【缩放】→【全部】命令，显示绘图区域。

（4）输入命令 line 或者选择【绘图】→【直线】命令，在正交模式下绘制一条长度为 50 的水平线，如图 4-47（a）所示。

（5）输入命令 arc 或者选择【绘图】→【圆弧】→【圆心、起点、角度】命令以水平线的右端点为圆弧的起点，角度为 180°绘制圆弧，如图 4-47（b）所示。

（6）输入命令 line，过圆弧的中点向右绘制长度为 45 的水平线，如图 4-47（c）所示。

（7）输入命令 arc 或者选择【绘图】→【圆弧】→【起点、圆心、角度】命令，以角度为 180°绘制圆弧，如图 4-47（c）所示。

（8）输入命令 erase（用法参考第 5 章），删除两条水平线，效果如图 4-47（d）所示。

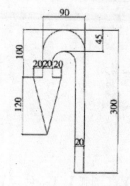

图 4-46　道路导向箭头图

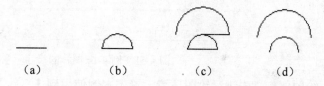

图 4-47　导向箭头上端绘制过程图解

（9）输入命令 line，分别过小圆弧的端点向下绘制长度为 30 和 230 的垂直线，如图 4-48（a）所示。

（10）输入命令 line，分别过大圆弧的端点向下绘制长度为 55 和 255 的垂直线，如图 4-48（b）所示。

（11）输入命令 line，按图 4-48（c）所示的位置绘制两条长度均为 20 的水平线。

（12）输入命令 line，按图 4-48（d）所示的位置绘制以两条垂直线的下端点为端点的水平线，再按水平线的中点往下绘制长度为 120 的垂直线。

（13）输入命令 line，按图 4-48（e）所示的位置绘制两条斜线。

（14）输入命令 erase（用法参考第 5 章），删除多余的线，效果如图 4-48（f）所示。

4．线在园林中的应用实例

例 4-14　绘制如图 4-49 所示绿化带的绿化大图样的基础轮廓图（如图 4-50 所示），具体尺寸（单位：毫米）要求如图 4-51 所示。

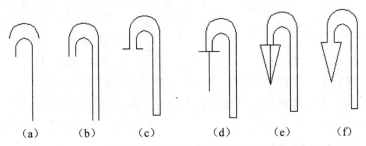

图 4-48　导向箭头绘制过程图解

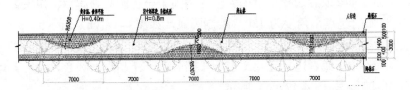

图 4-49　绿化带的绿化大图样

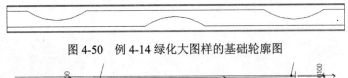

图 4-50　例 4-14 绿化大图样的基础轮廓图

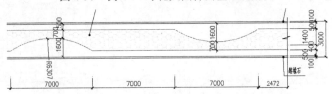

图 4-51　例 4-14 图样的尺寸示意图

绘图要点：先进行绘图环境设置，本例使用到【多线】、【直线】、【圆弧】、【多线段】、【点】等命令。

绘图步骤：

（1）选择【格式】→【单位】命令，设置单位为"毫米"，精度为 0。

（2）选择【格式】→【图形界限】命令，设置图形范围为 80000×60000。

（3）选择【视图】→【缩放】→【全部】命令，显示绘图区域。

（4）选择【格式】→【多线样式】命令，设置宽度为 100 的双线样式，设置参数如图 4-52 所示，并将该样式设置为当前使用样式。

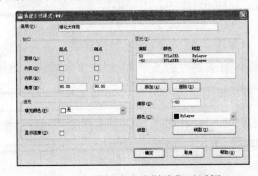

图 4-52　【新建多线样式】对话框

（5）输入命令 line，在屏幕左边绘制一条高为 3000 的垂直线。

（6）输入命令 mline 或选择【绘图】→【多线】命令，分别以垂直线的两个端点为起点绘制两条长度为 39944 的双线（双线宽度为 100），效果如图 4-53 所示。命令操作如下：

```
命令: _mline
当前设置: 对正 = 上，比例 = 20.00，样式 = WW2
指定起点或 [对正(J)/比例(S)/样式(ST)]: s （输入比例参数 s）
输入多线比例 <20.00>: 1 （输入 1 作为多线的比例，再按 Enter 键）
当前设置: 对正 = 上，比例 = 1.00，样式 = WW2
指定起点或 [对正(J)/比例(S)/样式(ST)]: j （输入对正参数 j）
输入对正类型 [上(T)/无(Z)/下(B)] <上>: t （输入对正类型为 t（拾取点作为多线的上方点））
当前设置: 对正 = 上，比例 = 1.00，样式 = WW2
指定起点或 [对正(J)/比例(S)/样式(ST)]: （拾取垂直线的上端点）
指定下一点: 39944 （鼠标沿水平方向移动，然后输入 399440 并按 Enter 键）
指定下一点或 [放弃(U)]: （按 Enter 键结束命令）
命令: _mline
当前设置: 对正 = 上，比例 = 1.00，样式 = WW2
指定起点或 [对正(J)/比例(S)/样式(ST)]: j （输入对正参数 j）
输入对正类型 [上(T)/无(Z)/下(B)] <上>: b （输入对正类型为 b（拾取点作为多线的下方点））
当前设置: 对正 = 下，比例 = 1.00，样式 = WW2
指定起点或 [对正(J)/比例(S)/样式(ST)]: （拾取垂直线的下端点）
指定下一点: 39944 （鼠标沿水平方向移动，然后输入 39944 并按 Enter 键）
指定下一点或 [放弃(U)]: （按 Enter 键结束命令）
```

图 4-53 绘制多线

（7）输入命令 line，连接两条多线的右端点绘制直线段，如图 4-54 所示。

图 4-54 绘制直线

（8）选择【格式】→【点样式】命令，设置点的样式为十字样式，点的大小为 5%。

（9）选择【绘图】→【点】→【定距等分】命令，在两条垂直线上按 600 的距离绘制等分点，效果如图 4-55 所示。

图 4-55 绘制垂直方向定距等分点

（10）增加设置"节点"对象捕捉模式。

（11）输入命令 line，在正交模式下，过相应的等分点绘制 4 条长为 2472 的水平线，如图 4-56 所示。

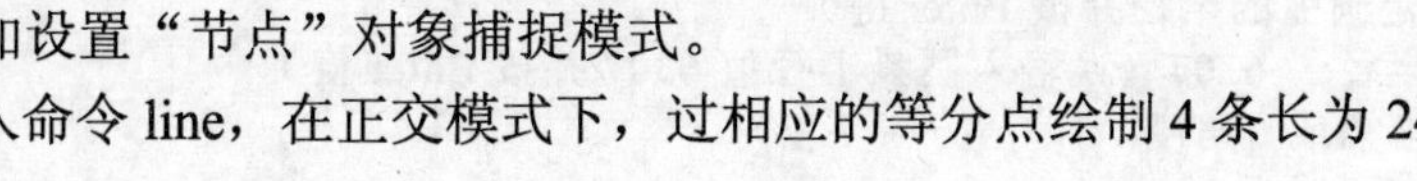

图 4-56 绘制水平直线

（12）输入命令 line，连接第（11）步生成的水平线段的内端点（往图的中间方向），在图中间生成两条水平线，如图 4-57 所示。

（13）选择【绘图】→【点】→【定距等分】命令，在第（12）步绘制生成的两条水平线上按 7000 的距离绘制等分点，效果如图 4-57 所示。

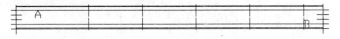

图 4-57　绘制水平方向定距等分点

（14）输入命令 pline，分别由 A 点和 B 点开始按图 4-58 所示的轮廓线绘制圆弧与直线段结合的多段线（线宽为 0），最终效果如图 4-59 所示。

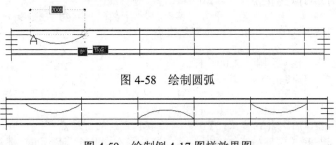

图 4-58　绘制圆弧

图 4-59　绘制例 4-17 图样效果图

具体命令操作如下：

```
命令：_pline
指定起点：　（拾取 A 点）
当前线宽为 0.0000
指定下一个点或 [圆弧(A)/半宽(H)/长度(L)/放弃(U)/宽度(W)]:　a　（输入参数 a 并按 Enter 键，
指定接下来要绘制圆弧）
指定圆弧的端点或
[角度(A)/圆心(CE)/方向(D)/半宽(H)/直线(L)/半径(R)/第二个点(S)/放弃(U)/宽度(W)]: r　（输入
参数 r 指定圆弧的半径并按 Enter 键）
指定圆弧的半径：　6307　（输入圆弧半径值 6307 并按 Enter 键）
指定圆弧的端点或 [角度(A)]:　（拾取该圆弧的另一个端点）
指定圆弧的端点或
[角度(A)/圆心(CE)/闭合(CL)/方向(D)/半宽(H)/直线(L)/半径(R)/第二个点(S)/放弃(U)/宽度(W)]:
L（输入参数 l 并按 Enter 键，指定接下来要绘制直线）
指定下一点或 [圆弧(A)/闭合(C)/半宽(H)/长度(L)/放弃(U)/宽度(W)]:　（拾取直线的另一端点）
指定下一点或 [圆弧(A)/闭合(C)/半宽(H)/长度(L)/放弃(U)/宽度(W)]:　a　（输入参数 a 并按
Enter 键，指定接下来要绘制圆弧）
指定圆弧的端点或
[角度(A)/圆心(CE)/闭合(CL)/方向(D)/半宽(H)/直线(L)/半径(R)/第二个点(S)/放弃(U)/宽度(W)]:
r（输入参数 r 指定圆弧的半径并按 Enter 键）
指定圆弧的半径：　6307　（输入圆弧半径值 6307 并按 Enter 键）
指定圆弧的端点或 [角度(A)]:
指定圆弧的端点或
[角度(A)/圆心(CE)/闭合(CL)/方向(D)/半宽(H)/直线(L)/半径(R)/第二个点(S)/放弃(U)/宽度
(W)]:（略）
```

（15）选择【格式】→【点样式】命令，设置点的样式为空白样式。输入命令 erase 删除图中间绘制有等分点的两条水平线，效果如图 4-60 所示。

图 4-60　删除辅助的点及线

5. 线在家具图中的应用实例

例 4-15　绘制如图 4-61 所示的蚕形玻璃面独脚茶几的平面图。

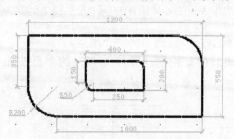

图 4-61　例 4-15 图样

绘图要点：先进行绘图环境设置，本例使用到【直线】、【圆弧】、【多线段】、【点】等命令。

绘图步骤：

（1）选择【格式】→【单位】命令，设置单位为"毫米"，精度为 0。

（2）选择【格式】→【图形界限】命令，设置图形范围为 4000×3000。

（3）选择【视图】→【缩放】→【全部】命令，显示绘图区域。

（4）输入命令 line 或者选择【绘图】→【直线】命令，在正交模式下绘制一条长度为 1200 的水平线。

（5）输入命令 line 或选择【绘图】→【直线】命令，在正交模式下过第（4）步绘制的水平线的中点分别往上和往下绘制长度为 275 的垂直线，如图 4-62 所示。

（6）输入命令 line 或选择【绘图】→【直线】命令，在正交模式下过水平线的左端点往上绘制长度为 275 的垂直线，过水平线的右端点往下绘制长度为 275 的垂直线，如图 4-63 所示。

（7）输入命令 ddptype，设置点的样式为⊠，点的大小为 5%。

（8）选择【绘图】→【点】→【定数等分】命令，把水平线三等分，如图 4-64 所示。

（9）输入命令 line 或选择【绘图】→【直线】命令，在正交模式下过水平线等分点绘制如图 4-64 所示的两条长度为 100 的垂直线。

图 4-62　绘制水平垂直线　　　　图 4-63　绘制端点垂直线　　　　图 4-64　绘制等分点

（10）输入命令 line 或选择【绘图】→【直线】命令，在正交模式下绘制如图 4-65 所示的 4 条长度分别为 1000、1000、350 和 350 的水平线。

（11）输入命令 pline 或者选择【绘图】→【多段线】命令，用长度为 50 的垂直线加半径为 50 的弧线绘制茶几小缺口部分轮廓（图 4-65 所示缺口部分），效果如图 4-66 所示。

```
命令: _pline
指定起点:
当前线宽为 0.0000
指定下一个点或 [圆弧(A)/半宽(H)/长度(L)/放弃(U)/宽度(W)]: 50
指定下一点或 [圆弧(A)/闭合(C)/半宽(H)/长度(L)/放弃(U)/宽度(W)]: a
指定圆弧的端点或
[角度(A)/圆心(CE)/闭合(CL)/方向(D)/半宽(H)/直线(L)/半径(R)/第二个点(S)/放弃(U)/宽度(W)]: r
指定圆弧的半径: 50
指定圆弧的端点或 [角度(A)]:   （点击另一个端点）
```

用同样的方法绘制大缺口部分轮廓（长度为 75 的垂直线加半径为 200 的弧线），如图 4-67 所示。

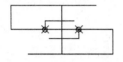

图 4-65　绘制直线

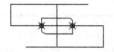
图 4-66　绘制内弧线

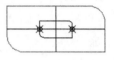
图 4-67　绘制外弧线

（12）输入命令 erase（用法见第 5 章），删除多余的线段，把点的样式设置为"无"，标上尺寸后便得到如图 4-61 所示的效果。

6. 线在电气图方面的应用

例 4-16　绘制如图 4-68（a）所示晶体管的电气图符号，如图 4-68（b）所示。

（a）

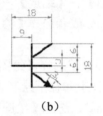
（b）

图 4-68　晶体管图片及其电气图符号

绘图要点：可以以毫米为单位设置 420×297 的图形范围；可以考虑使用矩形的顶和中点以及等分点来定位。

绘图步骤：

（1）环境设置（略）

（2）单击【绘图】工具栏中的口按钮，绘制 18×18 的矩形。

```
命令: _rectang
指定第一个角点或 [倒角(C)/标高(E)/圆角(F)/厚度(T)/宽度(W)]:（在屏幕上拾取一点）
指定另一个角点或 [面积(A)/尺寸(D)/旋转(R)]: @18,18（输入 18，18，按 Enter 键）
```

（3）绘制矩形对边中点的连线，效果如图 4-69（a）所示。

（4）设置点的样式。选择【格式】→【点样式】命令，选取第 9 种样式，点大小设置为 5%。

（5）绘制定数等分点。选择【绘图】→【点】→【定数等分】命令，将矩形的垂直中点连线进行三等分，如图 4-69（b）所示。

```
命令：_divide
选择要定数等分的对象：（选择等分对象）
输入线段数目或 [块(B)]: 3 （输入等分数目 3）
```

（6）绘制如图 4-69（b）所示的 MB 和 NA 两条斜线。

（7）删除矩形，效果如图 4-69（c）所示。

（8）绘制定距等分点。选择【绘图】→【点】→【定距等分】命令，将连接 NA 两点所生成的直线由 A 点开始以 3 为等分距离进行定距等分，如图 4-69（d）所示。

```
命令：_measure
选择要定距等分的对象： （在 A 点附近选择等分对象）
指定线段长度或 [块(B)]: 3（输入等分距离 3）
```

（9）绘制多段线。单击【绘图】工具栏中的 按钮，以距离 A 点最近的等分点为起点，A 点为终点，起点宽度为 3，终点宽度为 0 绘制多段线，效果如图 4-69（e）所示。

```
命令：_pline
指定起点：（选择距离 A 点最近的等分点）
当前线宽为 0.0000
指定下一个点或 [圆弧(A)/半宽(H)/长度(L)/放弃(U)/宽度(W)]: w（输入参数 w）
指定起点宽度 <0.0000>: 3（输入起点宽度）
指定端点宽度 <3.0000>: 0（输入终点宽度）
指定下一个点或 [圆弧(A)/半宽(H)/长度(L)/放弃(U)/宽度(W)]:（拾取 A 点）
指定下一点或 [圆弧(A)/闭合(C)/半宽(H)/长度(L)/放弃(U)/宽度(W)]:（按 Enter 键结束命令）
```

（10）设置点的样式。选择【格式】→【点样式】命令，选取第二种样式（空样式）。

（11）删除圆，效果如图 4-69（f）所示。

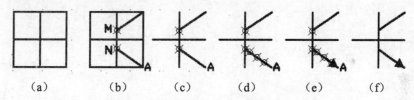

(a)　　　(b)　　　(c)　　　(d)　　　(e)　　　(f)

图 4-69　晶体管电气图符号绘制过程

（12）完成绘图。

7. 线在其他方面的应用

线的应用几乎涉及所有的行业，包括地形图的矢量化。如图 4-70 所示便是线在绘制地形图时的应用。

图 4-70　线在绘制地形图时的应用

4.3 面形图元的绘制和应用

AutoCAD 除了提供直线和弧线作为基本图元外，还提供一些具有基本形状的面图元，包括圆、椭圆、圆环、矩形和多边形等。

4.3.1 圆

圆在工程上是常见的图形。绘制圆命令是 AutoCAD 用得较多的一个命令，绘制圆的方法有以下 3 种。

方法一：选择【绘图】→【圆】命令，在弹出的子菜单中选择相应的命令即可绘制圆，如图 4-71 所示。

方法二：单击【绘图】工具栏中的⊘按钮。

方法三：在命令行输入 circle。

系统提供了 6 种绘制圆的方式，如图 4-72 所示。

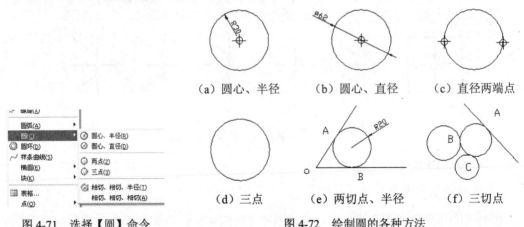

（a）圆心、半径　（b）圆心、直径　（c）直径两端点

（d）三点　（e）两切点、半径　（f）三切点

图 4-71　选择【圆】命令　　　　图 4-72　绘制圆的各种方法

下面介绍其中两种绘制圆的方式。

1. 【圆心、半径】方式

这是系统默认的绘制圆的方式，在绘制过程中只需指定圆心和半径值。

例 4-17　绘制图 4-72（a）所示的图形。

命令：_circle 指定圆的圆心或 [三点(3P)/两点(2P)/相切、相切、半径(T)]：（拾取任意点）
指定圆的半径或 [直径(D)]：30↙　　（输入半径 30）

2. 【相切、相切、半径】方式

此方式适合于已知圆的半径以及与圆相切的两个对象，绘制出与两个对象同时相切的圆。

例 4-18　绘制如图 4-72（e）所示的图形。

用【相切、相切、半径】方式绘圆时，一定要打开【对象捕捉】工具，选择"切点"捕捉类型。

命令：_circle 指定圆的圆心或 [三点(3P)/两点(2P)/相切、相切、半径(T)]：t↙　（输入 T）
指定对象与圆的第一个切点：　（移动鼠标至 OA 边，捕捉到切点符号时，单击鼠标左键确定）
指定对象与圆的第二个切点：　（用同样方法拾取 OB 边的切点）
指定圆的半径 <12.4306>：20↙

4.3.2　椭圆

椭圆的实际应用没有圆图形多，它常用来表示倾斜面上的圆在水平和竖直面上的投影。在机械零件轴测图中绘圆时经常使用椭圆命令。

绘制椭圆的方法如下。

方法一：选择【绘图】→【椭圆】命令。

方法二：单击【绘图】工具栏中的◯按钮。

方法三：在命令行输入 ellipse。

使用上述任一种方法，即可按照命令的提示绘制椭圆。AutoCAD 提供了两种绘制椭圆的方式。

❑　通过一条轴上的两个端点及另一条半轴的长度（或角度）绘制椭圆。

❑　通过中心点及一条轴的端点和另一条半轴的长度（或角度）绘制椭圆。

例 4-19　绘制如图 4-73 所示的椭圆，长轴两端点长为 60，与水平线夹角为 315°（或 −45°），另一半轴长度为 20。

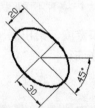

图 4-73　例 4-19 图样

用第一种方式绘制的步骤：

命令：_ellipse
指定椭圆的轴端点或 [圆弧(A)/中心点(C)]：　（拾取任意一点）
指定轴的另一个端点：60↙　（先用极轴追踪出 315°的方向，在此方向输入 60）
指定另一条半轴长度或 [旋转(R)]：20↙　（输入另一半轴长度 20）

用第二种方式绘制的步骤：

命令：_ellipse
指定椭圆的轴端点或 [圆弧(A)/中心点(C)]：c↙　（输入中心点参数 c）
指定椭圆的中心点：　（拾取中心点）
指定轴的端点：30↙　（先用极轴追踪出 315°的方向，在此方向输入长轴的一半长度 30）
指定另一条半轴长度或 [旋转(R)]：20↙　（输入另一半轴长度 20）

★★提示：在命令行选项中，还有一个"圆弧(A)"选项，若输入 A，表示此时绘制的是椭圆弧而不是椭圆）。

4.3.3 矩形

用直线命令（line）可以绘制矩形图形，但构成矩形 4 条边的线是独立的对象，而系统提供的矩形命令（rectang）所绘制的矩形是一个整体，只需确定矩形两对角点的位置即可绘制矩形，该命令不仅可绘制常规的四角是直角的矩形，还可绘制四角是斜角或圆角的矩形。

绘制矩形的方法如下。

方法一：选择【绘图】→【矩形】命令。

方法二：单击【绘图】工具栏中的 □ 按钮。

方法三：在命令行输入 rectang。

使用上述任一种方法输入命令后，命令窗口将出现如下提示：

命令：_rectang
指定第一个角点或 [倒角(C)/标高(E)/圆角(F)/厚度(T)/宽度(W)]：

在命令行中，用户选择不同的选项即可绘制不同形状的矩形（"标高(E)"和"厚度(T)"选项用于绘制三维图形），默认是"直角"选项，如图 4-74 所示。

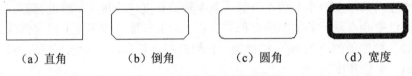

（a）直角　　　（b）倒角　　　（c）圆角　　　（d）宽度

图 4-74　各种不同形状的矩形

绘制矩形一般根据矩形的长度和宽度，给出另一对角点的相对坐标来绘制。

例 4-20　绘制如图 4-75 所示的矩形。

操作步骤：

命令：_rectang
指定第一个角点或 [倒角(C)/标高(E)/圆角(F)/厚度(T)/宽度(W)]：f↙　（输入圆角参数 f）
指定矩形的圆角半径 <5.0000>：6↙　（输入倒圆角半径）
指定第一个角点或 [倒角(C)/标高(E)/圆角(F)/厚度(T)/宽度(W)]：（拾取第一个角点）
指定另一个角点或 [面积(A)/尺寸(D)/旋转(R)]：@80,30↙　（输入对角点的相对坐标）

在输入另一个角点时，AutoCAD 2010 命令行提示有按面积、尺寸、旋转角度的方式绘制，这是 AutoCAD 2010 新增的功能。

例 4-21　绘制如图 4-76 所示的矩形，矩形的面积为 500、长度为 30，两边倒角的距离为 5。

操作步骤：

命令：_rectang
指定第一个角点或 [倒角(C)/标高(E)/圆角(F)/厚度(T)/宽度(W)]：c↙　（输入倒角参数 c）
指定矩形的第一个倒角距离 <0.0>：5↙　（给出第一个倒角的距离）
指定矩形的第二个倒角距离 <5.0>：5↙　（给出第二个倒角的距离）
指定第一个角点或 [倒角(C)/标高(E)/圆角(F)/厚度(T)/宽度(W)]：（拾取第一个角点）
指定另一个角点或 [面积(A)/尺寸(D)/旋转(R)]：a↙　（输入面积参数 a）
输入以当前单位计算的矩形面积 <100.0>：500↙　（输入矩形的面积）

计算矩形标注时依据 [长度(L)/宽度(W)] <长度>: 1✓ （输入长度参数1）
输入矩形长度 <10.0>: 30✓ （输入矩形的长度）

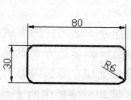

图 4-75 例 4-20 图样   图 4-76 例 4-21 图样

★★提示：按面积或尺寸绘制矩形时，指定第一个点后，如果指定的长度或宽度的值为正值，将在第一个点的右上方绘制矩形；如果指定的长度或宽度的值为负值，将在第一个点的左下方绘制矩形。"旋转（R）"选项的角度为正值时逆时针旋转；为负值时顺时针旋转。

4.3.4 正多边形

正多边形是指由至少3条长度相等的边组成的封闭图形。绘制正多边形的方法如下。

方法一：选择【绘图】→【正多边形】命令。

方法二：单击【绘图】工具栏中的 □ 按钮。

方法三：在命令行输入 polygon。

使用上述任一种方法输入命令后，即可按命令窗口的提示绘制正多边形。系统提供了以下3种绘制正多边形的方式。

❑ 边长方式：输入边长及方向，如图4-77（a）所示。

❑ 内接于圆方式：输入边数和半径，多边形的顶点位于假设圆的弧上，如图4-77（b）所示。这是默认方式。

❑ 外切于圆方式：输入边数和半径，多边形各边与假设圆相切，如图4-77（c）所示。

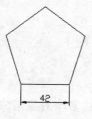 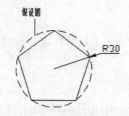 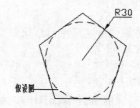

（a）边长方式   （b）内接于圆方式   （c）外切于圆方式

图 4-77 多边形绘制示例

例 4-22 绘制如图 4-77（b）所示的正多边形。

操作步骤：

命令: _polygon 输入边的数目 <7>: 5✓ （输入边数）
指定正多边形的中心点或 [边(E)]: （拾取中心点）
输入选项 [内接于圆(I)/外切于圆(C)] <I>:✓ （选择默认的内接于圆方式）
指定圆的半径: 30✓ （输入内接圆的半径）

4.3.5 面域

面域是闭合的形状或环创建的二维区域，如图 4-78 所示。该闭合的形状或环是由多段线、直线、圆弧、圆、椭圆或样条曲线等对象组成，但面域图形是一个单独对象，具有面积、周长、形心等几何特征。在 AutoCAD 中不能直接绘制面域，而是需要利用现有的封闭对象（如圆、正多边形），或者由多个对象组成的封闭区域和系统提供的【面域】命令来创建。面域之间可以进行并、差、交等布尔运算，因此常用面域来创建边界较为复杂的图形。

（a）不是面域（不闭合）　　　　　　　　（b）面域

图 4-78　面域示例

1. 创建面域

创建面域的方法如下。

方法一：选择【绘图】→【面域】命令。

方法二：单击【绘图】工具栏中的 按钮。

方法三：在命令行输入 region。

使用上述任一种方法输入命令后，命令窗口的提示如下：

```
命令：_region
选择对象：
```

从命令提示得知，要创建面域的前提是选择对象，这些对象围成的图形一定是闭合的，否则创建不了面域。

例 4-23　有一个二维图形由直线、圆弧构成，如图 4-79（a）所示，将该图形创建为面域。

操作步骤：

```
命令：_region
选择对象：指定对角点：找到 12 个　　（利用框选方法全部选择）
选择对象：↙
已提取 1 个环。
已创建 1 个面域。
```

创建面域前选择原图图形，显示结果如图 4-79（b）所示，由多个对象组成；在创建面域后选择图形，则显示结果为图 4-79（c）所示，面域是一个整体对象。

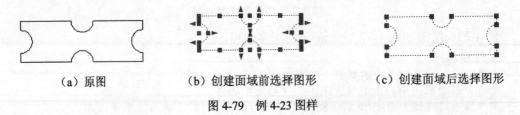

（a）原图　　　　　　（b）创建面域前选择图形　　　　　　（c）创建面域后选择图形

图 4-79　例 4-23 图样

2. 编辑面域

创建面域后还可以通过对面域的编辑，创建边界较为复杂的图形。在 AutoCAD 2010 中系统提供了 3 种面域的布尔操作运算，即并运算、差运算和交运算，其运算结果如图 4-80 所示。

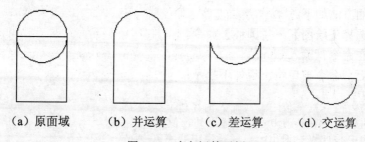

（a）原面域　　　（b）并运算　　　（c）差运算　　　（d）交运算

图 4-80　布尔运算示例

并运算是指将所有选中的面域合并为一个面域，从而生成一个新的面域。

差运算是指在所有选中的面域中，从一个面域中减去一个或多个面域，从而生成一个新的面域。

交运算是指在所有选中的面域中，把它们相交的公共部分创建为面域。

实现布尔运算的方法如下。

方法一：选择【修改】→【实体编辑】→【并集/差集/交集】命令。

方法二：单击【实体编辑】工具栏中的相应按钮。

面域的布尔运算在三维实体中应用比较多。下面用一个差运算的例子说明面域布尔运算的操作。

例 4-24　将图 4-81（a）所示的原图通过差运算创建成新的图形，如图 4-81（b）所示。

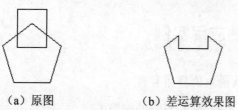

（a）原图　　　　　　　（b）差运算效果图

图 4-81　例 4-24 图样

选择【修改】→【实体编辑】→【差集】命令，然后按如下提示操作：

```
命令：_region
选择对象：指定对角点：找到 2 个    （选定原图的多边形和矩形）
选择对象：↙
已提取 2 个环。
已创建 2 个面域。　（创建了两个面域）
命令：_subtract 选择要从中减去的实体或面域... ↙    （选择差运算）
选择对象：找到 1 个    （单击选择多边形图）
选择对象：↙
选择要减去的实体或面域
选择对象：找到 1 个    （单击选择矩形图）
选择对象：↙
```

4.3.6　圆环

圆环命令可根据用户指定的内、外圆直径在指定的位置创建圆环，如图 4-82（a）所示。绘制圆环的方法如下。

方法一：选择【绘图】→【圆环】命令。

方法二：在命令行输入 donut。

输入命令后，命令窗口将出现如下提示：

```
命令: donut
指定圆环的内径 <默认值>:    （输入内径值）
指定圆环的外径 <默认值 0>:   （输入外径值）
指定圆环的中心点或 <退出>:   （指定中心点）
```

若输入的内径值为 0，则绘制出实心圆，如图 4-82（b）所示。若想绘制如图 4-82（c）和图 4-82（d）所示的圆环（不填充），则在输入圆环命令（donut）前，先输入 fill 命令进行填充状态设置。命令窗口提示如下：

```
命令: fill
输入模式 [开(ON)/关(OFF)] <开>:
```

命令行中"关(OFF)"选项为不填充状态，"开(ON)"选项为填充状态。

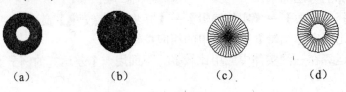

（a）　　　　　（b）　　　　　（c）　　　　　（d）

图 4-82　圆环绘制示例

4.3.7　面形图元的应用实例

1. 面形图元在机械图中的应用实例

例 4-25　绘制如图 4-83（a）所示的螺母。

绘图要点：本例使用到【正多边形】、【圆】、【直线】等命令。

绘图步骤：

（1）创建文件、设置绘图环境、线型和线宽设置、对象捕捉设置，具体可参考 4.2.10 节的例子。

（2）绘制多边形，如图 4-83（b）所示。

```
命令:polygon 输入边的数目 <6>: 6↙    （输入多边形的边数）
指定正多边形的中心点或 [边(E)]:   E↙    （选择"边(E)"选项）
指定边的第一个端点:指定边的第二个端点:  100   （输入边长度）
```

（3）绘制一对角线作为辅助线，将对角线的中点作为圆心绘制圆，如图 4-83（c）所示。

```
命令: _line 指定第一点:  （捕捉拾取多边形一顶点）
指定下一点或 [放弃(U)]:  （捕捉拾取多边形对角顶点）
命令: _circle 指定圆的圆心或 [三点(3P)/两点(2P)/相切、相切、半径(T)]:   （捕捉拾取对
```

角线中点）

　　　　指定圆的半径或 [直径(D)]：　40✓　　（输入圆的半径）

　　（4）选择如图 4-83（c）所示的辅助直线，按 Delete 键删除即可。

　　（a）螺母　　　　　　　（b）螺母绘制图解 1　　　　　（c）螺母绘制图解 2

图 4-83　例 4-25 图样

2. 面形图元在建筑图中的应用实例（空心柱横截面）

例 4-26　绘制如图 4-84（a）所示的混凝土花窗。

绘图要点：本例使用到【直线】、【圆】、【多边形】、【修剪】、【删除】等命令。

绘图步骤：

　　（1）创建文件、设置绘图环境、对象捕捉设置，具体参考 4.2.10 节的例子。

　　（2）输入命令 line，在屏幕中间绘制两条正交线，如图 4-84（b）所示。

　　（3）输入命令 circle，以正交线的交点为圆心绘制半径分别是 10、20 和 40 的 3 个圆，如图 4-84（c）所示。

　　（4）输入命令 polygon 或者选择【绘图】→【多边形】命令，以圆心为中心选用外切于圆的参数<C>，绘制外切圆半径分别是 90 和 70 的正四边形，效果如图 4-84（d）所示。部分命令操作如下：

　　　　命令：_polygon 输入边的数目 <4>：　　（按 Enter 键）
　　　　指定正多边形的中心点或 [边(E)]：　　（拾取圆心）
　　　　输入选项 [内接于圆(I)/外切于圆(C)] <C>：　　c　　（输入参数 c 并按 Enter 键）
　　　　指定圆的半径：　90　　（输入 90 并按 Enter 键）

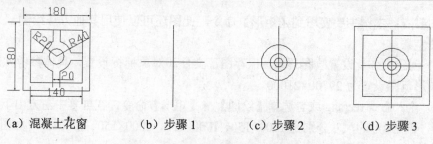

　　（a）混凝土花窗　　　　（b）步骤 1　　　　（c）步骤 2　　　　（d）步骤 3

图 4-84　混凝土花窗图及绘制图解一

　　（5）输入命令 line，过最小的圆的 4 个象限点（设置好象限点捕捉模式）分别向两边（上下象限点）或者上下（左右象限点）绘制长度为 70 的正交线，效果如图 4-85（a）所示。

　　（6）输入命令 erase，删除最初绘制的两条正交直线和最小的圆，效果如图 4-85（b）所示。

　　（7）输入命令 trim，以图 4-85（c）中的虚线作为修剪边界对直线段和大圆进行修剪，修剪效果如图 4-84（a）所示（修剪命令在第 5 章介绍）。

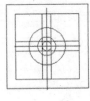

（a）步骤 4　　　　　　（b）步骤 5　　　　　　（c）步骤 6

图 4-85　混凝土花窗图绘制图解二

3. 面形图元在道路桥梁图中的应用实例

例 4-27　图 4-86 所示为石桥（如图 4-87 所示）中间位置的纵向剖面图，按尺寸绘制如图 4-88 所示的石桥剖面局部图形。

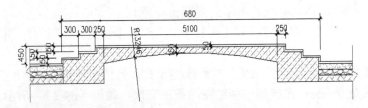

图 4-86　石桥中间位置的纵向剖面图

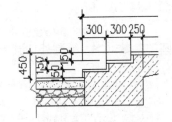

图 4-87　石桥图　　　　　　　　　　图 4-88　石桥局部轮廓图

绘图要点：本例主要使用到【矩形】命令。此图还可以使用其他方法绘制。

绘图步骤：

（1）创建文件、设置绘图环境、保存图形文件和对象捕捉设置，具体参考 4.2.10 节的例子。图形范围设置为 29700×21000。

（2）输入命令 rectang 或者选择【绘图】→【矩形】命令，在屏幕中左方由下往上绘制 4 个矩形，4 个矩形的尺寸分别是 1000×150、1000×150、1000×150、1000×50，如图 4-89（a）所示。

（3）输入命令 rectang，以 A 点作为起点，以@（-50，150）作为矩形的另一个对角点绘制矩形，如图 4-89（b）所示。具体命令操作如下：

```
命令: _rectang
指定第一个角点或 [倒角(C)/标高(E)/圆角(F)/厚度(T)/宽度(W)]:　　（拾取 A 点）
指定另一个角点或 [面积(A)/尺寸(D)/旋转(R)]: @-50,50　　（输入"@ 50，50"并按 Enter 键）
```

（4）输入命令 rectang，以 B 点作为起点，以@（300，50）作为矩形的另一个对角点绘制矩形，如图 4-89（c）所示。

（5）输入命令 rectang，以 C 点作为起点，以@（-50，150）作为矩形的另一个对角点绘制矩形，如图 4-89（d）所示。

（6）输入命令 rectang，以 D 点作为起点，以@（300，50）作为矩形的另一个对角点绘制矩形，如图 4-89（e）所示。

（7）输入命令 rectang，以 E 点作为起点，以@（-50，150）作为矩形的另一个对角点绘制矩形，如图 4-89（f）所示。

（8）输入命令 rectang，以 F 点作为起点，以@（5600，50）作为矩形的另一个对角点绘制矩形，如图 4-89（g）所示。

（9）输入命令 line，绘制一条长度为 800 的水平线和一条长度为 500 的垂直线，如图 4-89（h）所示。

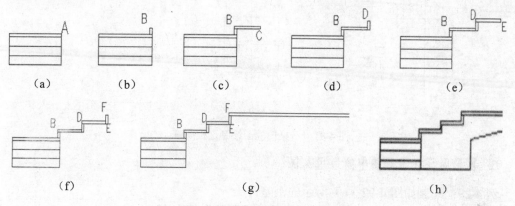

图 4-89　石桥局部轮廓图绘制过程图解

4. 面形图元在园林中的应用实例

例 4-28　如图 4-90 所示是园林小品石桌的平面图。绘制其中的俯视图，如图 4-90（b）所示。

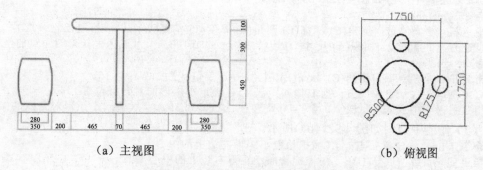

图 4-90　园林小品石桌的平面图

绘图要点：本例使用到【直线】、【圆】、【多边形】、【删除】等命令。

绘图步骤：

（1）创建文件、设置绘图环境、保存图形文件和对象捕捉设置，具体参考 4.2.10 节的例子。图形范围设置为 2970×2100。

（2）输入命令 line，在屏幕中间绘制两条足够长的正交线。

（3）输入命令 polygon 或者选择【绘图】→【多边形】命令，以正交线交点为中心，选用外切于圆的参数<C>绘制外切圆半径分别是 875 的正四边形，效果如图 4-91（a）所示。命令操作如下：

命令：_polygon 输入边的数目 <4>:　　（按 Enter 键）
指定正多边形的中心点或 [边(E)]:　　（拾取圆心）
输入选项 [内接于圆(I)/外切于圆(C)] <C>:　　C　　（输入参数 C，并按 Enter 键）
指定圆的半径：　875　　（输入 875，并按 Enter 键）

（4）输入命令 circle 以正交线的交点为圆心绘制半径为 500 的圆，分别以正四边形与正交线的 4 个交点为圆心绘制半径为 175 的圆，如图 4-91（b）所示。

（5）输入命令 erase，删除正交线和正多边形，得到最终效果如图 4-91（c）所示。

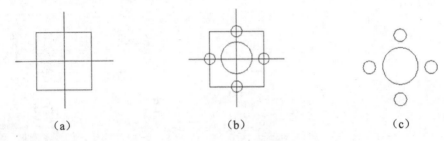

（a）　　　　　　　　　　　（b）　　　　　　　　　　　（c）

图 4-91　石桌俯视图绘制过程图解

5. 面形图元在家具图中的应用实例

例 4-29　绘制如图 4-92（a）所示的浴室门。

绘图要点：本例使用到【矩形】、【直线】、【圆弧】等命令。

绘图步骤：

（1）创建文件、设置绘图环境、线型和线宽设置、对象捕捉设置，具体参考 4.2.10 节的例子。

（2）绘制矩形，如图 4-92（b）所示。

命令：_rectang
指定第一个角点或 [倒角(C)/标高(E)/圆角(F)/厚度(T)/宽度(W)]:　　（拾取任意一点）
指定另一个角点或 [面积(A)/尺寸(D)/旋转(R)]:　@80,180↙　　（输入大矩形对角点的坐标）
命令：_rectang
指定第一个角点或 [倒角(C)/标高(E)/圆角(F)/厚度(T)/宽度(W)]:　15↙　　（捕捉大矩形边的垂直中点，在水平追踪线方向向右输入距离 15，确定小矩形的对角点位置）
指定另一个角点或 [面积(A)/尺寸(D)/旋转(R)]:　@50,50↙　　（输入小矩形对角点的坐标）

（3）绘制中线，如图 4-92（c）所示。

命令：_line 指定第一点：　（捕捉拾取小矩形左边上的中心）
指定下一点或 [放弃(U)]:　（捕捉拾取小矩形右边上的中心）
命令：_line 指定第一点：　（捕捉拾取小矩形上边上的中心）
指定下一点或 [放弃(U)]:　（捕捉拾取小矩形下边上的中心）

（4）绘制圆弧，如图 4-92（d）所示。

命令：arc 指定圆弧的起点或 [圆心(C)]:　c↙　（选择圆心方式）
指定圆弧的圆心：　10↙　（捕捉小矩形上边的中心，在垂直追踪线方向向下输入 10，确定圆弧的圆心位置）

指定圆弧的起点：（捕捉拾取小矩形右上角的顶点为圆弧的起点）
指定圆弧的端点或 [角度(A)/弦长(L)]: （捕捉拾取小矩形右上角的顶点为圆弧的端点）

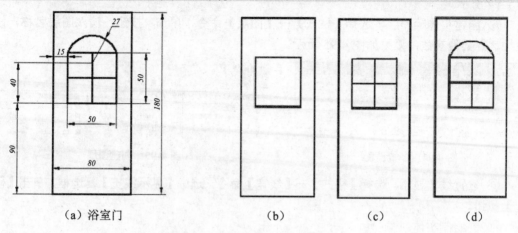

（a）浴室门　　　　　　　　　（b）　　　　　　（c）　　　　　　（d）

图 4-92　浴室门及其绘制过程图解

6. 面形图元在电气图中的应用实例

例 4-30　绘制如图 4-93 所示的电气图中所使用的图形符号——接地符号（所使用的电气简图用图形符号与国际电工委员会 IEC 制定的国际标准 IEC617:1983 兼容）。

（a）一般接地　　　　　　（b）保护接地　　　　　　（c）无噪音接地

图 4-93　电气图用图形符号——接地符号

绘图要点：可以以毫米为单位设置 297×210 的图形范围；实体、标注等图层；本例主要使用到【直线】等命令和【正交】、【对象捕捉】等工具。

绘图步骤：

（1）环境设置。

① 创建图形文件。选择【文件】→【新建】命令，在打开的对话框中单击【打开】按钮旁边的三角符号，在弹出的下拉列表中选择【无样板打开-公制（M）】选项。

② 设置绘图单位。选择【格式】→【单位】命令，将图形单位设为"毫米"，精度设为 1。

③ 设置绘图区域。可将图形范围（图幅）设为 297×210，方法为：选择【格式】→【图形界限】命令，分别输入（0，0）和（297，210），然后选择【视图】→【缩放】→【全部】命令显示绘图区域。

④ 设置绘图辅助工具及参数。选择【工具】→【草图设置】命令，在打开的对话框中选择【对象捕捉】选项卡，选中【启用对象捕捉】、【启用对象捕捉追踪】、【端点】、【中点】、

【交点】复选框，在状态栏中打开【正交模式】、【对象捕捉】、【对象捕捉追踪】工具，如图 4-94 所示。

⑤ 创建实体等图层。选择【格式】→【图层】命令，单击 按钮，输入图层名称，修改线宽等其他参数，效果如图 4-95 所示。

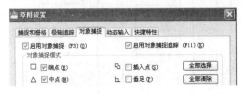

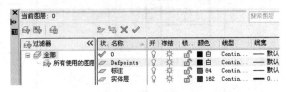

图 4-94　参数设置　　　　　　　　　图 4-95　创建图层

⑥ 设置线宽显示。选择【格式】→【线宽】命令，选中【显示线宽】复选框，单击【确定】按钮。

（2）绘制实体。

① 进入【实体层】图层。

② 在正交模式下绘制长度为 15 的水平线，过其中点分别向上和向下绘制高度分别为 12 和 5 的垂直线，如图 4-96（a）和图 4-96（b）所示。

```
命令：_line 指定第一点：（在屏幕上适当的位置拾取一点）
指定下一点或 [放弃(U)]：15（鼠标往右移动，并输入 15，按 Enter 键）
指定下一点或 [放弃(U)]：✓　　（按 Enter 键结束命令）
命令：_line 指定第一点：（拾取水平线的中点）
指定下一点或 [放弃(U)]：12（鼠标往上移动，并输入 12，按 Enter 键）
指定下一点或 [放弃(U)]：✓　　（按 Enter 键结束命令）
命令：_line 指定第一点：（拾取水平线的中点）
指定下一点或 [放弃(U)]：5（鼠标往下移动，并输入 5，按 Enter 键）
指定下一点或 [放弃(U)]：✓　　（按 Enter 键结束命令）
```

③ 分别以下垂直线的中点为起点向左和向右绘制长度为 5 的水平线，如图 4-96（c）和图 4-96（d）所示。

```
命令：_line 指定第一点：（拾取屏幕下部分的垂直线的中点）
指定下一点或 [放弃(U)]：5（鼠标往左移动，并输入 5，按 Enter 键）
指定下一点或 [放弃(U)]：✓　　（按 Enter 键结束命令）
命令：_line 指定第一点：（拾取屏幕下部分的垂直线的中点）
指定下一点或 [放弃(U)]：5（鼠标往右移动，并输入 5，按 Enter 键）
指定下一点或 [放弃(U)]：✓　　（按 Enter 键结束命令）
```

④ 分别以下垂直线的末端为起点向左和向右绘制长为 3 的水平线，如图 4-96（e）所示（步骤略）。

⑤ 删除屏幕下部分垂直线，完成"一般接地"符号的绘制，如图 4-96（f）所示。

⑥ 复制两份图 4-96（f）。

```
命令：_copy
选择对象：指定对角点：找到 6 个（框选图 4-96（f）中的所有对象）
选择对象：✓　　（按 Enter 键结束选择）
当前设置：　复制模式 = 多个
指定基点或 [位移(D)/模式(O)] <位移>：指定第二个点或 <使用第一个点作为位移>：（在图上任选一点作为复制基准点）
指定第二个点或 [退出(E)/放弃(U)] <退出>：（在屏幕上拾取目标点）
```

指定第二个点或 [退出(E)/放弃(U)] <退出>:（在屏幕上拾取目标点）

⑦ 以复制图的垂直线与水平线的交点为圆心绘制半径为 9 的圆，即完成"保护接地符号"的绘制，如图 4-96（g）所示。

命令: _circle 指定圆的圆心或 [三点(3P)/两点(2P)/切点、切点、半径(T)]:（拾取交点）
指定圆的半径或 [直径(D)] <10.0000>: 9（输入 9，按 Enter 键）

⑧ 绘制辅助线。以另一个复制图下方右边水平线的右端点为起点绘制长度为 7 的水平线，参考第③步。

⑨ 利用【圆心，起点，角度】方式绘制圆弧。

命令: _arc 指定圆弧的起点或 [圆心(C)]: _c 指定圆弧的圆心:（拾取屏幕最下方第一段水平线的右端点）
指定圆弧的起点:（拾取长度为 7 的水平线的右端点）
指定圆弧的端点或 [角度(A)/弦长(L)]: _a 指定包含角: 180（输入 180 并按 Enter 键）

⑩ 删除长度为 7 的水平线，得到"无噪音接地"符号，效果如图 4-96（h）所示。

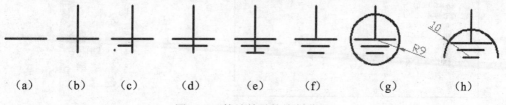

　（a）　　　（b）　　　（c）　　　（d）　　　（e）　　　（f）　　　（g）　　　（h）

图 4-96　接地符号的绘制过程

（3）完成绘图过程。

4.4　剖面线的绘制和图案填充应用

4.4.1　剖面线的绘制

在建筑、机械、园林等行业中，常常需要绘制物体的剖面图和剖视图。剖面区域内的剖面符号是由一些线或点构成的图案，称之为剖面线。不同的剖面线（图案）表示出所剖物体内部的材料特性及相区分的装配关系，如图 4-97 所示。

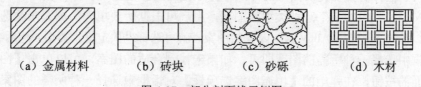

（a）金属材料　　　（b）砖块　　　（c）砂砾　　　（d）木材

图 4-97　部分剖面线示例图

AutoCAD 2010 中剖面线的绘制主要是通过图案填充功能来实现的。绘制剖面线的方法如下。

方法一：选择【绘图】→【图案填充】命令或单击【绘图】工具栏中的 ▦ 按钮，在弹出的【图案填充和渐变色】对话框中进行设置，如图 4-98 所示。

方法二：通过【工具选项板】浮动窗口，如图 4-99 所示。

方法三：在命令行输入 bhatch。

图 4-98　【图案填充和渐变色】对话框　　　图 4-99　【工具选项板】浮动窗口

4.4.2　图案填充

图案填充是最常用的剖面线绘制方法。图案填充时，AutoCAD 既允许用户自己定义填充的图案，也允许用户使用 AutoCAD 预先定义好的图案。

【图案填充和渐变色】对话框中有【类型和图案】、【角度和比例】、【边界】、【选项】等选项区域。当进行图案填充时，首先要确定填充的封闭界，其次是选择填充图案、角度和比例。下面重点介绍主要的选项区域的参数设置。

1. 【类型和图案】选项区域

主要用于选择所要填充的图案的样式。其中【类型】下拉列表框中提供有"预定义"、"用户定义"和"自定义"3 种类型的图案，用户可根据所要填充的图案来源选择相应的图案类型。例如，要选用 AutoCAD 内置的图案，就可选择"预定义"类型，然后在【图案】下拉列表框中选择一种所需的图案即可，如果未找到合适的图案，可以单击【图案】下拉列表框后面的按钮，在弹出的【填充图案选项板】对话框中选择一种所需的图案即可，如图 4-100 所示。

2. 【角度和比例】选项区域

主要用于设置图案线的角度和图案线之间的间距。如图 4-101 所示是同样的图案样式，因角度和比例设置不同，图案填充的外观就不同。

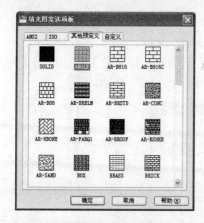

图 4-100 【填充图案选项板】对话框

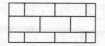

（a）角度 0 比例 1 （b）角度 45 比例 1 （c）角度 0 比例 0.5

图 4-101 不同角度和比例形成不同填充图案

3. 【边界】选项区域

主要用于选择图案填充的对象。如果填充的对象是封闭的区域，则既可选择"拾取点"也可选择"选择对象"。如果填充的对象是不封闭的区域，例如如图 4-102 所示由直线围成的区域，则只能选择"选择对象"。

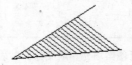

图 4-102 直线围成的区域

★★提示：若所填的剖面线不合适，可双击已填充的图案，在弹出的【图案填充和渐变色】对话框中进行编辑修改（图案类型、角度、比例等）。

4.4.3 剖面线应用实例

1. 剖面线在机械图中的应用实例

例 4-31 给如图 4-103 所示的机械装配图绘制剖面线。

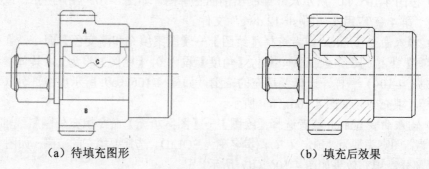

（a）待填充图形 （b）填充后效果

图 4-103 例 4-31 图样

绘图步骤：

（1）打开随书光盘中的"第 4 章/应用实例图/slt-11.dwg"文件。

（2）单击【绘图】工具栏中的 按钮，在弹出的【图案填充和渐变色】对话框的【图案】下拉列表中选择 ANSI31，【角度】设为 0，【比例】设为 1，如图 4-104 所示。

图 4-104　【图案填充和渐变色】对话框参数设置

（3）单击【添加拾取点】按钮，分别在待填充图形的 A 点区域、B 点区域单击，获取填充区域，然后按 Enter 键，单击【确定】按钮即可。

（4）重复步骤（2）绘制 C 区域的剖面线，与上面参数设置不同的是【角度】设为 90，因为虽是两个不同的物件装配在一起，但却是同一种材料（金属）。故剖面图案相同，方向不同。

2. 剖面线在建筑图中的应用实例

例 4-32　绘制如图 4-105（c）所示的栏杆柱子的剖面图。

绘图步骤：

（1）按图 4-105（a）所示尺寸绘制出剖面轮廓图，如图 4-105（b）所示。或打开随书光盘中的"第 4 章/应用实例图/slt-12.dwg"文件。

（2）输入命令 bhatch 或者选择【绘图】→【图案填充和渐变色】命令，在弹出对话框的【图案】下拉列表中选择 ANSI31，【角度】设为 0，【比例】设为 1，具体参数设置如例 4-31（图 4-104）一样。选择要填充的范围，如图 4-106（a）所示虚线部分（填充外围斜线部分），填充效果如图 4-106（b）所示。

（3）输入命令 bhatch 或者选择【绘图】→【图案填充】命令填充外围斜线部分，具体参数设置为：图案类型为"预定义"，图案名称为 SOLID。选择要填充的范围，如图 4-106（c）所示虚线部分，填充效果如图 4-106（d）所示。

（4）参照图 4-105（c），用同样的方法绘制剩下的剖面线。

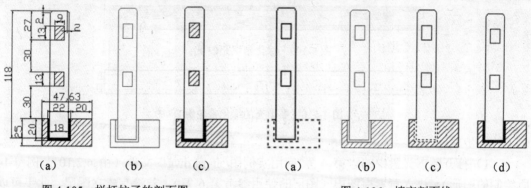

<table>
<tr><td>（a）</td><td>（b）</td><td>（c）</td></tr>
</table>

图 4-105　栏杆柱子的剖面图　　　　　图 4-106　填充剖面线

3. 剖面线在道路桥梁图中的应用实例

例 4-33　绘制如图 4-107 所示石桥的平面图的剖面部分。

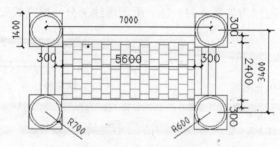

图 4-107　石桥的平面图

绘图步骤：

（1）按图 4-107 所示尺寸绘制出石桥的平面图（略），或打开随书光盘中的"第 4 章/应用实例图/slt-13.dwg"文件。

（2）输入命令 bhatch 或者选择【绘图】→【图案填充】命令，在弹出的对话框中设置【类型】为"预定义"，【图案】为 BRICK，【角度】为 0，【比例】为 1，选择要填充的范围为如图 4-108（a）所示虚线部分，填充效果如图 4-108（b）所示。

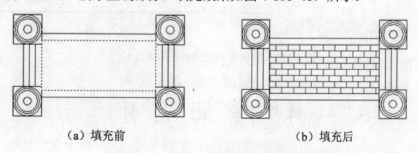

（a）填充前　　　　　　　　　　（b）填充后

图 4-108　石桥的平面图填充过程图解

4. 剖面线在园林中的应用实例

例 4-34　按图 4-109 所示的样式对图 4-110 所示的绿化范围进行填充（两边为黄素梅，中间是花叶鹅掌柴）。

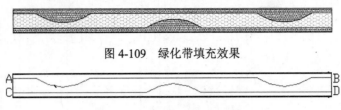

图 4-109　绿化带填充效果

图 4-110　要填充的绿化带轮廓

绘图步骤：

（1）打开随书光盘中的"第 4 章/应用实例图/slt-14.dwg"文件（由 4.2.10 节例 4-14 所绘制的图形），进入黄素梅图层（图层的使用参考第 6 章）。若没有建立图层，此步可以省略。

（2）输入命令 bhatch 或者选择【绘图】→【图案填充】命令，在弹出的对话框中设置【类型】为"预定义"，【图案】为 NET3，如图 4-111（a）所示；【角度】设为 0；【比例】设为 500；选择要填充的范围为如图 4-111（b）所示虚线部分，填充效果如图 4-111（c）所示。

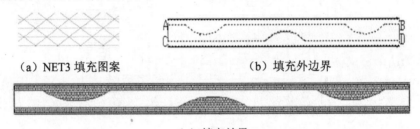

（a）NET3 填充图案　　　　　　　　（b）填充外边界

（c）填充效果

图 4-111　绿化带两边的填充图案绘制图解

（3）输入命令 bhatch 或者选择【绘图】→【图案填充】命令，在弹出的对话框中设置为【类型】为"预定义"，【图案】为 HONEY，如图 4-112（a）所示；选择要填充的范围，如图 4-112（b）所示虚线部分。

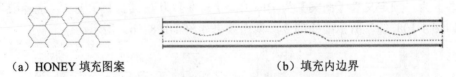

（a）HONEY 填充图案　　　　　　　　（b）填充内边界

图 4-112　绿化带中间的填充图案绘制图解

4.5　自由创作

"学以致用，用以创新"是本教材所秉承的理念，本节意在引导读者综合本章所学知识进行个性化的自由创新设计，培养读者的创新思维与创新能力。

例　利用【直线】、【圆】、【多线】等命令绘制如图 4-113 所示的手机、数码相机上常见的接线标志。

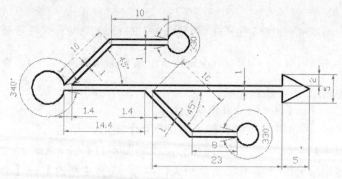

图 4-113　电器产品接线标志

绘图要点：可以以毫米为单位设置 297×210 的图形范围；3 个圆弧可通过【起点、端点、角度】方式绘制，线体可采用高度为 1 的矩形和宽度为 1 的默认多线及分解命令组合完成，箭头部分通过矩形和直线完成。

绘图步骤：

1．环境设置

（1）创建图形文件。选择【工具】→【新建】命令，在打开的对话框中单击【打开】按钮旁边的三角符号，在弹出的下拉列表中选择【无样板打开-公制（M）】选项。

（2）设置绘图单位。选择【格式】→【单位】命令，将图形单位设为"毫米"，精度设为 0。

（3）设置绘图区域。可将图形范围（图幅）设为 297×210，方法为：选择【格式】→【图形界限】命令，分别输入（0，0）和（297，210），然后选择【视图】→【缩放】→【全部】命令显示绘图区域。

（4）设置绘图辅助工具及参数。选择【工具】→【草图设置】命令，在【对象捕捉】选项卡中选中【启用对象捕捉】、【启用对象捕捉追踪】、【端点】、【中点】、【垂足】、【交点】复选框；在【极轴追踪】选项卡中选中【启用极轴追踪】复选框，增量角设置为 45；在状态栏中打开【正交】、【对象捕捉】、【对象追踪】工具。

（5）创建【实体】（蓝色，线宽 0.3，实线）、【文字】（黑色）、【标注】（绿色）3 个图层。选择【格式】→【图层】命令，在打开的【图层特性管理器】对话框中单击 按钮，输入图层名称、修改线宽等其他参数后单击【关闭】按钮（此步骤可参考第 6 章图层设计内容，或省略此步骤）。

（6）设置线宽显示。选择【格式】→【线宽】命令，选中【显示线宽】复选框，单击【确定】按钮。

2．绘制实体

（1）进入【实体】图层（若之前没有设计图层，此步骤可以省略）。

（2）单击【绘图】工具栏中的 按钮，在正交模式下绘制 1×1.4、1×10、1×1.4、1×23、1×5.5 个矩形。

命令：_rectang
指定第一个角点或 [倒角(C)/标高(E)/圆角(F)/厚度(T)/宽度(W)]:（在屏幕左下方拾取一点，鼠标往右上方移动）
指定另一个角点或 [面积(A)/尺寸(D)/旋转(R)]: @1,1.4（输入 1，1.4，按 Enter 键）
命令：_explode
选择对象：找到 1 个（选择矩形）
选择对象：↙ （按 Enter 键结束命令）

按图 4-114（a）所示继续绘制其他（右部）4 个矩形。

（3）对比图 4-114（a）与图 4-114（b），绘制图 4-114（b）右端两个 5×2 的矩形。

（4）将上述矩形分解（参考第 5 章相关内容）。选择【修改】→【分解】命令。

命令：_explode
选择对象：（依次选择上述矩形，以将它们分解）

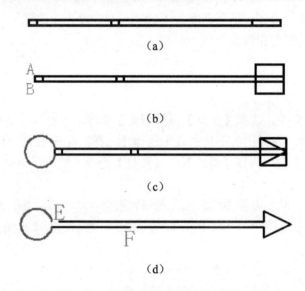

（a）

（b）

（c）

（d）

图 4-114 接线标志图绘制过程一

（5）以图 4-114（b）中的 A、B 点为起点和端点绘制包含角为 340° 的圆弧，效果如图 4-114（c）所示。方法为：选择【绘图】→【圆弧】→【起点、端点、角度】命令，按照以下提示进行操作：

命令：_arc 指定圆弧的起点或 [圆心(C)]:（拾取起点 A）
指定圆弧的第二个点或 [圆心(C)/端点(E)]: _e
指定圆弧的端点：（拾取端点 B）
指定圆弧的圆心或 [角度(A)/方向(D)/半径(R)]: _a 指定包含角：340（输入角度 340）

（6）绘制图 4-114（c）右端的两条直线段。方法为：选择【绘图】→【直线】命令进行操作。

（7）按照图 4-114（d）所示的效果，删除最小的两个矩形相关的线段。方法为：选择【修改】→【删除】命令，按照以下提示进行操作：

命令：erase
选择对象：找到 1 个 （拾取 A 点所在的小矩形的上水平线）
选择对象：找到 1 个，总计 2 个 （拾取 A 点所在的小矩形的左垂直线）

选择对象：（拾取另一个小矩形的下水平线）

选择对象：（按 Enter 键结束命令）

按同样的方法删除图 4-114（c）右端的相关线段，以得到如图 4-114（d）所示的效果。

（8）选择【工具】→【草图设置】命令，在【极轴追踪】选项卡中选中【启用极轴追踪】复选框，增量角设置为 45；在状态栏中打开【对象追踪】工具。

（9）绘制线体的分支部分。方法为：选择【绘图】→【多线】命令，按照以下提示进行操作：

```
命令：_mline
当前设置：对正 = 无，比例 = 20.00，样式 － STANDARD
指定起点或 [对正(J)/比例(S)/样式(ST)]：　s（输入比例参数）
输入多线比例 <1.00>：　1（输入比例值 1）
当前设置：对正 = 无，比例 = 1.00，样式 = STANDARD
指定起点或 [对正(J)/比例(S)/样式(ST)]：　j（输入对正参数）
输入对正类型 [上(T)/无(Z)/下(B)] <无>：　b（输入下对正）
当前设置：对正 = 下，比例 = 1.00，样式 = STANDARD
指定起点或 [对正(J)/比例(S)/样式(ST)]：（拾取图 4-114（d）中的 E 点）
指定下一点：　10（鼠标往 45°方向追踪，并输入线长 10）
指定下一点或 [放弃(U)]：　<正交 开> 10（鼠标往水平方向追踪，并输入线长 10）
指定下一点或 [闭合(C)/放弃(U)]（按 Enter 键结束命令）
```

参考此法，以"[上(T)]"对正类型（其他参数不变），以图 4-114（d）中的 F 点为起点绘制另一个分支线体，效果如图 4-115（a）所示。

（10）分别以图 4-115（a）中的 C、D 点为起点和 C、D 点的上方点为端点绘制包含角为 330°的圆弧，效果如图 4-115（b）所示。方法为：选择【绘图】→【圆弧】→【起点、端点、角度】命令进行操作。

（11）绘制图 4-115（b）中 E 和 F 点的两条直线段。方法为：选择【绘图】→【直线】命令进行绘制，效果如图 4-115（c）所示。

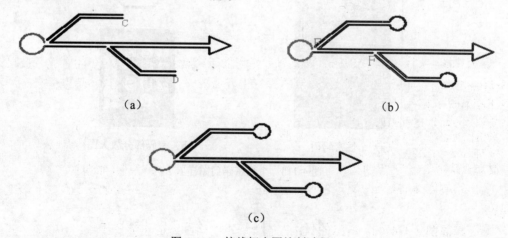

图 4-115　接线标志图绘制过程二

3. 进行尺寸标注

步骤略。

4.　完成绘图过程

至此，完成电器产品控件标志的绘制。

例　设计一款类似于图 4-116 所示的自由创作的作品"林间小屋"，尺寸可以自由发挥（步骤略）。

例 4-35　设计一款类似于图 4-117 所示的"家庭影院"设计图（步骤略）。

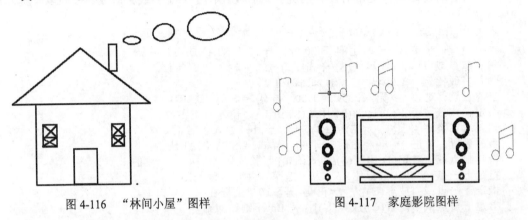

图 4-116　"林间小屋"图样　　　　　　　　图 4-117　家庭影院图样

例　设计一款类似于图 4-118 所示的"个性密码门"，未标注尺寸可以自由发挥（步骤略）。

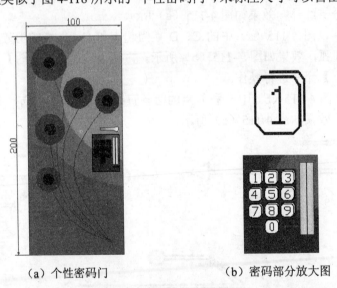

（a）个性密码门　　　　　　　（b）密码部分放大图

图 4-118　个性密码门图样

4.6　小　　结

本章主要介绍了如何利用直线、弧线、矩形、圆、多边形等基本绘图命令来绘制各种二维图元。通过学习本章的知识，读者应熟练掌握绘图基本命令的使用及各种技巧。掌握这些基本命令的使用将是用户有效地运用 AutoCAD 2010 所必需的基础。

4.7　上机练习与习题

1．绘制如图 4-119 所示的闭路电视接口和电气开关图例，尺寸自拟。

2．绘制如图 4-120 所示直角三角形△ABC，D 点是直线 AC 的中点。

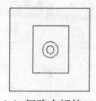

（a）闭路电视接口　　　（b）电气开关

图 4-119　家用电气接口及开关图例

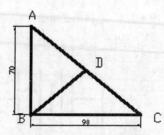

图 4-120　直角三角形图

3．绘制如图 4-121 所示的机械零件图。

4．绘制如图 4-122 所示的某单位大门处岗位亭屋顶平面图（尺寸标注和文字部分可以省略）。（提示：① 由外矩形上水平线中点往下绘制长度为 100 的垂直线；② 由外矩形左边垂直线中点往右绘制长度为 340 的水平线；③ 分别过前两步所绘制出来的垂直线和水平线的末端绘制足够长的水平线和垂直线，两线的交点即为直径为 80 的落水管的中心位置。）

5．绘制如图 4-123 所示的洗漱盘平面图。

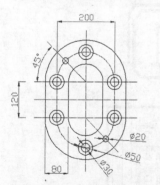

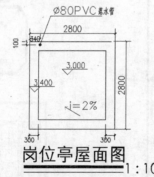

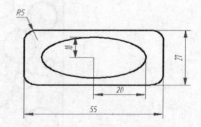

图 4-121　某机械零件图　　　图 4-122　岗位亭屋顶平面图　　　图 4-123　洗漱盘平面图

6．绘制如图 4-124 所示的电视柜立面图。

绘图要点提示：本绘图主要用【直线】、【矩形】、【圆环】等命令。

7．绘制如图 4-125 所示的道路导向箭头。

8．绘制如图 4-126 所示的石桥的平面图形。

9．绘制如图 4-127 所示的电气图用图形符号——电池符号。

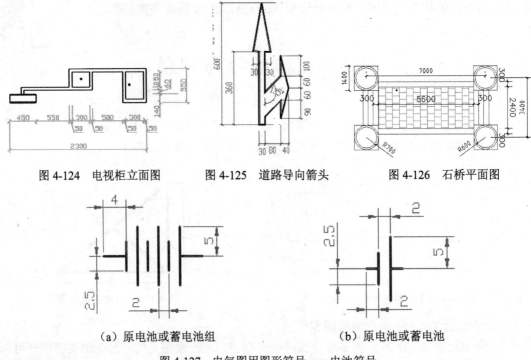

图 4-124　电视柜立面图　　　图 4-125　道路导向箭头　　　图 4-126　石桥平面图

（a）原电池或蓄电池组　　　　　　　（b）原电池或蓄电池

图 4-127　电气图用图形符号——电池符号

10. 如图 4-128 所示是一幅学生自由创作的作品"个性密码门"，根据图中的参考尺寸绘制其中的一部分或全部图形，未标注尺寸可以自由发挥。

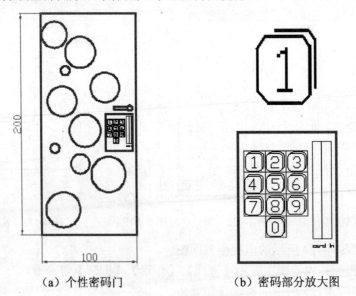

（a）个性密码门　　　　　　　（b）密码部分放大图

图 4-128　个性密码门图样

第5章 图形编辑

图形编辑就是对所绘图形进行修改的操作，包括删除、移动、复制、形变等。本章图形编辑命令的讲解和应用均基于 AutoCAD 的经典界面。

5.1 对象选择

在对图形进行编辑操作之前，首先选择要编辑的对象，这些对象是指所绘制的图形、文字、尺寸、剖面线等。当输入一条编辑命令或进行其他某项操作时，系统会提示"选择对象"，这时可以在窗口中选择要编辑的对象，对象被选择后以虚线形式显示。在 AutoCAD 中，选择对象的方法很多，可单击对象直接拾取，也可以用多边形选取，还可以采用选择集的方式进行等。

5.1.1　4 种常用的对象选择方式

1．直接点取方式

这是一种默认的选择方式，当执行某个编辑命令后，命令窗口提示：

> 选择对象:

这时光标变成拾取框形状，用拾取框直接单击对象，可逐个拾取所需选择的对象，此方法一次只能拾取一个对象。若在按住 Shift 键的同时单击要选择的对象，则可选择多个对象，命令行会提示已经拾取了多少个对象。

对象被选中之后以虚线的形式显示，如图 5-1 所示老鼠的外形轮廓线已经被选择（图中右边部分是在点取对象之前从左边图中复制出来用于对比的）。

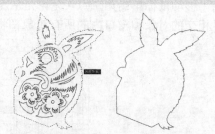

图 5-1　直接点取选择对象之后与点取之前相应对象的对比

★★提示：拾取框形状的大小可以选择【工具】→【选项】命令，然后在弹出对话框的【选择】选项卡中设置。

2. 窗口选择

该方式是通过绘制一个矩形窗口来选取对象。当出现"选择对象"提示时，在窗口空白处单击确定矩形窗口的一个对角点，命令窗口将提示：

选择对象:指定对角点:

将光标移到窗口另一位置单击鼠标，确定矩形窗口的另一个对角点，如果矩形窗口是从左向右定义的，如图 5-2（a）所示，从 A 向 B 或从 C 向 D 拖动光标构成的矩形窗口，则完全处于区域窗口内的对象将被选中，效果如图 5-2（b）所示。如果矩形窗口是从右向左定义的，如图 5-3（a）所示，从 A 向 B 或从 C 向 D 拖动光标构成的矩形窗口，则完全处于区域窗口内的对象和与区域边界相交的对象都将被选中，效果如图 5-3（b）所示。

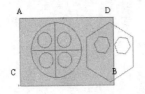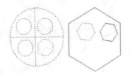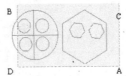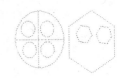

（a）从左向右定义窗口　　（b）选择的结果　　（a）从右向左定义窗口　　（b）选择的结果

图 5-2　用从左向右定义的窗口选择对象　　图 5-3　用从右向左定义的窗口选择对象

★★提示：当命令窗口提示"选择对象"时，在提示语句后输入 w 后按 Enter 键，此时光标变成十字形状。用鼠标左键单击第一点后，移动鼠标（无论是从左向右还是从右向左），将只选择完全包含在窗口中的对象。如果对象的一部分在窗口外，则该对象不能被选中。

3. 窗交选择（快捷命令 c）

当命令窗口提示"选择对象"时，在提示语句后输入 c 后按 Enter 键，则命令窗口提示：

指定第一个角点:

此时光标变成十字形状，用鼠标单击第一点，命令窗口提示：

指定对角点:

移动鼠标单击第二点（无论是从左向右还是从右向左），如图 5-4（a）所示，与窗口边界相交的对象和窗口内的所有对象都将被选中，如图 5-4（b）所示。

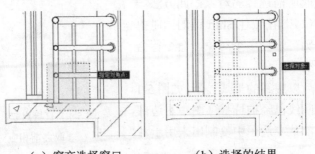

（a）窗交选择窗口　　　　　　（b）选择的结果

图 5-4　窗交选择对象

4. ALL 全选（快捷命令 all）

该方式将选中图形中没有被锁定、关闭或冻结层上的所有对象。在出现"选择对象"

提示时输入 all，按 Enter 键，图形中的所有对象即被选中。

5.1.2　构建对象选择集

选择集是指要编辑对象的集合，它可以是单个对象，也可以是多个对象。

1. 前一个对象的选择（快捷命令 p）

当命令窗口提示"选择对象"时，在提示语句后输入 p 后按 Enter 键或空格键，将最后一次选择集设为当前选择集。

2. 栏选（快捷命令 f）

通过绘制一条折线（或直线）来选择对象，所有与折线（或直线）相交或接触的对象都被选中。

绘图过程中，当命令窗口提示"选择对象"时，在提示语句后输入 f 并按 Enter 键或空格键后，命令窗口提示：

指定第一个栏点：

在窗口中指定折线（或直线）的第一个点后，命令窗口提示：

指定下一个栏点或[放弃(U)]:

在窗口中指定折线（或直线）的第二个点，依次指定其他点，按 Enter 键或空格键结束栏选，如图 5-5（a）所示，所有与折线（或直线）相交或接触的对象被选中，如图 5-5（b）所示。

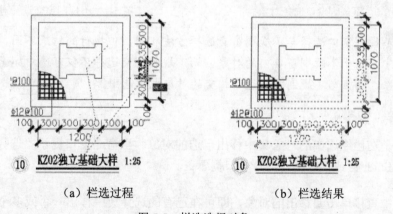

（a）栏选过程　　　　　　　　　　　（b）栏选结果

图 5-5　栏选选择对象

3. 不规则窗口的选择（快捷命令 wp）

当命令窗口提示"选择对象"时，在提示语句后输入 wp 后按 Enter 键或空格键，命令窗口提示：

第一圈围点：

在窗口中指定不规则窗口的第一个角点，命令窗口提示：

指定直线的端点或[放弃(U)]:

在窗口中指定不规则窗口的第二个角点，依次指定其他角点，按 Enter 键或空格键结束不规则窗口的选择，如图 5-6（a）所示，完全包围在不规则窗口中的对象将被选中，如图 5-6（b）所示。

4. 不规则窗交选择（快捷命令 cp）

当命令窗口提示"选择对象"时，在提示语句后输入 cp 后按 Enter 键或空格键，命令窗口提示：

> 第一圈围点：

在窗口中指定不规则窗口的第一个角点，命令窗口提示：

> 指定直线的端点或[放弃(U)]：

在窗口中指定不规则窗口的第二个角点，并依次指定其他角点，按 Enter 键或空格键结束不规则窗口的选择，如图 5-7（a）所示，所有在不规则窗口内或与不规则窗口边界相交的对象都被选中，如图 5-7（b）所示。

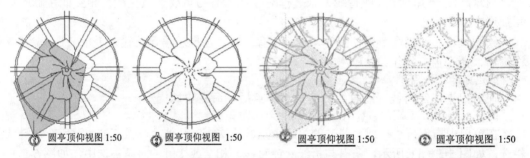

|（a）使用不规则窗口选择对象　（b）选择的结果|（a）不规则窗交窗口　（b）选择的结果|

|图 5-6　不规则窗口选择对象|图 5-7　不规则窗交选择对象|

★★提示：不规则窗口选择与不规则窗交选择方法相同，但执行的结果不同，不规则窗口选择只选中完全位于不规则窗口内的对象，而不规则窗交选择不仅可选中完全位于不规则窗口内的对象，而且与不规则窗口边界相交的对象也被选中。

5. 扣除（快捷命令 r）

扣除就是在已经选中的对象集中移出已选的对象。当命令窗口提示"选择对象"时，输入 r 后按 Enter 键或空格键，命令窗口提示：

> 删除对象：

在窗口中直接单击要移出的对象，即可在已有的选择集中移出一个或多个对象。

6. 添加（快捷命令 a）

在扣除模式下，在提示语句后输入 a 后按 Enter 键或空格键，即可返回到默认的加入方式，以便向对象选择集中添加对象。

7. 取消（快捷命令 u）

当命令窗口提示"选择对象"时，在提示语句后输入 u 后按 Enter 键或空格键，放弃前一次选择的操作。

5.2　夹　点　修　改

在 AutoCAD 中，默认情况下，选择某个对象后，在对象上将显示一些小的蓝色正方形框，这些小方框被称为对象的"夹点"，如图 5-8 所示。在 AutoCAD 中，夹点是一种集成的编辑模式，提供了一种方便快捷的编辑操作途径。使用夹点可以对对象进行拉伸、移动、旋转、缩放或镜像等操作。

使用夹点编辑对象时，先选择要编辑的对象，使其显示夹点，拾取其中一个夹点作为操作基点（也称热点夹点，热点夹点以高亮度显示），然后在命令行中输入相应的命令或使用快捷键或单击鼠标右键选择相应命令进行编辑对象操作。

★★提示：夹点的大小和颜色可在下拉菜单中选择【工具】→【选项】命令，在打开对话框的【选择】选项卡中进行设置。

5.2.1　利用夹点拉伸对象

利用夹点拉伸对象就是将所选对象的夹点从一个位置移到另一位置，从而改变对象的大小和形状，如图 5-9 所示。

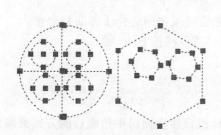

图 5-8　对象上的夹点

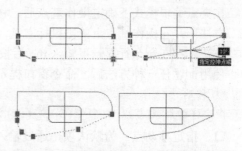

图 5-9　使用夹点拉伸对象的过程示例图

在窗口中单击要编辑的对象，则被单击的对象上将会显示对象的夹点，单击其中的一个夹点作为拉伸的操作基点后，基点颜色将发生变化（如变成红色），同时，命令窗口提示：

** 拉伸 **

指定拉伸点或 [基点(B)/复制(C)/放弃(U)/退出(X)]：

❑　指定拉伸点：为默认项，指定对象拉伸后基点的新位置，可以通过鼠标直接在窗口中拾取点或通过输入坐标的方式来确定。确定拉伸点后，对象将被拉伸或移动到新的位置。若拉伸的夹点为文字、块、直线中点、圆心、椭圆中心和点对象上的夹点，则只能移动对象而不能拉伸对象。

❑　基点(B)：取消原来的拉伸基点，重新确定新的拉伸基点。

❑　复制(C)：可以进行多次拉伸复制操作，即在保持原来选中热点夹点的实体大小位置不变的情况下，复制多个相同的图形，并且这些对象都将被拉伸。

指定拉伸点或 [基点(B)/复制(C)/放弃(U)/退出(X)]：   C↙

** 拉伸 (多重) **

❑   放弃(U)：取消上一次的基点或复制操作。

❑   退出(X)：退出当前的操作模式。

★★提示：要使用多个夹点拉伸多个对象时，先按住 Shift 键选择要拉伸的多个对象，然后单击多个夹点使其高亮显示。释放 Shift 键并通过单击选择一个夹点作为操作基点进行拉伸操作。

5.2.2　利用夹点移动对象（快捷命令 mo）

利用夹点移动对象就是通过移动选择对象的夹点，从而将对象从一个位置移动到另一个位置，对象的方向和大小并不会改变，如图 5-10 所示。

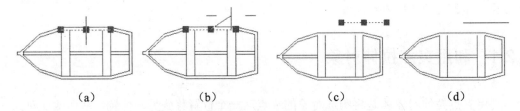

(a)　　　　　　　(b)　　　　　　　(c)　　　　　　　(d)

图 5-10　使用夹点移动对象的过程示例图

在夹点编辑模式下确定操作基点后，移动对象的方法如下。

方法一：在操作基点上单击鼠标右键，在弹出的快捷菜单中选择【移动】命令。

方法二：在命令行提示下输入 mo 后按 Enter 键（或直接按 Enter 键）。

使用上述任一种方法后，命令窗口提示：

** 移动 **

指定移动点或[基点(B)/复制(C)/放弃(U)/退出(X)]：

❑   指定移动点：为默认项，通过输入点的坐标或直接在窗口中拾取点的方式来确定对象移动操作点的新位置。

❑   基点(B)：取消原来的基点，重新确定新基点。

❑   复制(C)：可以进行多次移动复制操作，复制多个相同的图形。

指定移动点或 [基点(B)/复制(C)/放弃(U)/退出(X)]：   c↙

** 移动 (多重) **

❑   放弃(U)：取消上一次的基点或复制操作。

❑   退出(X)：退出当前的操作模式。

5.2.3　利用夹点旋转对象（快捷命令 ro）

旋转对象就是将选择的对象以基点为圆心旋转指定的角度，而对象的大小并不会因此而改变，如图 5-11 所示。

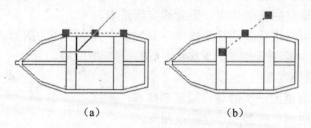

（a）　　　　　　　　　　（b）

图 5-11　使用夹点旋转对象的过程示例图

在夹点编辑模式下确定操作基点后，旋转对象的方法如下。

方法一：在操作基点上单击鼠标右键，在弹出的快捷菜单中选择【旋转】命令。

方法二：在命令行提示下输入 ro 后按 Enter 键（或直接按两次 Enter 键）。

使用上述任一种方法后，命令窗口提示：

** 旋转 **

指定旋转角度或 [基点(B)/复制(C)/放弃(U)/参照(R)/退出(X)]:

- ❏　指定旋转角度：为默认项，输入旋转的角度值后按 Enter 键或通过拖动方式确定旋转角度，对象即可以基点为圆心旋转指定的角度。
- ❏　基点(B)：取消原来的基点，重新确定新基点。
- ❏　复制(C)：可以进行多次旋转复制操作，复制多个大小相同但角度不同的图形。

指定旋转角度或 [基点(B)/复制(C)/放弃(U)/参照(R)/退出(X)]:　c✓

** 旋转 (多重) **

- ❏　放弃(U)：取消上一次的基点或复制操作。
- ❏　参照(R)：用相对的参照角度旋转图形。

指定旋转角度或 [基点(B)/复制(C)/放弃(U)/参照(R)/退出(X)]:　r✓

指定参照角 <0>:　　（输入参照角度后按 Enter 键）

- ❏　退出(X)：退出当前的操作模式。

5.2.4　利用夹点缩放对象（快捷命令 sc）

缩放对象就是将选择的对象相对于基点放大或缩小。在夹点编辑模式下确定操作基点后，缩放对象的方法如下。

方法一：在操作基点上单击鼠标右键，在弹出的快捷菜单中选择【缩放】命令。

方法二：在命令行提示下输入 sc 后按 Enter 键（或直接按 3 次 Enter 键）。

使用上述任一种方法后，命令窗口提示：

** 比例缩放 **

指定比例因子或 [基点(B)/复制(C)/放弃(U)/参照(R)/退出(X)]:

- ❏　指定比例因子：为默认项，直接输入比例缩放系数或通过拖放方式给出比例系数后，对象将相对于基点进行缩放操作。当比例因子大于 1 时放大对象；当比例因子大于 0 而小于 1 时缩小对象。从操作基点向外拖动时放大对象，从操作基点向内拖动时缩小对象。

❑ 基点(B)：取消原来的基点，重新确定新基点。

❑ 复制(C)：可以进行多次复制操作，复制多个大小不同的图形。

指定比例因子或 [基点(B)/复制(C)/放弃(U)/参照(R)/退出(X)]： c↙

** 比例缩放 (多重) **

❑ 放弃(U)：取消上一次的基点或复制操作。

❑ 参照(R)：用相对的参照长度缩放图形。

指定比例因子或 [基点(B)/复制(C)/放弃(U)/参照(R)/退出(X)]： r↙

指定参照长度 <1.0000>： （输入参照长度后按 Enter 键）

❑ 退出(X)：退出当前的操作模式。

5.2.5 利用夹点镜像对象（快捷命令 mi）

镜像对象就是将选择的对象按指定的镜像线作镜像变换，镜像变换后删除原对象。在夹点编辑模式下确定操作基点后，镜像对象的方法如下。

方法一：在操作基点上单击鼠标右键，在弹出的快捷菜单中选择【镜像】命令。

方法二：在命令行提示下输入 mi 后按 Enter 键（或直接按 4 次 Enter 键）。

使用上述任一种方法后，命令窗口提示：

** 镜像 **

指定第二点或 [基点(B)/复制(C)/放弃(U)/退出(X)]：

❑ 指定第二点：为默认项，通过输入点的坐标或拾取点的方式来指定镜像线上的第二个点后，对象将以基点作为镜像线上的第一个点，新指定的点为镜像线上的第二个点，将对象进行镜像操作并删除原对象。

❑ 基点(B)：取消原来的基点，重新确定新基点。

❑ 复制(C)：可以进行多次镜像复制操作，复制多个大小相同但角度不同的图形。

指定第二点或 [基点(B)/复制(C)/放弃(U)/退出(X)]： c↙

** 镜像 (多重) **

❑ 放弃(U)：取消上一次的基点或复制操作。

❑ 退出(X)：退出当前的操作模式。

5.3 对象删除（快捷命令 e）

对于不需要的对象，可以将其删除，删除对象的命令启动方法如下。

方法一：选择【修改】→【删除】命令。

方法二：单击【修改】工具栏中的【删除】按钮 ✐。

方法三：在命令行输入命令 erase 或 e。

使用上述任一种方法启动命令后，命令窗口提示：

命令：_erase

选择对象：

选择需要删除的对象，按 Enter 键或空格键结束对象选择，同时删除已选择的对象。

★★提示：（1）如果选择【工具】→【选项】命令，在打开对话框的【选择】选项卡中，选中【选择模式】选项区域中的【先选择后执行】复选框，就可以先选择对象，然后执行【删除】命令来删除所选择的对象。（2）选择要删除的对象后，按 Delete 键也可以实现删除功能。（3）可以使用 undo 命令恢复意外删除的对象，使用 oops 命令恢复最近使用 erase、block 或 wblock 命令删除的所有对象。

例 5-1　删除图 5-12 中的两条中心线。

操作步骤：

输入命令 erase 或者单击【修改】工具栏中的【删除】按钮，命令操作如下：

命令：erase

选择对象：找到 1 个　　（拾取其中一条中心线）

选择对象：找到 1 个，总计 2 个　　（拾取另一条中心线）

选择对象：　（按 Enter 键结束命令）

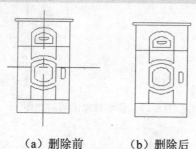

（a）删除前　　　（b）删除后

图 5-12　部分对象被删除前后效果对比

5.4　对象移位

5.4.1　移动（快捷命令 m）

移动对象是指对对象进行重新定位。可以在指定方向上按指定距离移动对象，对象的位置将发生改变，但方向和大小不改变。移动对象的命令启动方法如下。

方法一：选择【修改】→【移动】命令。

方法二：单击【修改】工具栏中的【移动】按钮。

方法三：在命令行输入命令 move 或 m。

使用上述任一种方法启动命令后，命令窗口提示：

命令：_move

选择对象：（选择需要移动的对象）

选择对象：（可在按住 Shift 键的同时选择多个要移动的对象，按 Enter 键结束选择）

指定基点或 [位移(D)]<位移>：

❏ 指定基点：为默认项，在窗口中单击或以键盘输入形式给出基点坐标后，命令窗口提示：

指定第二点或 <使用第一个点作位移>：

指定另一点，对象将按基点和第二点确定的位移矢量移动到新位置。

❏ 位移(D)：根据位移量移动对象，命令窗口提示：

指定基点或 [位移(D)] <位移>： d✓

指定位移 <0.0000, 0.0000, 0.0000>：（输入位移量如"100,50,0"）

在命令窗口提示行直接输入移动位移量后按 Enter 键，对象将按输入的位移量移动到新位置。

例 5-2 把图 5-13 中的花瓣移动到图中的 A 点，要求花瓣顶端与 A 点重合。

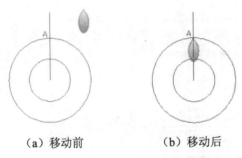

（a）移动前　　　　（b）移动后

图 5-13　移动对象前后对比图

操作步骤：

输入命令 move 或者单击【修改】工具栏中的【移动】按钮✛。命令操作如下：

命令：_move

选择对象：指定对角点：找到 7 个　（用矩形一次选择完整的花瓣）

选择对象：（按 Enter 键）

指定基点或 [位移(D)] <位移>：　指定第二个点或 <使用第一个点作为位移>：　（用端点捕捉模式拾取花瓣顶端作为基点，然后拾取 A 点作为目标点）

已删除填充边界关联性。　（此处为系统提示，因花瓣使用了图案填充，不须做任何操作，系统会自动跳过此步）

5.4.2　拉伸（快捷命令 s）

拉伸对象就是对所选对象进行拉伸并改变其形状的过程。拉伸对象的命令启动方法如下。

方法一：选择【修改】→【拉伸】命令。

方法二：单击【修改】工具栏中的【拉伸】按钮⬙。

方法三：在命令行输入命令 stretch 或 s。

使用上述任一种方法启动命令后，命令窗口提示：

命令：_stretch
以交叉窗口或交叉多边形选择要拉伸的对象…
选择对象：

在命令窗口提示行输入 c（交叉窗口方式）后，按 Enter 键，命令窗口提示：

指定第一个角点：　（指定交叉窗口的一个角点）
指定对角点：　（指定交叉窗口的另一个角点）
选择对象：　（可继续选择要拉伸的对象，按 Enter 键结束选择）
指定基点或 [位移(D)] <位移>：　（指定拉伸的基点或输入 D 后按 Enter 键，输入位移量）
指定第二个点或 <使用第一个点作为位移>：　（指定拉伸的目的点或直接按 Enter 键）

操作完成后，将会移动全部位于选择交叉窗口之内的对象，而拉伸（或压缩）与交叉窗口边界相交的对象，即位于选择多边形内的端点将被移动，而位于选择多边形外的端点保持不变。

例 5-3　利用拉伸功能将图 5-14（a）中的女士的帽子变小，效果如图 5-14（b）所示。

（a）拉伸前帽子大小　　（b）拉伸后效果　　（c）窗交选择拉伸对象　（d）向左移动光标

图 5-14　拉伸对象的效果对比及拉伸过程示例图

操作步骤：

（1）输入命令 stretch 或者单击【修改】工具栏中的【拉伸】按钮 。命令操作如下：

命令：_stretch
以交叉窗口或交叉多边形选择要拉伸的对象…
选择对象：cp　（输入参数 cp，利用不规则窗交法选择对象）
第一圈围点：　（在屏幕上适当位置拾取一点以绘制直线段，参考图 5-14（c））
指定直线的端点或 [放弃(U)]：（在屏幕上适当位置拾取第二点，参考图 5-14（c））
指定直线的端点或 [放弃(U)]：（在屏幕上适当位置拾取第三点，参考图 5-14（c））
指定直线的端点或 [放弃(U)]：（在屏幕上适当位置拾取第四点，参考图 5-14（c））
指定直线的端点或 [放弃(U)]：（在屏幕上适当位置拾取第五点，参考图 5-14（c））
指定直线的端点或 [放弃(U)]：（在屏幕上适当位置拾取第六点，参考图 5-14（c））
指定直线的端点或 [放弃(U)]：　（按 Enter 键）
找到 9 个　（系统提示信息）
选择对象：（按 Enter 键）
指定基点或 [位移(D)] <位移>：（拾取图 5-14（d）中的 A 点作为拉伸基点）
指定第二个点或 <使用第一个点作为位移>：（拾取图 5-14（d）中的 B 点作为目标点）

（2）完成拉伸。

★★提示：（1）拉伸对象至少有一个顶点或端点包含在选择的多边形内，完全位于选择多边形内部的对象将被移动。如果圆对象的圆心、块对象的插入点、文字字符串的左端点位于选择多边形之内，则对象将会被移动。（2）只能以交叉窗口或交叉多边形选择要拉伸的对象，当用交叉多边形方式选择对象时，需在命令窗口输入 cp 后按 Enter 键。

5.4.3　缩放（快捷命令 sc）

缩放对象就是将所选择对象相对于基点按指定的比例放大或缩小的过程。缩放对象的命令启动方法如下。

方法一：选择【修改】→【缩放】命令。

方法二：单击【修改】工具栏中的【缩放】按钮🔲。

方法三：在命令行输入命令 scale。

使用上述任一种方法启动命令后，命令窗口提示：

命令：_scale

选择对象：　（选择需要缩放的对象）

选择对象：　（可在按住 Shift 键的同时选择多个要缩放的对象，按 Enter 键结束选择）

指定基点：　（指定缩放的基点）

指定比例因子或 [复制(C)/参照(R)]:

❏　指定比例因子：为默认项，直接输入比例因子后按 Enter 键，对象将根据该比例因子相对于基点进行缩放，当比例因子大于 0 而小于 1 时缩小对象，当比例因子大于 1 时放大对象。

❏　复制(C)：以复制形式放大或缩小对象，原对象保留在原位置。

指定比例因子或 [复制(C)/参照(R)]: c✓

指定比例因子或 [复制(C)/参照(R)]: （输入比例因子后按 Enter 键）

❏　参照(R)：对象将按参照的方式缩放对象，需要依次输入参照长度的值和新的长度值，对象的缩放比例因子=新的长度值/参照长度的值。

指定比例因子或 [复制(C)/参照(R)]: r✓

指定参照长度：　（输入参照长度的值，按 Enter 键）

指定新的长度或 [点(P)]:　（输入新长度的值，按 Enter 键或输入 P 后按 Enter 键确定新长度的值）

例 5-4　用复制形式以 2 倍的比例来缩放图 5-15（a）中的圆，效果如图 5-15（b）所示。

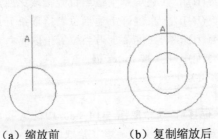

（a）缩放前　　　　　（b）复制缩放后

图 5-15　复制缩放对象

操作步骤：

（1）输入命令 scale 或者单击【修改】工具栏中的【缩放】按钮⊡。命令操作如下：

命令：_scale
选择对象：找到 1 个　（拾取圆上任一点）
选择对象：（按 Enter 键）
指定基点：>>　（拾取圆心点）
指定比例因子或 [复制(C)/参照(R)] <1.0000>:　c　（输入参数 c 并按 Enter 键）
缩放一组选定对象。
指定比例因子或 [复制(C)/参照(R)] <1.0000>:　2　（输入 2 并按 Enter 键）

（2）完成复制。

5.4.4　旋转（快捷命令 ro）

旋转对象是指在不改变对象大小的情况下，使之绕着某一基点旋转指定角度的过程。旋转对象的命令启动方法如下。

方法一：选择【修改】→【旋转】命令。

方法二：单击【修改】工具栏中的【旋转】按钮◌。

方法三：在命令行输入命令 rotate。

使用上述任一种方法启动命令后，命令窗口提示：

命令：_rotate
选择对象：（选择需要旋转的对象）
选择对象：（可在按住 Shift 键的同时选择多个要旋转的对象，按 Enter 键结束选择）
指定基点：（指定旋转的基点）
指定旋转角度，或 [复制(C)/参照(R)]:

❑ 指定旋转角度：为默认项，直接输入旋转角度后按 Enter 键或通过拖动方式确定旋转角度，对象将绕基点转动该角度，角度为正，则逆时针旋转；角度为负，则顺时针旋转。

❑ 复制(C)：以复制形式旋转对象，原对象仍保留在原位置。

指定旋转角度，或 [复制(C)/参照(R)]:　c↙
指定旋转角度，或 [复制(C)/参照(R)]:　（输入旋转角度的值后按 Enter 键）

❑ 参照(R)：对象将按参照角度旋转，需要依次输入参照角的值和新角度的值，对象的旋转角度=新角度的值-参照角的值。

指定旋转角度，或 [复制(C)/参照(R)]:　R↙
指定参照角：（输入参照角度的值后按 Enter 键）
指定新角度或 [点(P)]:（输入新旋转角度的值后按 Enter 键或输入 p 后按 Enter 键确定新角度的值）

例 5-5　绘制如图 5-16 所示的铁艺长廊平面图。

绘图步骤：

（1）输入命令 units 或者选择【格式】→【单位】命令，在打开的对话框中设置单位为 mm。

（2）输入命令 limits 或者选择【格式】→【图形界限】命令，在打开的对话框中设置图形界限为 29700×21000，并在屏幕上显示图幅全貌（在命令行输入 z 命令后再输入参数 a，按 Enter 键）。

（3）创建如图 5-17 所示的图层。

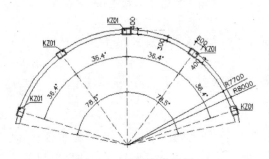

图 5-16　旋转对象示例　　　　　　　　　　　　　图 5-17　创建图层

（4）进入【实体 2】图层。

（5）输入命令 pline 或者选择【绘图】→【多段线】命令，在屏幕上方绘制线宽为 60、长度为 600、宽度为 400 的矩形作为铁艺长廊的框架柱子（简称框柱），如图 5-18 所示。

（6）进入【中心线】图层。

（7）输入命令 line，过框柱上水平线的中点往下绘制一条长度为 8000 的直线段，效果如图 5-19 所示。

（8）输入命令 rotate 或者单击【修改】工具栏中的【旋转】按钮，将所有对象分别向两边以复制形式旋转 36.4°，效果如图 5-20 所示。

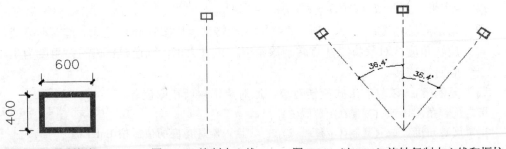

图 5-18　绘制框柱　　　　图 5-19　绘制中心线　　　图 5-20　以 36.4°旋转复制中心线和框柱

命令操作如下：

```
命令：_rotate
UCS 当前的正角方向：  ANGDIR=逆时针   ANGBASE=0
选择对象：指定对角点：找到 2 个   （选择框柱和中心线）
选择对象：  （按 Enter 键）
指定基点：  （拾取中心线的下方点作为旋转基点）
指定旋转角度，或 [复制(C)/参照(R)] <36>：  c   （输入参数 c，即选择以复制形式旋转对
象，并按 Enter 键）
```

旋转一组选定对象。

指定旋转角度，或 [复制(C)/参照(R)] <36>: -36.4 （输入旋转角度 36.4 并按 Enter 键）

至此，已经完成了以复制形式将对象往右旋转 36.4°（角度为负值）。下面以复制形式将对象往左旋转 36.4°，命令操作如下：

命令: rotate

UCS 当前的正角方向: ANGDIR=逆时针　ANGBASE=0

选择对象: 指定对角点: 找到 2 个

选择对象: （选择最中间的框柱和中心线）

指定基点: （拾取中心线的下方端点作为旋转基点）

指定旋转角度，或 [复制(C)/参照(R)] <324>: c （输入参数 c，即选择以复制形式旋转对象，并按 Enter 键）

旋转一组选定对象。

指定旋转角度，或 [复制(C)/参照(R)] <324>: 36.4（输入旋转角度 36.4 并按 Enter 键）

（9）用类似步骤（8）的方法将最中间的框柱和中心线分别向两边以复制形式旋转 72.8°，效果如图 5-21 所示。

（10）输入命令 rotate 或者单击【修改】工具栏中的【旋转】按钮 ⟲，将最中间的中心线分别向两边以复制形式旋转 78.5°，效果如图 5-22 所示。

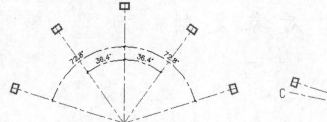

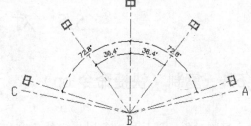

图 5-21　以 72.8°旋转复制中心线和框柱　　　　图 5-22　以 78.5°旋转复制中心线

（11）进入【实体 1】图层。

（12）输入命令 arc 或选择【绘图】→【圆弧】命令，以【起点、圆心、端点】方式绘制半径为 8000 的圆弧（拾取点顺序从 A 到 B 到 C），如图 5-23 所示。

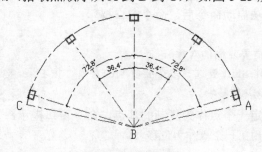

图 5-23　绘制圆弧

（13）进入【中心线】图层。

（14）输入命令 circle 或选择【绘图】→【圆】命令，以圆弧的圆心为圆心绘制半径为 7700 的圆，如图 5-24 所示。

（15）进入【实体 1】图层。

（16）输入命令 arc 或选择【绘图】→【圆弧】命令，以【起点、圆心、端点】方式绘制半径为 7700 的圆弧（拾取点顺序从 D 到 B 到 E），输入命令 erase 删除辅助圆，得到最终效果，如图 5-25 所示（文字和标注部分略）。

图 5-24　绘制圆　　　　　　　　　　　　　　图 5-25　删除辅助线（最终效果）

5.5　对　象　复　制

5.5.1　复制（快捷命令 cp）

复制对象，即从原对象以指定的角度和方向创建对象的副本。复制对象的命令启动方法如下。

方法一：选择【修改】→【复制】命令。

方法二：单击【修改】工具栏中的【复制】按钮 。

方法三：在命令行输入命令 copy 或 cp。

使用上述任一种方法启动命令后，命令窗口提示：

命令: _copy
选择对象:　　（选择需要复制的对象）
选择对象:　　（可按住 Shift 键选择多个要复制的对象，按 Enter 键结束选择）
指定基点或 [位移(D)]<位移>:

❑　指定基点：指定一个点作为复制的基点，命令窗口提示：

指定第二个点或<使用第一个点作为位移>:

指定另一个点，按 Enter 键，对象将按第一点和第二点确定的位移矢量复制到新位置。命令窗口提示：

指定第二个点或 [退出(E)/放弃(U)] <退出>:

如果依次确定位移第二点，对象将按基点和依次指定的第二点所确定的位移矢量进行多次复制，按 Enter 键、空格键或 Esc 键结束复制。

　　❑　位移(D)：对象将按输入的位移量复制对象。

指定基点或 [位移(D)]<位移>：　　D✓

指定位移 <0.0000, 0.0000, 0.0000>：　（输入位移量如 "20,100,0"）

　　例 5-6　在图 5-26 所示 A、B、C、D、E、F 点处插入如图 5-27 所示的高山榕图例。读者可以简单地用一个圆来代替高山榕图例，也可以参考图 5-27 自己动手创建一个代表个人风格的高山榕图例。

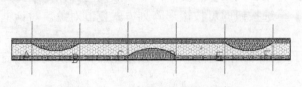
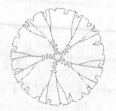

图 5-26　进行复制操作前的图形　　　　　　图 5-27　高山榕图例

操作步骤：

　　（1）输入命令 copy 或者单击【修改】工具栏中的【复制】按钮。命令操作如下：

命令：_copy

选择对象：找到 1 个　　（选择高山榕图例）

选择对象：　（按 Enter 键，结束对象选择）

指定基点或 [位移(D)] <位移>：　（拾取高山榕图例的中心位置作为基点）

指定第二个点或 <使用第一个点作为位移>：　（拾取 A 点）（可以启用对象捕捉追踪模式来拾取）

指定第二个点或 [退出(E)/放弃(U)] <退出>：　（拾取 B 点）

指定第二个点或 [退出(E)/放弃(U)] <退出>：　（拾取 C 点）

指定第二个点或 [退出(E)/放弃(U)] <退出>：　（拾取 D 点）

指定第二个点或 [退出(E)/放弃(U)] <退出>：　（拾取 E 点）

指定第二个点或 [退出(E)/放弃(U)] <退出>：　（拾取 F 点）

指定第二个点或 [退出(E)/放弃(U)] <退出>：　（按 Enter 键，结束命令）

　　（2）复制效果如图 5-28 所示。

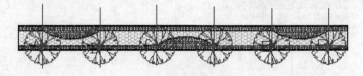

图 5-28　复制后的效果图

5.5.2　阵列（快捷命令 ar）

　　阵列对象，就是将对象按矩形或环形方式多重复制对象。阵列对象的命令启动方法如下。

　　方法一：选择【修改】→【阵列】命令。

方法二：单击【修改】工具栏中的【阵列】按钮 ⊞。

方法三：在命令行输入命令 array。

使用上述任一种方法启动命令后，命令窗口提示：

命令：_array

同时打开【阵列】对话框，如图 5-29 所示，可以在该对话框中设置以矩形阵列或者环形阵列方式多重复制对象。

1. 矩形阵列

矩形阵列复制是将对象按指定的行数、列数多重复制，复制后的对象按矩形排列。在【阵列】对话框中选中【矩形阵列】单选按钮即可按矩形阵列方式复制对象。对话框中各选项的功能如下。

❏ 【选择对象】按钮 ▩：用于选择阵列的对象。单击该按钮后将切换到绘图窗口，同时命令窗口提示：

选择对象：（选择需要阵列的对象）

选择对象：（可按住 Shift 键选择多个要阵列的对象，按 Enter 键结束选择）

返回【阵列】对话框，并显示已选择阵列对象的数量。

❏ 【行数】和【列数】文本框：用于指定矩形阵列的行数和列数，可以直接在文本框中输入需要阵列的行数和列数。

❏ 【偏移距离和方向】选项区域：用于指定对象间水平和垂直间距（偏移）及整个阵列的旋转角度，可在相应的文本框中直接输入具体的数值确定偏移方向，或单击文本框右边的按钮，在绘图窗口中通过指定点来确定阵列的距离和方向。行偏移、列偏移为正值时阵列沿 X 轴或 Y 轴正方向阵列复制对象，负值则相反；阵列角度为正值则沿逆时针方向阵列复制对象，负值则相反。

❏ 预览窗口：（在【确定】按钮上方）显示满足对话框当前设置的阵列模式、行数和列数及阵列角度。

❏ 【预览】按钮：用于预览阵列效果。单击【预览】按钮后可在绘图窗口中预览阵列后的效果并在命令行显示如图 5-30 所示的内容。单击鼠标右键将确定当前阵列复制对象，并结束阵列命令；按 Esc 键将返回【阵列】对话框进行修改。

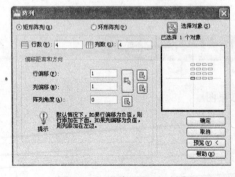

图 5-29 【阵列】对话框

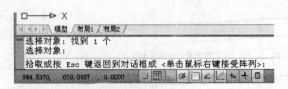

图 5-30 提示对话框

❏ 【取消】按钮：单击【取消】按钮将取消阵列操作并退出本次操作。

例 5-7 绘制如图 5-31 所示的垫圈。

绘图步骤：

（1）输入命令 units 或者选择【格式】→【单位】命令，在弹出的对话框中设置单位为 mm。

（2）输入命令 limits 或者选择【格式】→【图形界限】命令，在弹出的对话框中设置图形界限为 420×297，并在屏幕上显示图幅全貌（在命令行输入 z 后再输入参数 a，按 Enter 键）。

（3）输入命令 rectang 或者选择【绘图】→【矩形】命令，在屏幕适当位置绘制 280×230 的矩形。

（4）输入命令 line 绘制矩形的对角线，如图 5-32 所示。

（5）输入命令 circle，以矩形对角线交点为圆心绘制半径为 75 的圆，如图 5-33 所示。

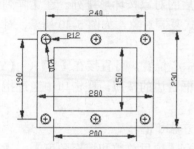

图 5-31 矩形阵列复制效果图

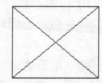

图 5-32 绘制矩形和对角线

图 5-33 绘制圆

（6）输入命令 circle，分别以圆的上下两个象限点为圆心绘制半径为 100 的圆，如图 5-34 所示。

（7）输入命令 line，连接 A、B、C、D 点绘制直线，生成内矩形。

（8）输入命令 erase，删除多余的线段，如图 5-35 所示。

（9）输入命令 line，绘制两个矩形的左上角点之间的直线。

（10）输入命令 circle，分别以第（9）步创建的直线的中点为圆心绘制半径为 12 和 10 的两个圆，如图 5-36 所示。

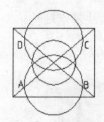

图 5-34 绘制圆形

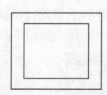

图 5-35 绘制 A、B、C、D 点之间的直线生成内矩形

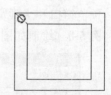

图 5-36 绘制两个同心圆形

（11）输入命令 erase，删除两个矩形的左上角点之间的直线。

（12）选择【格式】→【点的样式】命令，在弹出的对话框中设置点的样式为十字样式，点的大小为 2%。

（13）输入命令 point，绘制圆心点，如图 5-37 所示。

（14）输入命令 array 或者单击【修改】工具栏中的【阵列】按钮，在弹出的对话框中将两个小圆与圆心点按两行三列的阵列方式进行复制，参数设置如图 5-38 所示，效果如

图 5-39 所示。

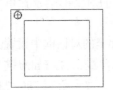

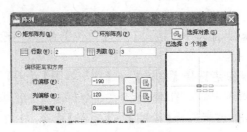

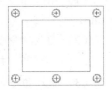

图 5-37　绘制圆心点符号　　　　　图 5-38　阵列参数设置　　　　图 5-39　矩形阵列后效果图

2. 环形阵列

环形阵列是将对象围绕指定的圆心多重复制，复制后的对象按环形排列。在【阵列】对话框中选中【环形阵列】单选按钮即可以环形阵列方式复制对象，如图 5-40 所示。对话框中各选项的功能如下。

- ❑ 【中心点】文本框：用于确定环形阵列的阵列中心位置，可直接在【X】、【Y】文本框中输入具体的坐标值，也可以单击文本框右边的按钮，在窗口中通过指定点来确定坐标值。
- ❑ 【方法和值】选项区域：用于确定环形阵列的方法和值。
- ❑ 【方法】下拉列表框：用于选择环形的方法。有【项目总数和填充角度】、【项目总数和项目间的角度】、【填充角度和项目间的角度】3 种方法供选择，方法不同，设置值的方式也不同，可在相应的文本框中直接输入值，也可以单击相应的按钮在绘图窗口中指定。
- ❑ 【项目总数】文本框：用于设置环形阵列后的对象数目。
- ❑ 【填充角度】文本框：用于设置环形阵列的阵列角度范围。
- ❑ 【项目间角度】文本框：用于设置环形阵列后相邻两对象之间的夹角。

★★提示：【项目总数】文本框的数目包括源对象。

- ❑ 【复制时旋转项目】复选框：用于设置环形阵列时对象本身是否绕基点旋转。

预览窗口和【预览】按钮与【矩形阵列】设置功能相同。

例 5-8　绘制如图 5-41 所示椅子的平面图，如图 5-42 所示。

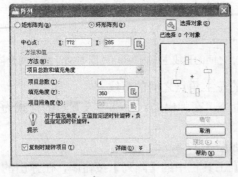

图 5-40　【阵列】对话框（环形阵列）　　　　图 5-41　椅子样图

绘图步骤：

（1）输入快捷命令 un 或者选择【格式】→【单位】命令，在弹出的对话框中设置单位为 mm。

（2）输入命令 limits 或者选择【格式】→【图形界限】命令，在弹出的对话框中设置图形界限为 800×600，并在屏幕上显示图幅全貌（在命令行输入 z 后再输入参数 a，按 Enter 键）。

（3）输入命令 line，在屏幕中间绘制两条正交线。

（4）输入命令 circle，以正交线交点为圆心绘制半径分别为 200、300、325 的 3 个圆，如图 5-43 所示。

（5）设置并启用对象极轴追踪，增量角为 5°。

（6）输入命令 line，过圆心往右下角方向绘制两条与水平线成 30°和 35°夹角的直线，再往左下角方向绘制一条与水平线成 215°夹角的直线，绘制过程如图 5-44 所示，效果如图 5-45 所示。

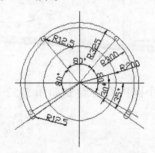

图 5-42　椅子平面图

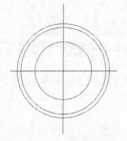

图 5-43　绘制同心圆

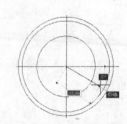

图 5-44　极轴追踪绘制直线

（7）输入命令 circle，以图 5-45 中的 A 点和 B 点为直径上的两点绘制小圆，如图 5-46 所示。

（8）输入命令 arc，以 E 点、G 点和圆心 3 点绘制椅子扶手外轮廓弧线，以 A 点、H 点和圆心 3 点绘制椅子扶手内轮廓弧线，如图 5-47 所示。

图 5-45　绘制直线后效果图

图 5-46　绘制小圆

图 5-47　绘制弧线

（9）输入命令 erase，删除两个大圆，如图 5-48 所示。

（10）输入命令 arc，分别以两条圆弧右边的两个端点为圆弧的起点和中点，以 12.5 为半径绘制椅子扶手右边末端的圆弧，再以此方法绘制左边圆弧，如图 5-49 所示。

（11）输入命令 array 或者单击【修改】工具栏中的【阵列】按钮，将椅子扶手末端处的小圆按圆形阵列方式进行阵列复制，参数设置如图 5-50 所示，效果如图 5-51 所示。

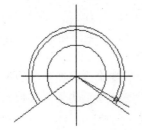

图 5-48　删除两个圆后的效果图

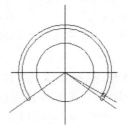

图 5-49　绘制圆弧

图 5-50　阵列参数设置

（12）输入命令 line，过大圆圆心与复制出来的其他 3 个小圆的圆心绘制如图 5-52 所示的直线。

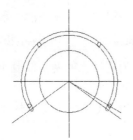

图 5-51　环形阵列后的效果图

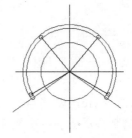

图 5-52　绘制直线（最终效果图）

（13）标注尺寸（略）。

5.5.3　偏移（快捷命令 o）

偏移对象，即将指定的直线、圆弧和圆等对象作平行偏移复制，利用偏移命令可以创建同心圆、平行线或等距离分布的图形。偏移对象的命令启动方法如下。

方法一：选择【修改】→【偏移】命令。

方法二：单击【修改】工具栏中的【偏移】按钮 。

方法三：在命令行输入命令 offset。

使用上述任一种方法启动命令后，命令窗口提示：

命令：_offset

指定偏移距离或 [通过(T)/删除(E)/图层(L)]:

□　指定偏移距离：为默认选项，直接输入偏移距离值，或在屏幕上拾取偏移距离值后按 Enter 键，命令窗口提示：

选择要偏移的对象，或 [退出(E)/放弃(U)] <退出>：

选择要偏移的对象：选择要偏移复制的对象，只能选择一个操作对象。命令窗口提示：

指定要偏移的那一侧上的点，或 [退出(E)/多个(M)/放弃(U)] <退出>：

➢　指定要偏移的那一侧上的点：在源对象的一侧拾取一点，确定偏移复制的方向，即可平行复制一个对象，命令窗口提示：

选择要偏移的对象，或 [退出(E)/放弃(U)] <退出>：

重复以上偏移复制过程可复制多个对象，直到按 Enter 键结束执行命令。

➢　退出(E)：输入 E 后按 Enter 键可退出偏移操作命令。

➢　多个(M)：利用当前设置的偏移距离重复进行偏移复制操作。

指定要偏移的那一侧上的点，或 [退出(E)/多个(M)/放弃(U)] <退出>：　m↙

指定要偏移的那一侧上的点，或 [退出(E)/放弃(U)] <下一个对象>：

在源对象的一侧拾取一点即可进行偏移复制操作。

➢　放弃(U)：取消前一次操作。

□　通过(T)：可以指定对象偏移复制后通过的点。

指定偏移距离或 [通过(T)/删除(E)/图层(L)]：　t↙

选择要偏移的对象，或 [退出(E)/放弃(U)] <退出>：　（选择要偏移的对象）

指定通过点或 [退出(E)/多个(M)/放弃(U)] <退出>：　（在窗口指定偏移复制后对象通过的点即可进行偏移复制）

选择要偏移的对象，或 [退出(E)/放弃(U)] <退出>：　（可继续选择要偏移复制的对象进行偏移复制）

□　删除(E)：可以设置偏移复制后源对象是保留还是删除。

指定偏移距离或 [通过(T)/删除(E)/图层(L)] <通过>：　e↙

要在偏移后删除源对象吗？[是(Y)/否(N)] <否>：　（输入 Y 表示源对象删除，输入 N 表示源对象保留）

指定偏移距离或 [通过(T)/删除(E)/图层(L)] <通过>：　（按提示进行操作）

□　图层(L)：可以设置偏移复制后的对象在源对象所在的图层创建还是在当前图层创建。

指定偏移距离或 [通过(T)/删除(E)/图层(L)]：　l↙

输入偏移对象的图层选项 [当前(C)/源(S)] <源>：　（输入 C 表示偏移复制后的对象在当前图层创建，输入 S 或按 Enter 键表示偏移复制后的对象在源对象所在的图层创建）

指定偏移距离或 [通过(T)/删除(E)/图层(L)] <通过>：　（按提示进行操作）

★★提示：（1）圆弧作偏移复制后，新圆弧与源圆弧圆心角相同；（2）圆作偏移复制后，新圆与源圆圆心位置相同，但半径不同；（3）椭圆作偏移复制后，新椭圆与源椭圆圆心位置相同，但轴长不同。

例 5-9　绘制如图 5-53 所示的园林和道路设计中常用的植草砖平面图。

（1）单位设置为 mm。

（2）图形范围设置（limits）为 800×600，并在屏幕上显示图幅全貌（在命令行输入 z 后再输入参数 a，按 Enter 键）。

（3）图层设置：辅助线、地砖、草地等图层。图层参数如图 5-54 所示。

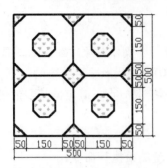

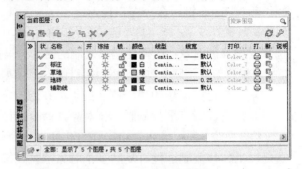

图 5-53　偏移复制的植草砖图　　　　　　　　　图 5-54　图层设置

（4）进入【辅助线】图层。

（5）输入命令 line，在屏幕的中下方绘制两条正交直线，如图 5-55 所示。

（6）输入命令 offset，垂直线分别向右偏移 50、200、250、300、450、500，水平线分别向上偏移 50、200、250、300、450、500，如图 5-56 所示。

（7）输入命令 trim，修剪结果如图 5-57 所示。

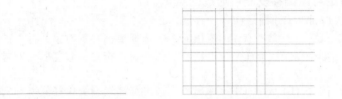

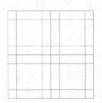

　　　　图 5-55　绘制直线　　　　　　图 5-56　偏移复制　　　　图 5-57　修剪结果

（8）进入【地砖】图层。

（9）输入命令 line，按照图 5-58 所示的效果在图 5-57 的基础上进行临摹，绘制相关直线。

（10）输入命令 polygon，在每块地砖中央绘制一个半径为 50 的正八边形，如图 5-59 所示。

（11）输入命令 line，临摹辅助线外围 4 条线，使其成为"地砖"图层的对象，并将【辅助线】图层隐藏。

（12）输入命令 hatch，填充地砖镂空部位，如图 5-60 所示。

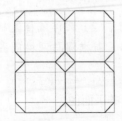

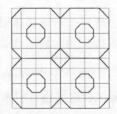

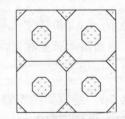

　　图 5-58　用直线临摹　　　　图 5-59　绘制正八边形　　　图 5-60　用直线临摹再进行填充

（13）进行尺寸标注之后得到植草砖最终效果，如图 5-53 所示。

5.5.4　镜像（快捷命令 mr）

镜像对象，是将对象以镜像线为轴进行对称复制。镜像对象的命令启动方法如下。

方法一：选择【修改】→【镜像】命令。

方法二：单击【修改】工具栏中的【镜像】按钮⚹。

方法三：在命令行输入命令 mirror。

使用上述任一种方法启动命令后，命令窗口提示：

命令：_mirror

选择对象：　（选择要镜像的对象）

选择对象：　（可按住 Shift 键选择多个要镜像的对象，按 Enter 键结束选择）

指定镜像线的第一点：　（选择镜像轴线的第一点）

指定镜像线的第二点：　（选择镜像轴线的第二点）

要删除源对象吗？[是(Y)/否(N)] <N>:　（输入 Y 表示删除源对象，按 Enter 键或输入 N 表示源对象保留）

当镜像的对象中包含文字时，按照以上的规律，镜像后得到的文字也会与原文字相反。通常都不希望看到这样的结果，所以在这种情况下，可以通过修改系统变量来控制，在命令行输入 mirrtext 命令，此时命令窗口提示如下：

命令：mirrtext

输入 mirrtext 的新值<I>:0

数值为 0 时，表示文字执行镜像功能时不改变其正常的形式，即与原文字完全相同，如图 5-61 所示；数值为 1 表示文字也完全镜像，如图 5-62 所示。

图 5-61　mirrtext 参数值=0 时文字的镜像效果　　　图 5-62　mirrtext 参数值=1 时文字的镜像效果

例 5-10　绘制洗手盘中的水龙头开关把柄，洗手盘图形如图 5-63 所示，其中下部分被圈选的对象即为水龙头开关把柄。

绘图步骤：

（1）设置单位为 mm。

（2）设置图形范围（limits）为 800×600，并在屏幕上显示图幅全貌（在命令行输入 z 后再输入参数 a，按 Enter 键）。

（3）输入命令 line，绘制如图 5-64 所示的两条正交线。

（4）输入命令 offset，将水平线分别向上偏移 20 和 133，将垂直线分别向左边偏移 8、10 和 28，效果如图 5-65 所示。

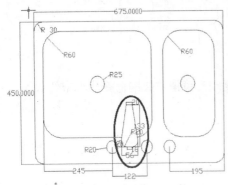
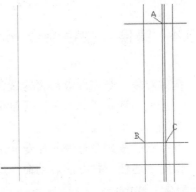

图 5-63　洗手盘　　　　　　　　　图 5-64　绘制正交线　　图 5-65　偏移直线

（5）输入命令 trim（参考 5.6.1 节修剪命令的使用），以最外围的 4 条线做剪切边进行修剪，修剪效果如图 5-66 所示。

（6）输入命令 line，过 A、B 点绘制直线段 AB，如图 5-67 所示。

（7）输入命令 circle，以 C 点为圆心，半径为 20，绘制 1/4 圆弧，效果如图 5-68 所示。

（8）输入命令 trim，修剪图 5-68 中最上面和最下面的水平线，效果如图 5-69 所示。

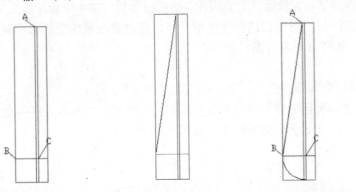

图 5-66　修剪后的效果图　　图 5-67　绘制直线 AB　　图 5-68　绘制圆弧　　图 5-69　修剪后的效果图

（9）输入命令 erase，删除多余的直线，效果如图 5-70 所示。

（10）输入命令 mirror，以图 5-70 中的垂直线为镜像线，对图 5-70 中的实体进行镜像得到最终图形，效果如图 5-71 所示，标注尺寸（略）后的效果如图 5-72 所示。

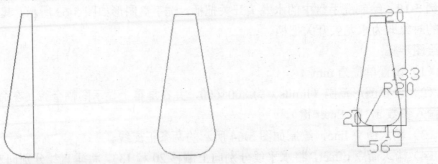

图 5-70　删除线后的效果图　　　　图 5-71　镜像后的效果图　　　　图 5-72　标注尺寸后的效果图

命令操作如下：

命令：_mirror

选择对象：指定对角点：找到 5 个（用矩形选择图 5-70 中的所有实体，此处要用鼠标在屏幕上确定矩形的第一个对角点）

选择对象：（此处要用鼠标在屏幕上确定矩形的第二个对角点）

指定镜像线的第一点：指定镜像线的第二点：（拾取图 5-70 中垂直线的两个端点，以指定镜像线的位置）

要删除源对象吗？[是(Y)/否(N)] <N>:（输入 n 后按 Enter 键）

5.5.5 复制的应用实例

1. 复制在机械图中的应用实例

例 5-11 绘制如图 5-73 所示的轴。

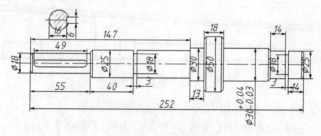

图 5-73 机械轴图

绘图步骤：

（1）输入命令 units，设置单位为 mm，精度为 0.000。

（2）输入命令 limits，设置图形界限为 420×297。

（3）输入命令 zoom 或者选择【视图】→【缩放】→【全部】命令。

（4）输入命令 layer 或者选择【格式】→【图层】命令，创建如图 5-74 所示的图层。

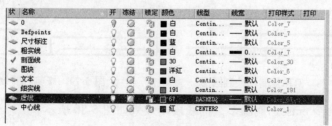

图 5-74 图层特征管理对话框

（5）进入【粗实线】图层。

（6）输入命令 line，绘制两条正交线 a（水平）和 b（垂直）。

（7）输入命令 offset 或者选择【修改】→【偏移】命令，将水平线（a 线）向上偏移 9、12.5、15、25，将垂直线（b 线）向右偏移 55、95、98、147、160、178、221、235、238、252，如图 5-75 所示。

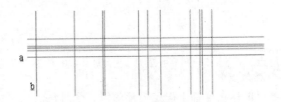

图 5-75　绘制直线并进行偏移复制

（8）输入命令 trim 或者单击【修改】工具栏中的【修剪】按钮，以最外围的 4 条线为剪切边，对图 5-75 进行修剪，效果如图 5-76 所示。

图 5-76　修剪后的效果图

（9）输入命令 trim 或者单击【修改】工具栏中的【修剪】按钮，继续对图 5-76 进行修剪，效果如图 5-77 所示。

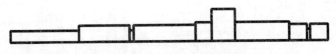

图 5-77　再次修剪后的效果图

（10）输入命令 zoom，局部放大轴左端，以绘制键槽。

（11）输入命令 offset 或单击【修改】工具栏中的【偏移】按钮，将图 5-77 中最长的水平线（下轴线）向上偏移 3（键槽宽的一半）；轴左端第 1、2 条垂线分别向右、左偏移 6，它们与下轴线的交点即为第（12）步要绘制的两个小圆的圆心，如图 5-78 所示。

（12）输入 circle 命令，根据第（11）步确定的两个圆心点，绘制两个半径为 3 的小圆，如图 5-78 所示。

（13）输入命令 trim 或者单击【修改】工具栏中的【修剪】按钮，对图 5-78 进行修剪，效果如图 5-79 所示。

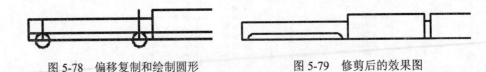

图 5-78　偏移复制和绘制圆形　　　　　　　　图 5-79　修剪后的效果图

（14）输入命令 erase，删除多余的线段，效果如图 5-80 所示。

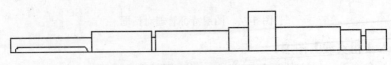

图 5-80　删除多余线段后的效果图

（15）输入命令 offset，将从轴左端起第 1、2、6 条垂直线分别向右偏移 2，第 7、8、11 条垂直线分别向左偏移 2，如图 5-81 所示。

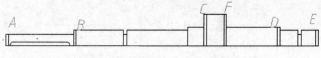

图 5-81　偏移复制后的效果图

（16）选择【工具】→【草图设置】命令，在弹出的对话框中选中【极轴追踪】复选框，并设置增量角为 45°。

（17）输入命令 line，分别过图 5-81 上的 A、B、C、D、E 点绘制 45° 或 135° 的直线段，效果如图 5-82 所示。

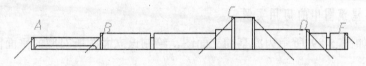

图 5-82　绘制直线段

（18）输入命令 trim 或者单击【修改】工具栏中的【修剪】按钮，对图 5-82 进行修剪，效果如图 5-83 所示。

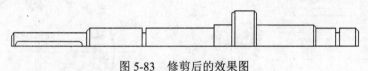

图 5-83　修剪后的效果图

（19）输入命令 mirror，以轴线（图 5-75 中的水平线 a）为镜像线复制上半轴（生成轴下半段），如图 5-84 所示。

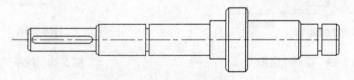

图 5-84　镜像复制效果图

（20）进入【中心线】图层。

（21）选择【工具】→【草图设置】命令，在弹出的对话框中选中【对象捕捉追踪】复选框。

（22）输入命令 line，通过对象捕捉追踪在轴线（水平线 a）的位置绘制中心线，如图 5-82 所示。

（23）进入【剖面线】图层。

（24）用 circle 命令在轴左上方绘制半径为 9 的圆。

（25）用 line 命令从圆心向右绘制水平线。

（26）用 offset 命令将水平线向上和向下各偏移 3，如图 5-85 所示。

（27）用 line 命令连接两偏移线的左端点，如图 5-86 所示。

（28）用 offset 命令将图 5-86 中的垂直线往右偏 7，如图 5-87 所示。

（29）用 trim 命令修剪，效果如图 5-88 所示。

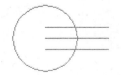 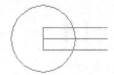 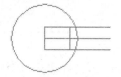

图 5-85　上下偏移复制　　　图 5-86　绘制直线　　　图 5-87　向右偏移复制　　图 5-88　修剪后的效果图

（30）输入命令 bhatch 填充剖面线。

（31）标注后得到最终效果，如图 5-73 所示。

（32）完成机械轴的绘制。

2. 复制在建筑图中的应用实例

例 5-12　如图 5-89 所示为凉亭的立面图，绘制该立面图所对应的平面图，如图 5-90 所示。

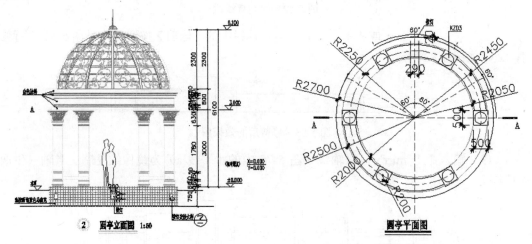

图 5-89　凉亭立面图　　　　　　　　　　　图 5-90　凉亭平面图

绘图步骤：

（1）输入命令 units，设置单位为 cm，精度为 0.000。

（2）输入命令 limits，设置图形界限为 29000×21000。

（3）输入命令 zoom 或者选择【视图】→【缩放】→【全部】命令。

（4）输入命令 layer 或者选择【格式】→【图层】命令，创建【凉亭】（黑色）、【中心线】（红色）、【壁灯】（蓝色）和【标注】等图层。

（5）进入【中心线】图层。

（6）选择【工具】→【草图设置】命令，在打开的对话框中选中【极轴追踪】复选框，设置增量角为 30°。

（7）输入命令 line，绘制两条正交直线和一条与水平方向成 30°夹角的直线段。

（8）输入命令 circle，以正交线的交点为圆心绘制半径为 2250 的圆，效果如图 5-91 所示（中心线圆）。

（9）进入【凉亭】图层。

（10）输入命令 circle，以正交线的交点为圆心分别绘制半径为 2000、2050、2450、

2500、2700、2710 的圆，效果如图 5-91 所示（实线圆）。

（11）输入命令 circle，以半径为 2250 的圆（中心线圆）与水平线右端的交点为圆心绘制半径为 200 的圆，效果如图 5-92 所示。

（12）输入命令 polygon 或者选择【绘图】→【多边形】命令，以半径为 2250 的圆与水平线右端的交点为中心，以外切于圆的方式绘制外切半径为 250 的正四边形，形成凉亭的框柱，效果如图 5-92 所示。

命令操作如下：

```
命令：_polygon 输入边的数目 <4>:
指定正多边形的中心点或 [边(E)]:
输入选项 [内接于圆(I)/外切于圆(C)] <C>:
指定圆的半径: 250
```

（13）输入命令 offset 或者选择【修改】→【偏移】命令，将夹角为 30° 的直线向上和向下分别偏移 145，如图 5-93 所示。

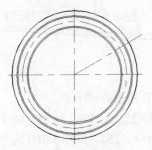
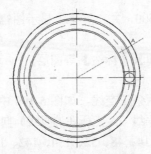
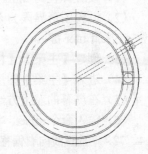

图 5-91　绘制大圆形　　　　图 5-92　绘制小圆形和正方形　　　　图 5-93　偏移复制直线

（14）输入命令 zoom，局部放大 A 点附近的图形。

（15）进入【壁灯】图层。

（16）输入命令 line，绘制壁灯轮廓，参考图 5-93 绘制 BC、CD、DE 共 3 条直线段，如图 5-94 所示。

（17）输入命令 earse，删除最外面的圆和两条偏移线，如图 5-95 所示。

（18）输入命令 array 或者单击【修改】工具栏中的【阵列】按钮，以正交线的交点为中心按圆形阵列方式复制凉亭的框柱和壁灯（5 个对象），参数设置如图 5-96 所示，阵列复制效果如图 5-97 所示。

图 5-94　绘制直线　图 5-95　删除辅助线后的壁灯效果图　　　　图 5-96　阵列参数设置

（19）输入命令 trim，按图 5-98 所示的图样修剪部分半径为 2050 和 2450 的圆，得到最终效果，如图 5-98 所示（尺寸标注略）。

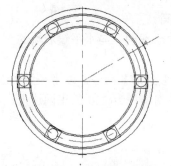

图 5-97　阵列复制后的效果图

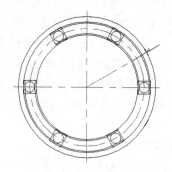

图 5-98　最终效果图

3. 复制在道路桥梁图中的应用实例

例 5-13　绘制类似于济南黄河大桥的索拉桥的立面图，如图 5-99 所示。

（1）设置单位为 mm。

（2）设置图形界限为 800×600，并在屏幕上显示图幅全貌（在命令行输入 z 后再输入参数 a，按 Enter 键）。

（3）创建【主梁】、【横断面】、【标注】等图层。

（4）进入【主梁】图层。

（5）在屏幕的左上方绘制两条正交线，如图 5-100 中 A、B 点所在的直线。

（6）输入命令 offset，将水平线（A 点所在的直线）向下偏移 25.9、51.8、54.55、60.1、68.4、72.4，垂直线向右偏移 10、14、48、52、134、142、146、154、254，如图 5-100 所示。

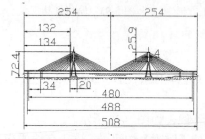

图 5-99　某索拉桥立面图

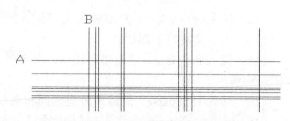

图 5-100　偏移复制直线

（7）输入命令 trim，以最外围的 4 条正交线为修剪边，对图形进行修剪，效果如图 5-101 所示。

（8）输入命令 trim，继续对图 5-101 进行修剪，效果如图 5-102 所示。

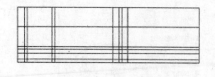

图 5-101　修剪结果

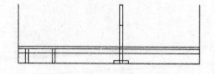

图 5-102　修剪结果

（9）输入命令 mirror，将图 5-102 中左右两边的垂直线以图 5-102 最下面的水平线为镜像线进行镜像，如图 5-103 所示。

（10）输入命令 offset，将经过镜像的左边垂直线向右偏移 40，将图 5-102 中间底部（塔柱底部）左右两边的垂直线分别向外偏移 2，如图 5-103 所示。

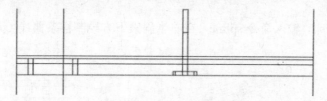

图 5-103 镜像和偏移直线

（11）输入命令 line，过第（10）步偏移出来的垂直线的上端点与塔柱底部上端点绘制水平线段，效果如图 5-104 所示。

（12）输入命令 line，绘制如图 5-104 所示的塔柱外围的两条斜线。

（13）输入命令 offset，将塔柱外围的两条斜线向内偏移 2，如图 5-104 所示。

（14）输入命令 trim 和 erase，修剪整理所绘图形，效果如图 5-105 所示。

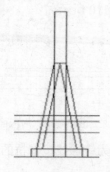
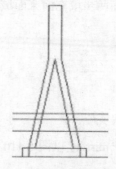

图 5-104 绘制水平线和斜线　　　图 5-105 修剪整理后的效果

（15）选择【格式】→【点的样式】命令，在弹出的对话框中改变点的样式为十字样式，点的大小为 1%。

（16）输入命令 break，在 F 点断开。命令操作如下：

```
命令:_break 选择对象： （选择主梁上线，即 F 点所在线）
指定第二个打断点 或 [第一点(F)]: f （输入参数 f 以便选择第一个打断点）
指定第一个打断点： （拾取 F 点）
指定第二个打断点： （拾取 F 点）
```

（17）输入命令 measure（定距等分，用于绘制测量点），设置距离为 8，等分对象为 F 点右方的主梁上线，效果如图 5-106 所示。

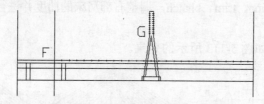

图 5-106 定距等分和定数等分效果

（18）输入命令 divide（定数等分），将塔柱 G 点以上部分等分 12 份，效果如图 5-106 所示。

（19）输入命令 line，连接各等分点生成 11 对斜索，将点的样式改为无，如图 5-107 所示。

（20）绘制河床。输入命令 spline，在右半斜索下方绘制样条曲线（无须精确的尺寸），如图 5-108 所示。

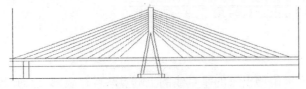

图 5-107　绘制斜索　　　　　　　　　　　　图 5-108　绘制样条曲线

（21）输入命令 bhatch，将样条曲线与主梁所构成的面域填充成水的样式，如图 5-109 所示。

（22）输入命令 erase，将样条曲线删除，如图 5-109 所示。

（23）参考前面两步填充河床面域，效果如图 5-110 所示。

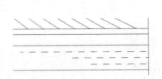

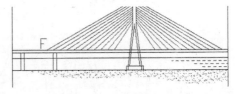

图 5-109　图案填充　　　　　　　　　　　图 5-110　河床面域填充

（24）输入命令 mirror，以图 5-110 右边的垂直线为镜像线镜像桥的另一半，如图 5-111 所示。

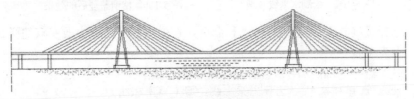

图 5-111　镜像效果图

（25）输入命令 erase，删除镜像线，如图 5-111 所示。

（26）进入【虚线】图层（步骤（26）和（27）可以省略）。

（27）输入命令 line，临摹图 5-111 中左右两端的垂直线。

（28）输入命令 spline、trim、bhatch，调整右部河床的曲度并进行图案填充，如图 5-112 所示。

（29）整理后得到如图 5-113 所示的效果。

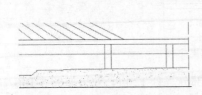

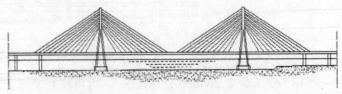

图 5-112　右部河床面域填充　　　　　　　图 5-113　整理后的效果图

（30）输入命令 spline，过塔柱顶端水平线的中点分别向左右绘制宽度为 0.3、长度为 4 的多段线，过塔柱顶端水平线的中点向上绘制起点宽度为 0.4、终点宽度为 0、长度为 10 的垂直多段线，效果如图 5-114 所示。

（31）删除如图 5-113 所示的虚线以及该位置的垂直线。

（32）输入命令 line，在主梁两端绘制折断线，如图 5-115 所示。

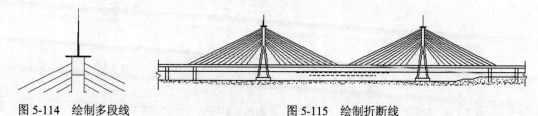

图 5-114　绘制多段线　　　　　　　　　　图 5-115　绘制折断线

（33）进行尺寸标注（略），效果如图 5-99 所示。

（34）该桥的主梁横断面图如图 5-116 所示（设计步骤略）。

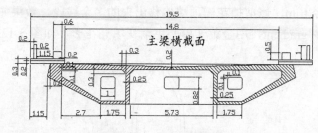

图 5-116　主梁横断面图

4. 复制在园林中的应用实例

例 5-14　绘制如图 5-117 所示的向日葵图案。

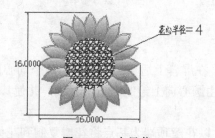

图 5-117　向日葵

操作步骤：

1）绘制花瓣

具体步骤如下：

（1）输入命令 ellipse，在屏幕上适当的位置绘制长、短轴分别是 4 和 1 的竖放的椭圆。

指定椭圆的轴端点或 [圆弧(A)/中心点(C)]：在 A 点单击
指定轴的另一个端点：输入 4（输入半轴长度）
指定另一条半轴长度或 [旋转(R)]：输入 1（输入半轴长度）

（2）输入命令 circle 以椭圆中心为圆心，绘制半径为 2.5 的圆。

（3）输入命令 line，由椭圆中心开始向上绘制垂直线，交圆于 B 点，效果如图 5-118 所示。

（4）输入命令 line，由 B 点出发绘制与椭圆相切的直线段，效果如图 5-119 所示。

（5）输入命令 trim，修剪掉椭圆顶端，效果如图 5-120 所示。

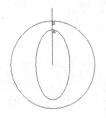 

图 5-118　绘制椭圆和圆　　　图 5-119　绘制相切直线　　　图 5-120　修剪

（6）输入命令 erase，删除半径为 2.5 的圆和由椭圆中心引出的垂直线。

（7）输入命令 offset，向内偏移花瓣边缘线 0.15，效果如图 5-121 所示。

（8）输入命令 trim，修剪掉花瓣顶端偏移出来的多余线段，效果如图 5-122 所示。

（9）输入命令 gradient，用金黄（单）色渐变填充花瓣，如图 5-123 所示。

 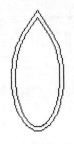 

图 5-121　偏移边缘　　　图 5-122　修剪　　　图 5-123　填充花瓣

2）绘制花体部分

具体步骤如下：

（1）输入命令 circle，在屏幕上适当的位置绘制两个同心圆，半径分别为 4 和 8。

（2）输入命令 line，由圆心向上绘制一条垂直线，并使其穿过半径为 8 的圆，效果如图 5-124 所示。

（3）输入命令 copy，以花瓣顶端为基点将花瓣复制到花体上，效果如图 5-125 所示。

（4）输入命令 trim，修剪掉花瓣底部，效果如图 5-126 所示。

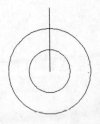 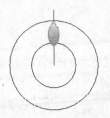 

图 5-124　绘制圆形和直线　　　图 5-125　复制花瓣　　　图 5-126　修剪

（5）输入命令 array，绕花体中心（圆心）复制 20 片花瓣，参数设置如图 5-127 所示，效果如图 5-128 所示。

（6）输入命令 erase，删除半径为 8 的圆和由圆心引出的垂直线。

（7）输入命令 bhatch，填充花心，填充图案采用"预定义"中的 GRAVEL，效果如图 5-129 所示。

图 5-127　参数设置

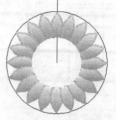

图 5-128　环形阵列复制

图 5-129　填充花心

5. 复制在家具图中的应用实例

例 5-15　绘制如图 5-130 所示的电视柜。

绘图步骤：

（1）输入命令 line，在屏幕中上方绘制两条正交中心线（红色）A（水平）和 B（垂直）。

（2）输入命令 offset，将水平线分别向上偏移 35、29、32，向下偏移 35、25，将垂直线分别向左和右偏移 60、30。

（3）输入命令 line，用粗直线临摹偏移出来的中心线，效果如图 5-131（a）所示。

（4）输入命令 trim，对图 5-131（a）进行修剪，效果如图 5-131（b）所示。

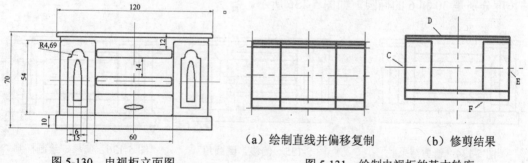

图 5-130　电视柜立面图

（a）绘制直线并偏移复制　　（b）修剪结果

图 5-131　绘制电视柜的基本轮廓

（5）输入命令 offset，将 C、E 两线同时向中心线偏移 3，将垂直中心线分别向左和右偏移 36 和 51。

（6）输入命令 line，用粗直线临摹偏移出来的中心线。

（7）输入命令 trim，对临摹出来的图形进行修剪，效果如图 5-132 所示。

（8）将 D 线分别向下偏移 12、16.5、18，将 F 线分别向上偏移 16、25，将 C'和 E'都分别向内偏移 9、13.5、18，效果如图 5-132 所示。

（9）输入命令 fillet，将图 5-132 中的 A1 和 A2 点所在角以 1.5 为半径进行倒圆角，效果如图 5-132 所示。

（10）输入命令 circle，以图 5-133 中的 r 点为圆心绘制半径为 4.69 的圆弧，效果如图 5-133 所示。

（11）输入命令 fillet，将图 5-133 中的 s 和 t 点所在角以 1.5 为半径进行倒圆角，效果如图 5-133 所示。

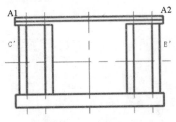
图 5-132 临摹后修剪的效果

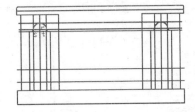
图 5-133 偏移、倒圆角、绘制圆弧

（12）输入命令 trim，对图 5-133 进行修剪，效果如图 5-134 所示。

（13）输入命令 offset，将水平中心线分别向上和向下偏移 3，将垂直中心线分别向左和向右偏移 30。

（14）输入命令 line，用粗直线临摹偏移出来的中心线。

（15）输入命令 fillet，对电视柜两个中间拖板的两端进行倒圆角，倒角半径为 1.5，效果如图 5-135 所示。

（16）输入命令 offset，将 G、H 线（如图 5-136）分别向左和向右偏移 3，将 F 线向上偏移 20，将中心线向上偏移 15。

（17）输入命令 ellipse，分别以 G、H 线与水平中心线的交点为椭圆中心绘制长、短轴长度分别是 30 和 6 的椭圆，如图 5-136 所示。

图 5-134 修剪结果　　　　图 5-135 偏移、倒圆角　　　　图 5-136 偏移、绘制椭圆

（18）输入命令 offset，将 F 线（如图 5-131（b））向上偏移 16。

（19）输入命令 ellipse，以第（18）步偏移出来的水平线与垂直中心线的交点为椭圆中心，绘制长、短轴长度分别是 16 和 8 的椭圆，生成电视柜中间下方抽屉拉手。

（20）输入命令 trim、erase，修剪并删除多余的辅助线，最后进行尺寸标注（步骤略），最终效果如图 5-130 所示。

6. 复制在电气图中的应用实例

例 5-16 绘制如图 5-137（b）所示的变压器（如图 5-137（a）所示）的电气原理图。

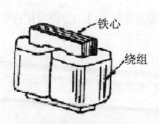

（a）某变压器结构图

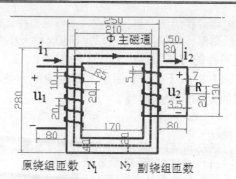

（b）某变压器原理图

图 5-137　某变压器结构及原理图

绘图要点：可以以毫米为单位，设置 420×297 的图形范围；主要框架（铁心）部分可以使用矩形向内偏移生成，也可以使用多线来生成。

绘图步骤：

1）环境设置

（1）创建图形文件。选择【工具】→【新建】命令，在打开的对话框中单击【打开】按钮旁边的三角符号，选择【无样板打开-公制（M）】选项。

（2）设置绘图单位。选择【格式】→【单位】命令，在打开的对话框中设置单位为"毫米"。

（3）设置绘图区域。选择【格式】→【图形界限】命令，在打开的对话框中分别输入（0，0）和（420，297）设置绘图区域，并选择【视图】→【缩放】→【全部】命令显示绘图区域。

（4）设置绘图辅助工具及参数。选择【工具】→【草图设置】命令，在打开的对话框中选择【对象捕捉】选项卡，选中【启用对象捕捉】、【启用对象捕捉追踪】、【端点】、【中点】、【交点】复选框，在状态栏中打开【正交】、【对象捕捉】、【对象追踪】工具。

（5）创建【实体】（蓝色，线宽 0.3，实线）、【文字】（黑色）、【标注】（绿色）、【虚线】（加载并应用虚线，蓝色）等图层。

（6）设置线宽显示。选择【格式】→【线宽】命令，在打开的对话框中选中【显示线宽】复选框，单击【确定】按钮。

2）绘制主要框架

（1）进入实体层。

（2）单击【绘图】工具栏中的□按钮，绘制 200×170 的矩形。

```
命令：_rectang
指定第一个角点或 [倒角(C)/标高(E)/圆角(F)/厚度(T)/宽度(W)]：（在屏幕上拾取一点）
指定另一个角点或 [面积(A)/尺寸(D)/旋转(R)]：@200,170（输入"200，170"，按 Enter 键）
```

（3）单击【修改】工具栏中的 按钮，将矩形分别向内偏移 20 和 40 生成两个小矩形，效果如图 5-138（a）所示。

```
命令：_offset
当前设置：删除源=否　图层=源　OFFSETGAPTYPE=0
指定偏移距离或 [通过(T)/删除(E)/图层(L)] <通过>：　20（输入 20，按 Enter 键）
选择要偏移的对象，或 [退出(E)/放弃(U)] <退出>：（选择矩形）
```

指定要偏移的那一侧上的点，或 [退出(E)/多个(M)/放弃(U)] <退出>:（拾取矩形内一点）
选择要偏移的对象，或 [退出(E)/放弃(U)] <退出>:↙　　（按 Enter 键结束命令）

用同样的方法偏移出另一个矩形来。

（4）进入【虚线】图层，随便绘制一条直线，然后单击【常用】工具栏中的 按钮，将中间的矩形匹配成虚线。

命令：'_matchprop
选择源对象：
当前活动设置： 颜色 图层 线型 线型比例 线宽 厚度 打印样式 标注 文字 填充图案 多段线 视口 表格材质 阴影显示 多重引线
选择目标对象或 [设置(S)]:（选择在虚线层绘制的虚线）
选择目标对象或 [设置(S)]:（选择中间矩形）

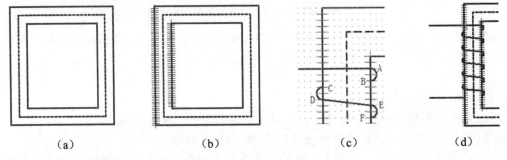

　　　（a）　　　　　　　（b）　　　　　　　（c）　　　　　　（d）

图 5-138　变压器原理图绘制过程一

3）绘制原绕组

（1）进入【实体】图层。

（2）单击【修改】工具栏中的 按钮，分解最大和最小的矩形。

命令：_explode
选择对象：找到 1 个（选择矩形）
选择对象：↙　（按 Enter 键结束命令）

重复命令，继续完成分解操作。

（3）设置点的样式。选择【格式】→【点样式】命令，在弹出的对话框中选择第 3 种样式，设置点大小为 2%。

（4）选择【绘图】→【点】→【定距等分】命令，绘制等分点，效果如图 5-138（b）所示。

命令：_measure
选择要定距等分的对象:（选择等分对象）
指定线段长度或 [块(B)]: 5（输入等分距离 5）

重复命令以完成另一条边的等分。

（5）参考图 5-138（c）所示框架左上角放大图，由 A 点出发向左绘制长度为 120 的水平线。

（6）绘制 AB 两点之间的半圆，参考图 5-138（c），以【起点、终点、角度】方式绘制 AB 间的半圆。

命令：_arc 指定圆弧的起点或 [圆心(C)]:（拾取图 5-138（c）所示的 A 点）
指定圆弧的第二个点或 [圆心(C)/端点(E)]: _e
指定圆弧的端点：（拾取图 5-138（c）所示的 B 点）
指定圆弧的圆心或 [角度(A)/方向(D)/半径(R)]: _a 指定包含角: -180（输入-180）

CD 之间的半圆角度为 180，以此为参考完成其他半圆的绘制。

（7）绘制两边半圆之间的斜线（步骤略），效果如图 5-138（d）所示。

4）绘制副绕组

方法参考原绕组的绘制（步骤略），注意设置点的样式为无，效果如图 5-139（a）所示。

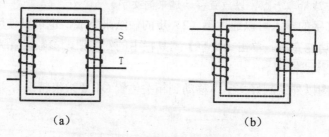

（a）　　　　　　　　　　　　　　　　（b）

图 5-139　变压器原理图绘制过程二

5）绘制副绕组的电阻（效果如图 5-139（b）所示）

（1）绘制直线，过 S 点向下绘制长度为 50 的垂直线。

（2）绘制直线，过 T 点向下绘制长度为 60 的垂直线。

（3）绘制副绕组的电阻，单击【绘图】工具栏中的▯按钮，完成电阻的绘制。

6）创建注释（电流和主磁通等流向）箭头

（1）单击【绘图】工具栏中的 ⤵ 按钮，绘制 i_1 电流流向箭头，如图 5-137（b）所示。

```
命令: _pline
指定起点:
当前线宽为 0.0000
指定下一个点或 [圆弧(A)/半宽(H)/长度(L)/放弃(U)/宽度(W)]: 30（输入箭头柄长 30）
指定下一点或 [圆弧(A)/闭合(C)/半宽(H)/长度(L)/放弃(U)/宽度(W)]: w（输入参数 w）
指定起点宽度 <0.0000>: 15（输入箭头起点宽度 15）
指定端点宽度 <15.0000>: 0（输入箭头末端宽度 0）
指定下一点或 [圆弧(A)/闭合(C)/半宽(H)/长度(L)/放弃(U)/宽度(W)]: 20（输入箭头长度 20）
指定下一点或 [圆弧(A)/闭合(C)/半宽(H)/长度(L)/放弃(U)/宽度(W)]:（按 Enter 键结束命令）
```

（2）按图 5-137（b）所示效果，将箭头复制到 i_2 和主磁通等相关位置（不要求很精确，步骤略）。

7）绘制说明文字

（1）进入【文字】图层。

（2）绘制输入和输出电流文字 i_1 和 i_2。在 Word 软件中输入 i_1 和 i_2 文字并复制，然后在 AutoCAD 2010 软件中选择【编辑】→【选择性粘贴】命令，在打开的对话框中选择"AutoCAD 图元"单击【确定】按钮，然后在相关位置拾取一点作为插入点，完成带下标文字的插入，将插入的 i_1 和 i_2 放大 5 到 10 倍，然后移动到电流流向箭头旁边即可。

下面是缩放文字的具体操作。单击【修改】工具栏中的▯按钮，命令操作如下：

```
命令: _scale
选择对象: 指定对角点: 找到 2 个（选择 i_1 文字）
选择对象:（按 Enter 键结束选择）
指定基点:（大概在文字中心位置拾取一点）
指定比例因子或 [复制(C)/参照(R)] <2.0000>: 5（输入放大倍数 5）
```

下面是移动文字的具体操作。单击【修改】工具栏中的 + 按钮，命令操作如下：

命令：_move
选择对象：指定对角点：找到 2 个（选择 i_1 文字）
选择对象：（按 Enter 键结束选择）
指定基点或 [位移(D)] <位移>： 指定第二个点或 <使用第一个点作为位移>:（在原绕组上方电流流向箭头左边拾取一点，以放置移动过来的文字）

（3）其他文字的输入可以通过第（2）步的做法来完成，也可以使用 AutoCAD 2010 提供的文字绘制功能完成。单击【文字】工具栏中的 A 按钮，参数设置为：文字大小为 12 到 25，字体为黑体或楷体。

用户可以在图以外绘制好文字再移动到相关位置（不要求很精确），效果如图 5-137（b）所示。

8）尺寸标注
步骤略。

9）完成绘图
至此，完成变压器电气原理图的绘制。

5.6 对 象 形 变

5.6.1 修剪（快捷命令 tr）

修剪对象可以以某一对象为剪切边修剪其他对象。修剪对象的命令启动方法如下。
方法一：选择【修改】→【修剪】命令。
方法二：单击【修改】工具栏中的【修剪】按钮 +。
方法三：在命令行输入命令 trim 或 tr。
使用上述任一种方法启动命令后，命令窗口提示：

命令：_trim
选择剪切边...
选择对象或 <全部选择>：（选择作为剪切边的对象）
选择对象：（可按住 Shift 键选择多个作为剪切边的对象，按 Enter 键结束选择）
选择要修剪的对象，或按住 Shift 键选择要延伸的对象，或
[栏选(F)/窗交(C)/投影(P)/边(E)/删除(R)/放弃(U)]:

❑ 选择要修剪的对象：为默认项，选择要修剪的对象，则以剪切边为界，将被剪切对象上位于拾取点一侧的部分剪切掉。

❑ 按住 Shift 键选择要延伸的对象：当被修剪的对象与修剪边不相交时，如果按下 Shift 键可以切换到另一个命令——延伸（extend），选取被延伸的对象时，修剪边将变为延伸边界，将选择的对象延伸全与修剪边界相交。

❑ 栏选(F)：以栏选方式选择要修剪的对象。

❑　窗交(C)：以窗交选择方式选择要修剪的对象。

❑　投影(P)：用于确定执行修剪的操作空间。

> 选择要修剪的对象，或按住 Shift 键选择要延伸的对象，或
> [栏选(F)/窗交(C)/投影(P)/边(E)/删除(R)/放弃(U)]：　p↙
> 输入投影选项　[无(N)/UCS(U)/视图(V)]＜无＞：

➢　无(N)：不进行投影，只修剪或延伸在三维空间相交的对象。

➢　UCS(U)：指定当前 UCS 的 XOY 平面为投影面，剪切边界和被剪切对象投影到该平面之后，再进行修剪或延伸。

➢　视图(V)：以当前的视图方向为投影方向，剪切边界和被剪切对象沿该方向进行投影以后再进行修剪或延伸。

❑　边(E)：用于确定剪切边的隐含延伸模式。

> 选择要修剪的对象，或按住 Shift 键选择要延伸的对象，或
> [栏选(F)/窗交(C)/投影(P)/边(E)/删除(R)/放弃(U)]：　e↙
> 输入隐含边延伸模式　[延伸(E)/不延伸(N)]＜不延伸＞：

➢　延伸(E)：剪切边与被修剪的对象不必相交，剪切边界可以延长后进行修剪操作。

➢　不延伸(N)：剪切边界不延伸，只有当剪切边界与被剪切对象相交时才执行修剪操作。

❑　删除(R)：用于删除指定的对象。

❑　放弃(U)：取消上一次操作。

例 5-17　绘制如图 5-140 所示的楼梯平面图。

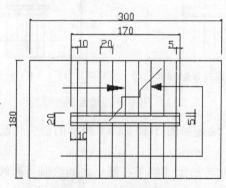

图 5-140　楼梯平面图

绘图步骤：

（1）设置单位为 cm。

（2）输入命令 rectang 或者选择【绘图】→【矩形】命令，绘制一个长度为 300、宽度为 180 的矩形，如图 5-141（a）所示。

（3）输入命令 explode，将矩形分解。

（4）输入命令 offset，将左边的垂直线向右偏移 65、75、90，右边的垂直线向左偏移 65、70，上、下水平线分别向内偏移 80、85，如图 5-141（b）所示。

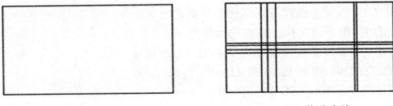

（a）绘制矩形　　　　　　　　　　　（b）偏移直线

图 5-141　楼梯平面图绘制过程一

（5）输入命令 trim，以外围的 4 条偏移线以及从上往下数的第 3 条水平线作为剪切线，按图 5-142 所示的图样进行修剪。

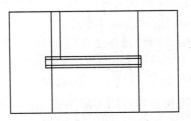

图 5-142　修剪效果

（6）输入命令 array，对图 5-142 中修剪出来的垂直线进行 2 行 7 列矩形阵列复制，参数设置为：行偏移-95，列偏移 20，阵列角度为 0，效果如图 5-143（a）所示。

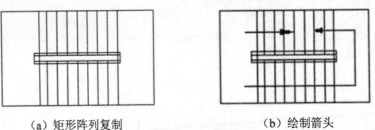

（a）矩形阵列复制　　　　　　　　　　（b）绘制箭头

图 5-143　楼梯平面图绘制过程二

（7）输入命令 pline，绘制如图 5-143（b）所示的箭头（箭头部分大小：起点宽度为10，中点宽度为 0）。

（8）输入命令 line，参考前面的例子在箭头之间绘制折断线，如图 5-144 所示。

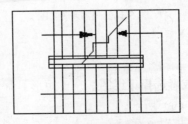

图 5-144　绘制折断线

（9）输入命令 dim，进行尺寸标注（步骤略）。

5.6.2　延伸（快捷命令 ex）

延伸对象，即延长指定的对象与另一对象相交或外观相交。延伸对象的命令启动方法如下。

方法一：选择【修改】→【延伸】命令。

方法二：单击【修改】工具栏中的【延伸】按钮 -/。

方法三：在命令行输入命令 extend 或 ex。

使用上述任一种方法启动命令后，命令窗口提示：

命令：_extend

选择边界的边...

选择对象或 <全部选择>：　（选择作为边界边的对象）

选择对象：　（可按住 Shift 键选择多个作为边界边的对象，按 Enter 键结束选择）

选择要延伸的对象，或按住 Shift 键选择要修剪的对象，或

[栏选(F)/窗交(C)/投影(P)/边(E)/删除(R)/放弃(U)]：

❑ 选择要延伸的对象：为默认项，选择要延伸的对象，则将要延伸的对象延伸到指定的边界边。

❑ 按住 Shift 键选择要修剪的对象：当要延伸的对象与边界边相交时，按下 Shift 键可以切换到另一个命令——修剪（trim），选取要修剪的对象时，边界边将变为修剪边界，将要延伸对象上位于拾取点一侧的部分剪切掉。

❑ 窗交(C)：以窗交选择方式选择要延伸的对象。

❑ 投影(P)：用于确定执行延伸的操作空间。

选择要延伸的对象，或按住 Shift 键选择要修剪的对象，或

[栏选(F)/窗交(C)/投影(P)/边(E)/放弃(U)]：　p✓

输入投影选项 [无(N)/UCS(U)/视图(V)] <无>：

➢ 无(N)：不进行投影，只延伸或修剪在三维空间相交的对象。

➢ UCS(U)：指定当前 UCS 的 XOY 平面为投影面，边界边和被延伸对象投影到该平面之后，再进行延伸或修剪。

➢ 视图(V)：以当前的视图方向为投影方向，边界边和被延伸对象沿该方向进行投影以后再进行延伸或修剪。

❑ 边(E)：用于确定边界边的隐含延伸模式。

选择要延伸的对象，或按住 Shift 键选择要修剪的对象，或

[栏选(F)/窗交(C)/投影(P)/边(E)/删除(R)/放弃(U)]：　e✓

输入隐含边延伸模式 [延伸(E)/不延伸(N)] <不延伸>：

➢ 延伸(E)：边界边与被延伸对象不必相交，边界边可以延长后执行延伸操作。

➢ 不延伸(N)：边界边不延伸，只有当边界边与被延伸的对象相交时才执行延伸操作。

❑ 删除(R)：用于删除指定的对象。

❑ 放弃(U)：取消上一次操作。

例 5-18 在例 5-13 中绘制的索拉桥的塔柱底部处理。如图 5-145 所示，BC 线与 A 和 D 点之间存在距离，要求通过延伸将 BC 线延长到 A 点和 D 点。

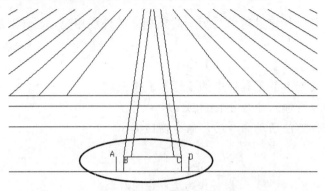

图 5-145 延伸前的效果图

绘图步骤：

（1）输入命令 extend 或者单击【修改】工具栏中的【延伸】按钮 ↗。命令窗口提示：

命令：_extend
当前设置：投影=UCS，边=无
选择边界的边...
选择对象或 <全部选择>： 找到 1 个 （选择 D 点所在的垂直线，作为对象将要延伸到的边界）
选择对象：找到 1 个，总计 2 个（选择 A 点所在的垂直线，作为对象将要延伸到的边界）
选择对象： （按 Enter 键结束边界的选择）
选择要延伸的对象，或按住 Shift 键选择要修剪的对象，或
[栏选(F)/窗交(C)/投影(P)/边(E)/放弃(U)]：
选择要延伸的对象，或按住 Shift 键选择要修剪的对象，或
[栏选(F)/窗交(C)/投影(P)/边(E)/放弃(U)]： （在 BC 线上靠 B、C 点位置各拾取一点）
选择要延伸的对象，或按住 Shift 键选择要修剪的对象，或
[栏选(F)/窗交(C)/投影(P)/边(E)/放弃(U)]： （按 Enter 键结束命令）

（2）完成延伸，效果如图 5-146 所示。

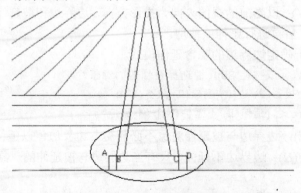

图 5-146 延伸后的效果图

5.6.3　延长（拉长）

拉长对象，即将线段或者圆弧的长度增长或缩短。拉长对象的命令启动方法如下。

方法一：选择【修改】→【拉长】命令。

方法二：在命令行输入命令 lengthen。

使用上述任一种方法启动命令后，命令窗口提示：

命令: _lengthen

选择对象或 [增量(DE)/百分数(P)/全部(T)/动态(DY)]:

❑　选择对象：为默认选项，选择要改变长度的对象。选择对象后，命令窗口将显示选中对象的数值，如果对象是直线则显示直线的长度，如果对象是圆弧则显示弧长和圆心角，然后返回到原提示。

选择对象或 [增量(DE)/百分数(P)/全部(T)/动态(DY)]:

❑　增量(DE)：用于设置直线或圆弧的长度增量。

选择对象或 [增量(DE)/百分数(P)/全部(T)/动态(DY)]: de✓

输入长度增量或 [角度(A)]:

➢　输入长度增量：为默认选项，直接输入直线或圆弧的长度增量值，按 Enter 键后命令窗口提示：

选择要修改的对象或 [放弃(U)]:

选取要改变长度的直线或圆弧，所选圆弧或直线在距离拾取点近的一端按指定的长度变长或变短。长度增量为正时，对象变长；长度增量为负时，对象变短。

➢　角度(A)：用角度方式改变圆弧的长度。

输入长度增量或 [角度(A)]: a✓

输入角度增量:

输入圆弧角度的增量值，按 Enter 键后命令窗口提示：

选择要修改的对象或 [放弃(U)]:

选取要改变长度的圆弧，所选圆弧在距离拾取点近的一端按指定的角度变长或变短。角度增量为正时，圆弧变长；角度增量为负时，圆弧变短。

❑　百分数(P)：按对象总长的百分比的形式改变圆弧或直线的长度。

选择对象或 [增量(DE)/百分数(P)/全部(T)/动态(DY)]: p✓

输入长度百分数:

输入百分比数值，按 Enter 键后命令窗口提示：

选择要修改的对象或 [放弃(U)]:

选取要改变长度的直线或圆弧，所选圆弧或直线在距离拾取点近的一端按指定的百分比变长或变短。百分比大于 100% 时对象变长；百分比小于 100% 时对象变短。

❑　全部(T)：通过输入直线或圆弧的新长度或圆弧的新角度来改变对象长度。

选择对象或 [增量(DE)/百分数(P)/全部(T)/动态(DY)]: t✓

指定总长度或 [角度(A)]:

     ➤ 指定总长度：为默认选项，直接输入直线或圆弧的新长度值，按 Enter 键后命令窗口提示：

选择要修改的对象或 [放弃(U)]:

选取要改变长度的直线或圆弧，所选直线或圆弧在距离拾取点近的一端按指定的长度变长或变短。

     ➤ 角度(A)：输入圆弧新角度值，按 Enter 键后命令窗口提示：

选择要修改的对象或 [放弃(U)]:

选取要改变长度的圆弧，所选圆弧在距离拾取点近的一端按指定的角度变长或变短。

    ❑ 动态(DY)：动态地改变直线或圆弧的长度。

选择对象或 [增量(DE)/百分数(P)/全部(T)/动态(DY)]:   dy↙
选择要修改的对象或 [放弃(U)]:

选取对象后，命令窗口提示：

指定新端点:

通过拖动鼠标即可动态地改变圆弧或直线的端点位置，达到改变直线或圆弧的长度的目的。

    例 5-19 在图 5-147 的基础上通过拉长增量角度为 45°的方法来拉长左边的圆弧，效果如图 5-148 所示。

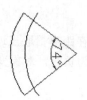

图 5-147 已有图形   图 5-148 延长后的效果

    操作如下：

命令: _lengthen
选择对象或 [增量(DE)/百分数(P)/全部(T)/动态(DY)]: de   （输入参数 de，以便指定增量，并按 Enter 键）
输入长度增量或 [角度(A)] <300.3000>: a   （输入参数 a，以便指定增量角度，并按 Enter 键）
输入角度增量 <30>: 45   （输入增量角度 45，并按 Enter 键）
选择要修改的对象或 [放弃(U)]:   （在左边的圆弧上方拾取一点）
选择要修改的对象或 [放弃(U)]:

5.6.4 打断（快捷命令 br）

打断对象，可以将对象部分删除或将对象分解成两部分，打断对象的命令启动方法如下。
方法一：选择【修改】→【打断】命令。
方法二：单击【修改】工具栏中的【打断】按钮□。

方法三：在命令行输入命令 break 或 br。

使用上述任一种方法启动命令后，命令窗口提示：

命令：_break
选择对象：
指定第二个打断点　或　[第一点(F)]：

命令窗口提示信息的含义分别如下。

❑ 指定第二个打断点：为默认选项，选择对象时的拾取点为第一个打断点，需要选择第二点，则对象部分被删除或分为两个部分。指定第二点的命令启动方法不同会有不同的效果。

➢ 直接拾取所选对象上的另一点，则将选取对象时的拾取点作为第一点，指定该对象上的另一点作为第二点，删除这两点之间的连线。

➢ 输入"@"后直接按 Enter 键，则选取对象时将在拾取点处断开，即原对象一分为二。

➢ 在选择对象的一端外任取一点，则删除从拾取点开始的该段线段。

➢ 输入第二点与拾取点之间的相对坐标，则断开这两点之间的线段。

❑ 第一点(F)：重新定义第一点。

指定第二个打断点　或　[第一点(F)]：f✓
指定第一个打断点：　（重新指定第一断点）
指定第二个打断点：　（指定第二断点）

指定第二点时的操作效果与上述相同。

★★提示：（1）若断开对象为圆弧，则删除第一点与第二点之间沿逆时针方向的圆弧；（2）若输入的第二点不在直线上，则由第二点向直线作垂线，删除第一点和垂足之间的线段；（3）若输入的第二点不在圆弧上，则连接第二点与圆心，这将和圆弧有一个交点，删除第一点与交点之间的圆弧；（4）在"指定第二个打断点或【第一点(F)】："提示下，可以将光标移动偏离拾取点，然后输入要删除的长度，则从拾取点开始，删除偏离方向上的指定直线或圆弧的长度。（5）单击【修改】工具栏中的【打断】按钮□，选择要被打断的对象，然后指定打断点，可直接打断对象。

例 5-20　如图 5-149 所示，对栏杆横梁与栏杆柱镶嵌处进行处理。在图 5-150（其中 EF 与 MN 分别是一条连续的水平线）的基础上生成图 5-149。

图 5-149　打断处理后横梁与柱镶嵌处图形

绘图步骤：

（1）输入命令 break，分别在 A、B、C、D 点处进行打断，效果如图 5-151 所示。

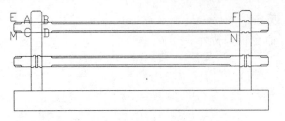

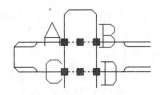

图 5-150　打断处理前横梁与柱镶嵌处图形　　　　图 5-151　打断位置图

首先单击【修改】工具栏中的【打断】按钮，在 A 点处将 AB 所在的水平线打断（将水平线一分为二）。

命令:_break 选择对象:　　　（选择 A 点所在的水平线）
指定第二个打断点 或 [第一点(F)]:_f
指定第一个打断点:　　（拾取 A 点）
指定第二个打断点:@

然后使用类似方法在 B、C、D 点处打断。

（2）输入命令 offset，将 AB 和 CD 线段分别向外偏移 1，如图 5-152 所示。

（3）选择【格式】→【点的样式】命令，将点的样式设置为空心圆，点的大小设置为 1%。

（4）输入命令 divide 或者选择【绘图】→【点】→【定数等分】命令将 AB、CD 线段以及它们的偏移线进行 5 等分，如图 5-153 所示。

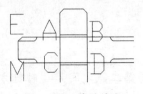

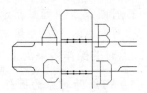

图 5-152　偏移线段　　　　　　　　　图 5-153　线段等分

（5）输入命令 line，过对应的等分点（利用节点对象捕捉模式）绘制垂直线，如图 5-154 所示。

（6）输入命令 trim，按图 5-155 所示的效果对图 5-154 进行修剪，得到最终效果。

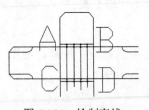

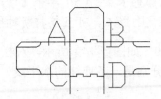

图 5-154　绘制直线　　　　　　　　　图 5-155　修剪结果

5.6.5　倒角

倒角就是对两条不平行的直线作倒角。倒角的命令启动方法如下。

方法一：选择【修改】→【倒角】命令。

方法二：单击【修改】工具栏中的【倒角】按钮。

方法三：在命令行输入命令 chamfer。

使用上述任一种方法启动命令后,命令窗口提示:

命令: _chamfer

("修剪"模式)　当前倒角距离　1 = 0.0000,距离　2 = 0.0000

选择第一条直线或 [放弃(U)/多段线(P)/距离(D)/角度(A)/修剪(T)/方式(E)/多个(M)]:

命令窗口提示信息的含义分别如下。

❑　选择第一条直线:为默认选项,选择要倒角的第一条直线,命令窗口提示:

选择第二条直线,或按住 Shift 键选择要应用角点的直线

选择要倒角的另一条直线,则按当前倒角设置对选定的两条直线进行倒角。如果按住 Shift 键选择另一条直线,则这两条直线延伸后相交。

❑　多段线(P):以当前的倒角设置对多段线的各顶点倒角。

命令窗口提示:

选择第一条直线或 [放弃(U)/多段线(P)/距离(D)/角度(A)/修剪(T)/方式(E)/多个(M)]:　p↙
选择二维多段线:　(选择要倒角的多段线)

❑　距离(D):倒角设置,设置倒角时第一条直线和第二条直线的倒角距离。

命令窗口提示:

选择第一条直线或 [放弃(U)/多段线(P)/距离(D)/角度(A)/修剪(T)/方式(E)/多个(M)]:　d↙
指定第一个倒角距离 <默认值>:　(输入倒角时第一条边的倒角距离值后按 Enter 键)
指定第二个倒角距离 <默认值>:　(输入倒角时第二条边的倒角距离值后按 Enter 键)

❑　角度(A):倒角设置,设置第一条直线的倒角距离和倒角角度。

命令窗口提示:

选择第一条直线或 [放弃(U)/多段线(P)/距离(D)/角度(A)/修剪(T)/方式(E)/多个(M)]:　a↙
指定第一条直线的倒角长度 <默认值>:　(输入倒角时第一条边的倒角距离值后按 Enter 键)
指定第一条直线的倒角角度 <默认值>:　(输入倒角时第一条边的倒角角度后按 Enter 键)

❑　修剪(T):倒角修剪模式设置,确定倒角时是否对相应的倒角边进行修剪。

命令窗口提示:

选择第一条直线或 [放弃(U)/多段线(P)/距离(D)/角度(A)/修剪(T)/方式(E)/多个(M)]:　t↙
输入修剪模式选项 [修剪(T)/不修剪(N)] <修剪>:　(输入 t 后按 Enter 键或直接按 Enter 键表示在倒角时对倒角边进行修剪,若输入 n 后按 Enter 键则表示在倒角时不对倒角边进行修剪)

❑　方式(E):确定用什么方式进行倒角。

命令窗口提示:

选择第一条直线或 [放弃(U)/多段线(P)/距离(D)/角度(A)/修剪(T)/方式(E)/多个(M)]:　e↙
输入修剪方法 [距离(D)/角度(A)] <角度>:　(输入 d 后按 Enter 键或直接按 Enter 键表示按已确定的两条边的倒角距离进行倒角,若输入 a 后按 Enter 键则表示按已确定的一条边的倒角距离以及这条边的角度进行倒角)

❑　多个(M):可依次对多个对象进行倒角操作。

命令窗口提示:

选择第一条直线或 [放弃(U)/多段线(P)/距离(D)/角度(A)/修剪(T)/方式(E)/多个(M)]:　m↙
选择第一条直线或 [放弃(U)/多段线(P)/距离(D)/角度(A)/修剪(T)/方式(E)/多个(M)]:　(选取要倒角的第一条直线)

❑   放弃(U)：放弃前一次操作。

★★提示：（1）倒角创建前通常先进行倒角设置；（2）当设置的倒角距离太大或倒角角度无效时，或两直线不能作出倒角时，系统会给出提示；（3）当对相交边进行倒角，且倒角后对倒角边修剪时，保留的是拾取点的那部分。

例 5-21   绘制如图 5-156 所示的鞋柜的立面图。

绘图步骤：

（1）输入命令 units，设置单位为 mm。

（2）输入命令 limits，设置图形界限为 4000×3000。

（3）输入命令 rectang，在屏幕中上方绘制长度为 900、宽度为 30 的矩形，如图 5-157 所示。

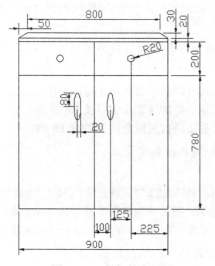

图 5-156   鞋柜的立面图   图 5-157   绘制矩形

（4）输入命令 chamfer，对矩形的左上角和右上角进行倒角，倒角的水平距离为 50，垂直距离为 30，效果如图 5-158 所示。命令操作如下：

```
命令：_chamfer
（"修剪"模式）  当前倒角距离 1 = 0.0000，距离 2 = 0.0000
    选择第一条直线或 [放弃(U)/多段线(P)/距离(D)/角度(A)/修剪(T)/方式(E)/多个(M)]：  d
（输入参数 d 并按 Enter 键，以便指定倒角距离）
    指定第一个倒角距离 <0.0000>：30  （输入 30 作为第一个倒角距离，并按 Enter 键）
    指定第二个倒角距离 <30.0000>：50（输入 50 作为第二个倒角距离，并按 Enter 键）
    选择第一条直线或 [放弃(U)/多段线(P)/距离(D)/角度(A)/修剪(T)/方式(E)/多个(M)]：（拾取
矩形左边的垂直线）
    选择第二条直线，或按住 Shift 键选择要应用角点的直线：（拾取矩形的上水平线）
命令：_chamfer
（"修剪"模式）  当前倒角距离 1 = 30.0000，距离 2 = 50.0000
    选择第一条直线或 [放弃(U)/多段线(P)/距离(D)/角度(A)/修剪(T)/方式(E)/多个(M)]：（拾取
矩形右边的垂直线）
    选择第二条直线，或按住 Shift 键选择要应用角点的直线：  （拾取矩形的上水平线）
```

（5）输入命令 rectang，从已倒角的矩形的左下角起向右下方绘制长度为 900、宽度为 20 的矩形，如图 5-159 所示。

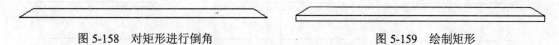

图 5-158　对矩形进行倒角　　　　　　　　　　　　图 5-159　绘制矩形

（6）输入命令 rectang，从第（5）步绘制的矩形的左下角起向右下方绘制长度为 450、宽度为 200 的矩形，从第（5）步绘制的矩形的右下角起向左下方绘制长度为 450、宽度为 200 的矩形，如图 5-160 所示。

（7）右击状态栏中的【捕捉模式】按钮，在弹出的快捷菜单中选择【设置】命令，打开【草图设置】对话框，按图 5-161 所示设置参数。

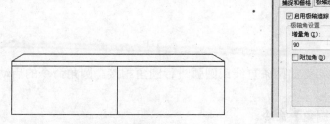

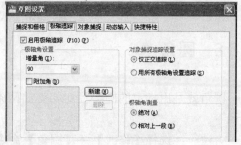

图 5-160　绘制矩形　　　　　　　　　　　　图 5-161　参数设置

（8）输入命令 circle，以步骤（6）绘制的两个矩形的中心为圆心（通过对象捕捉追踪）、以 20 为半径绘制抽屉的拉手，如图 5-162 所示。

（9）输入命令 rectang，从 A 点向右下方绘制长度为 900、宽度为 780 的矩形，如图 5-163 所示。

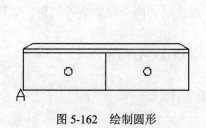

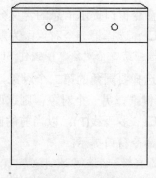

图 5-162　绘制圆形　　　　　　　　　　　　图 5-163　绘制矩形

（10）输入命令 explode，将第（9）步绘制的矩形分解。

（11）输入命令 offset，将分解后的矩形的左边垂直线分别向右偏移 350、450、550，将分解后的矩形的下水平线向上偏移 600，如图 5-164 所示。

（12）输入命令 ellipse，分别以图 5-164 中两偏移线的交点为中心，绘制长、短半轴分别为 80 和 20 的椭圆，如图 5-165 所示。

（13）输入命令 erase，删除偏移线，得到最终图形如图 5-166 所示。

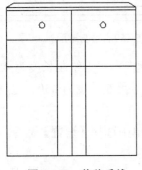

图 5-164　偏移垂线

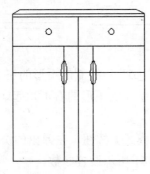

图 5-165　绘制椭圆

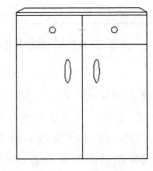

图 5-166　删除偏移线

5.6.6　圆角

圆角就是用指定的圆半径对相交的两条直线或圆弧进行圆角相接。圆角命令的启动方法如下。

方法一：选择【修改】→【圆角】命令。

方法二：单击【修改】工具栏中的【圆角】按钮 。

方法三：在命令行输入命令 fillet。

使用上述任一种方法启动命令后，命令窗口提示：

命令：_fillet

当前设置：模式 = 修剪，半径 = 80.0000

选择第一个对象或 [放弃(U)/多段线(P)/半径(R)/修剪(T)/多个(M)]:

命令窗口提示信息的含义分别如下。

❑　选择第一个对象：为默认选项，选取要圆角的第一个对象，命令窗口提示：

选择第二个对象，或按住 Shift 键选择要应用角点的对象：

选择要圆角的第二个对象，则按当前圆角设置对选定的两个对象进行圆角。如果按住 Shift 键选择另一个对象，则这两个对象相交。

❑　多段线(P)：以当前的圆角设置对多段线的各顶点进行圆角。

命令窗口提示：

选择第一个对象或 [放弃(U)/多段线(P)/半径(R)/修剪(T)/多个(M)]:　p↙

选择二维多段线：　（选择要圆角的多段线）

❑　半径(R)：圆角设置，设置圆角时圆的半径值。

命令窗口提示：

选择第一个对象或 [放弃(U)/多段线(P)/半径(R)/修剪(T)/多个(M)]:　r↙

指定圆角半径 <0.0000>:　（输入圆角时的圆半径值后按 Enter 键）

❑　修剪(T)：圆角修剪模式设置，确定圆角时是否对相应的圆角边进行修剪。

命令窗口提示：

选择第一个对象或 [放弃(U)/多段线(P)/半径(R)/修剪(T)/多个(M)]： t↙

输入修剪模式选项 [修剪(T)/不修剪(N)] <修剪>： （输入 t 后按 Enter 键或直接按 Enter 键表示在圆角时对圆角边进行修剪，若输入 n 后按 Enter 键则表示在圆角时不对圆角边进行修剪）

❑ 多个(M)：可依次对多个对象进行圆角操作。

命令窗口提示：

选择第一个对象或 [放弃(U)/多段线(P)/半径(R)/修剪(T)/多个(M)]： m↙

❑ 放弃(U)：放弃前一次操作。

★★提示：（1）圆角创建前通常先进行圆角半径的设置；（2）当对相交边进行圆角，且圆角后对圆角边修剪时，保留的是拾取点的部分。

例 5-22 绘制如图 5-174 所示的石桌凳立面图。

绘图步骤：

（1）选择【格式】→【图层】命令，在弹出的对话框中设置【石桌凳】、【辅助线】等图层。

（2）进入【辅助线】图层。

（3）输入命令 line，在屏幕左下方绘制两条正交直线，如图 5-167 所示。

（4）输入命令 offset，将垂直线依次向右偏移 35、315、350、550、1015、1085、1550、1750、1785、2065、2100，水平线依次向上偏移 225、450、750、850，如图 5-168 所示。

图 5-167 绘制正交直线   图 5-168 偏移直线

（5）进入【石桌凳】图层。

（6）输入命令 rectang 或者选择【绘图】→【矩形】命令，使用矩形工具进行临摹，如图 5-169 所示。

（7）输入命令 arc，过图中的 A、B、C 3 点绘制石凳的弧线，如图 5-170 所示。

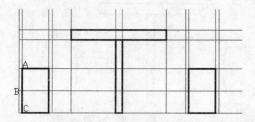 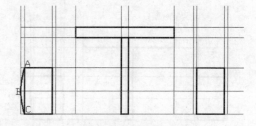

图 5-169 临摹矩形   图 5-170 绘制弧线

（8）用与第（7）步相似的方法绘制石凳其他的弧线，如图 5-171 所示。

（9）输入命令 trim，修剪出石凳轮廓，如图 5-172 所示。

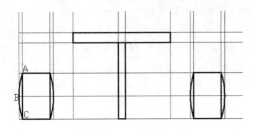

图 5-171　绘制弧线　　　　　　　　　　　　　图 5-172　修剪

（10）输入命令 fillet，绘制石桌面弧形轮廓，以半径为 50 的圆弧对石桌面矩形的 4 个角进行倒圆角，如图 5-173 所示。

命令窗口提示如下：

```
命令: _fillet
当前设置: 模式 = 修剪，半径 = 0.0000
选择第一个对象或 [放弃(U)/多段线(P)/半径(R)/修剪(T)/多个(M)]: r　　（输入半径参数 r，并按 Enter 键）
指定圆角半径 <0.0000>: 50（输入半径值 50，并按 Enter 键）
选择第一个对象或 [放弃(U)/多段线(P)/半径(R)/修剪(T)/多个(M)]: 　　（拾取其中一个角的一条边）
选择第二个对象，或按住 Shift 键选择要应用角点的对象: 　（拾取该角的另一条边）
命令: _fillet
当前设置: 模式 = 修剪，半径 = 50.0000
选择第一个对象或 [放弃(U)/多段线(P)/半径(R)/修剪(T)/多个(M)]: 　　（拾取另一个角的一条边）
选择第二个对象，或按住 Shift 键选择要应用角点的对象: 　（拾取该角的另一条边）
命令: fillet
当前设置: 模式 = 修剪，半径 = 50.0000
选择第一个对象或 [放弃(U)/多段线(P)/半径(R)/修剪(T)/多个(M)]: 　　（拾取某个角的一条边）
选择第二个对象，或按住 Shift 键选择要应用角点的对象: 　（拾取该角的另一条边）
命令: fillet
当前设置: 模式 = 修剪，半径 = 50.0000
选择第一个对象或 [放弃(U)/多段线(P)/半径(R)/修剪(T)/多个(M)]: 　　（拾取某个角的一条边）
选择第二个对象，或按住 Shift 键选择要应用角点的对象: 　（拾取该角的另一条边）
```

（11）进行尺寸标注后得到石桌凳的立面效果，如图 5-174 所示。

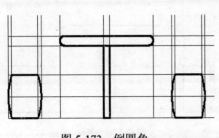

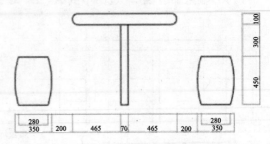

图 5-173　倒圆角　　　　　　　　　　　　　图 5-174　石桌凳的立面效果图

5.6.7 分解

分解对象就是将由多个对象组成的合成对象（如块、多段线、尺寸标注等）分解成单个对象，方便对单个对象进行编辑。分解命令的启动方法如下。

方法一：选择【修改】→【分解】命令。

方法二：单击【修改】工具栏中的【分解】按钮 。

方法三：在命令行输入命令 explode 或 x。

使用上述任一种方法启动命令后，命令窗口提示：

命令：_explode
选择对象：

选择需要分解的对象后按 Enter 键，可把选择的组合对象分解。

例 5-23 绘制建筑平面图中常用到的窗，如图 5-175 所示。

（1）设置单位为 mm。

（2）输入命令 rectang，绘制长度为 1000、宽度为 240 的矩形，如图 5-176 所示。

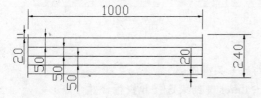

图 5-175 建筑平面图中常用到的窗的平面图　　　　　图 5-176 绘制矩形

（3）输入命令 explode，将矩形分解。

命令窗口提示：

命令：_explode
选择对象：找到 1 个 　（拾取要分解的矩形）
选择对象： 　（按 Enter 键结束）

（4）输入命令 offset，将上、下水平线分别向内偏移 20、70，下水平线继续往上偏移 50，如图 5-177 所示。

（5）输入命令 earse，删除最外围的两条水平线，得到最终图形，如图 5-178 所示。

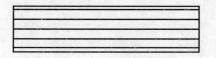

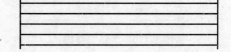

图 5-177 偏移水平线　　　　　　　　图 5-178 删除水平线

5.6.8 合并

合并对象就是将多个对象合并为一个对象，合并命令的启动方法如下。

方法一：选择【修改】→【合并】命令。

方法二：单击【修改】工具栏中的➡按钮。

方法三：在命令行输入 join 命令。

使用上述任一种方法启动命令后，命令窗口提示：

命令：_join

选择源对象：

可以进行合并的对象包括圆弧、椭圆弧、直线、多线段和样条曲线，当选择的源对象不同时，系统会有不同的命令提示。

1. 圆弧

选择圆弧，以合并到源或进行 [闭合(L)]:

选择要合并到源的圆弧： （选择要合并的另一条圆弧）

选择要合并到源的圆弧： （可以多选，按 Enter 键结束选择并执行合并命令）

★★提示：（1）圆弧对象必须位于同一假想的圆上，但是它们之间可以有间隙；（2）当执行"闭合(L)"选项时，可以将选择的源圆弧转换为圆；（3）合并两条或多条圆弧时，将从源对象开始按逆时针方向合并圆弧。

2. 椭圆弧

选择椭圆弧，以合并到源或进行 [闭合(L)]:

选择要合并到源的椭圆弧： （选择要合并的另一条椭圆弧）

选择要合并到源的椭圆弧： （可以多选，按 Enter 键结束选择并执行合并命令）

★★提示：（1）要合并的椭圆弧须有相同的椭圆半径和圆心；（2）当执行"闭合(L)"选项时，可以将选择的源椭圆弧转换为椭圆。

3. 直线

选择要合并到源的直线： （选择要合并的另一条直线）

选择要合并到源的直线： （可以多选，按 Enter 键结束选择并执行合并命令）

★★提示：直线对象必须共线（位于同一无限长的直线上），但是它们之间可以有间隙。

例 5-24 将图 5-179 中的两条直线段合并成一条直线，如图 5-180 所示。

A   B   A   B
———— ————   ————————

图 5-179 两条直线段 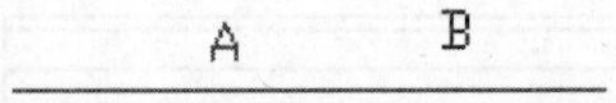   图 5-180 合并为一条直线段

命令操作如下：

命令：_join 选择源对象： （选择左边的线）

选择要合并到源的直线： 找到 1 个 （选择右边的线）

选择要合并到源的直线： （按 Enter 键结束命令）

已将 1 条直线合并到源

5.6.9 形变的应用实例

1. 形变在机械图中的应用实例

例 5-25 绘制三角皮带轮中的主视图，如图 5-181 所示。

（1）设置单位为 mm。

（2）输入命令 rectang，设置图形界限为 900×680。

（3）选择【视图】→【缩放】→【全部】命令。

（4）创建【粗实线】、【剖面线】、【图块】、【中心线】、【文本】、【细实线】、【虚线】等图层，如图 5-182 所示。

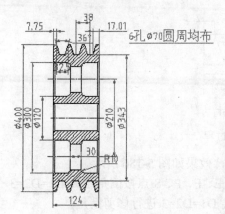

图 5-181 三角皮带轮主视图

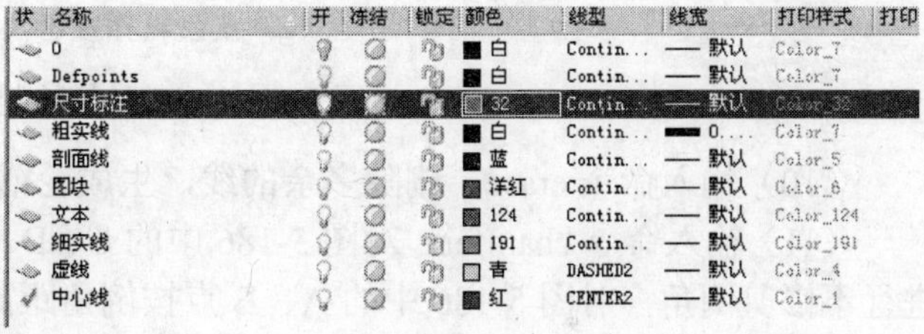

图 5-182 图层设置

（5）进入【粗实线】图层，绘制主视图。

（6）输入命令 line，在屏幕中上方绘制两条正交线 a（水平）和 b（垂直）。

（7）输入命令 offset，将 a 线分别向上偏移 35、60、150、171.5、200，b 线向右偏移 47、77、124，如图 5-183 所示。

（8）输入命令 trim，将图 5-183 修剪，效果如图 5-184 所示。

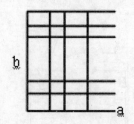

图 5-183 绘制直线并偏移

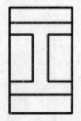

图 5-184 修剪

（9）绘制皮带轮槽（参考尺寸如图 5-185（g）所示）。设置极轴角的增量为 18°，用临时追踪和极轴追踪画线，选择对象捕捉类型为【最近点】（绘制步骤如图 5-185（a）~图 5-185（f）所示）。

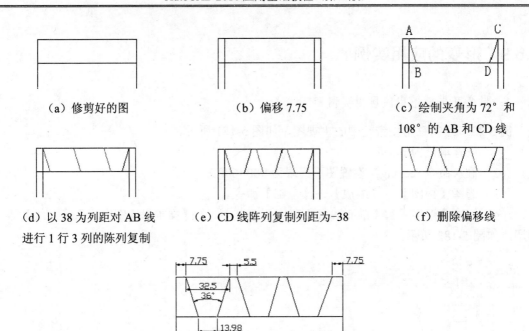

（a）修剪好的图　　　　　　（b）偏移 7.75　　　　　　（c）绘制夹角为 72°和
　　　　　　　　　　　　　　　　　　　　　　　　　　　108°的 AB 和 CD 线

（d）以 38 为列距对 AB 线　　（e）CD 线阵列复制列距为-38　　（f）删除偏移线
进行 1 行 3 列的陈列复制

（g）皮带轮槽参考尺寸

图 5-185　皮带轮槽绘制过程

（10）输入命令 erase，删除多余的线，生成轮槽，效果如图 5-186 所示。

（11）输入命令 chamfer，对图 5-186 中的 C、D、E、F、P、S 点按倒角距离 D1=D2=3 进行不修剪倒角，对图 5-186 中的 A、B 点按倒角距离 D1=D2=3 进行修剪倒角。

（12）输入命令 trim，修剪相关倒角处多余的线段，效果如图 5-187 所示。

（13）输入命令 fillet，对图 5-186 中的 G、H、M、N 点按 R=10 进行修剪倒圆角，如图 5-187 所示。

（14）输入命令 line，连接倒角点之间的直线，如图 5-188 所示。

（15）输入 mirror 命令，以水平线（a 线）为镜像线复制上半部分图形（生成下半段）。

（16）进入【中心线】图层。

（17）输入命令 line，在水平线（a 线）的位置绘制长于 a 线的中心线，效果如图 5-189 所示。

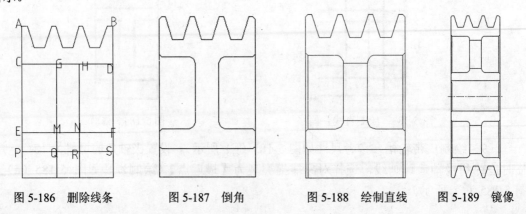

图 5-186　删除线条　　　图 5-187　倒角　　　图 5-188　绘制直线　　　图 5-189　镜像

（18）进入【剖面线】图层。

（19）输入命令 batch，给主视图填充剖面线。填充图案选择 ANST31，比例为 2，如图 5-190 所示。

（20）进行尺寸标注后得到如图 5-181 所示的图形。

2. 形变在建筑图中的应用实例

例 5-26 创建如图 5-191 所示的建筑平面图

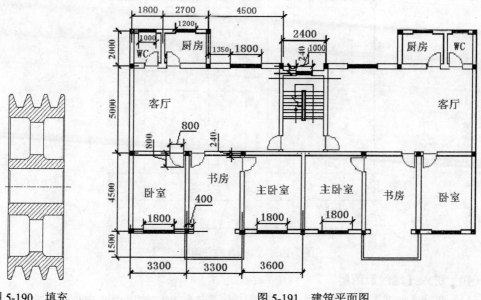

图 5-190 填充　　　　　　　　　　图 5-191 建筑平面图

（1）设置单位为"毫米"，精度为 0。

（2）设置图形界限为 29700×21000（A4 图纸的尺寸是 297mm×210mm，出图时按 1:100 的比例即可）。

（3）图层设置如图 5-192 所示（注意，中心线的线型比例为 100）。

名称	开	在所有视口冻结	锁定	颜色	线型	线宽	打印样式
0				白色	Continuous	默认	
轴线				红色	CENTER2	0.15	Color_1
墙线				蓝色	Continuous	默认	Color_5
窗套、阳台				白色	Continuous	默认	Color_7
门				210	Continuous	默认	Color_210
楼梯				青色	Continuous	默认	Color_4
文字				232	Continuous	默认	Color_232
标注				90	Continuous	0.15	Color_30

图 5-192 图层设置

（4）文字样式和标注样式设置参考有关章节。

（5）选择【工具】→【草图设置】命令，在打开的对话框中设置捕捉间距为 1mm，

（6）将此样板另存为"建筑样板文件.dwt"。

（7）进入【轴线】图层。

（8）输入命令 line，在正交状态下绘制两条正交线（水平线记为 a 线，垂直线记为 b

线）作为轴线。

（9）输入命令 offset，将 a 线分别向上偏移 1500、6000、10600、11000、13000，将 b 线分别向右偏移 1800、3300、4500、6600、9000、10200，效果如图 5-193 所示。

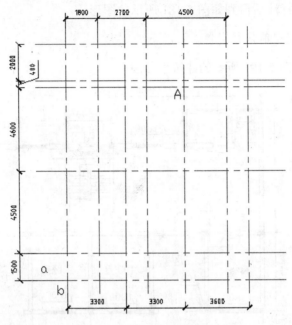

图 5-193　绘制直线并偏移

（10）进入【墙线】图层。

（11）选择【格式】→【多线样式】命令，设置名为 WU 的以中心定位、总宽度为 240 的双线，将其保存并置为当前，具体参数设置如图 5-194 所示。

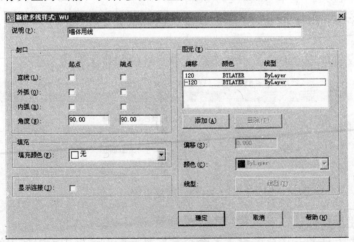

图 5-194　双线参数设置

（12）输入命令 mline，从第二条水平中心轴线开始沿着轴线绘制墙线，如图 5-195 所示。

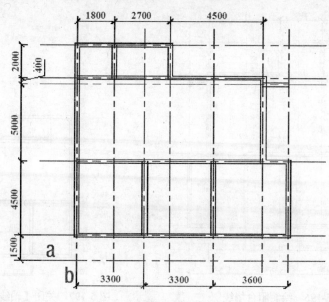

图 5-195　绘制墙线

命令操作如下：

命令：_mline

当前设置：对正 = 无，比例 = 120.00，样式 = WU

指定起点或 [对正(J)/比例(S)/样式(ST)]：　s　（输入参数 s 以指定多线比例，并按 Enter 键）

输入多线比例 <120.00>：　1　（输入多线比例 1，并按 Enter 键）

当前设置：对正 = 无，比例 = 1.00，样式 = WU

指定起点或 [对正(J)/比例(S)/样式(ST)]：　j　（输入参数 j 以指定所需对正样式，并按 Enter 键）

输入对正类型 [上(T)/无(Z)/下(B)] <无>：　z　（选择中心对齐方式，并按 Enter 键）

当前设置：对正 = 无，比例 = 1.00，样式 = WU

指定起点或 [对正(J)/比例(S)/样式(ST)]：　（拾取墙体起点）

指定下一点：　（依次拾取相应点以生成墙体）

指定起点或 [对正(J)/比例(S)/样式(ST)]：

（13）输入命令 mline，绘制阳台墙线，如图 5-196 所示。命令操作如下：

命令：mline

当前设置：对正 = 无，比例 = 1.00，样式 = WU

指定起点或 [对正(J)/比例(S)/样式(ST)]：　s　（输入参数 s 以指定多线比例，并按 Enter 键）

输入多线比例 <1.00>：　0.5　（改变多线比例为 0.5，并按 Enter 键）

当前设置：对正 = 无，比例 = 0.50，样式 = WU

指定起点或 [对正(J)/比例(S)/样式(ST)]：　j（输入参数 j 以指定所需对正样式，并按 Enter 键）

输入对正类型 [上(T)/无(Z)/下(B)] <无>：　t（选择上方点对齐方式，并按 Enter 键）

当前设置：对正 = 上，比例 = 0.50，样式 = WU

指定起点或 [对正(J)/比例(S)/样式(ST)]：　（拾取阳台墙体起点）

指定下一点：　（依次拾取阳台上的相应点以生成阳台）

（14）关闭【轴线】图层，效果如图 5-197 所示。

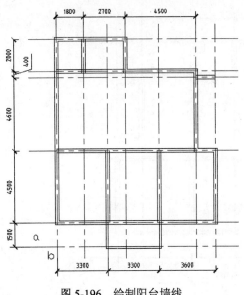

图 5-196　绘制阳台墙线　　　　　　　　图 5-197　关闭【轴线】图层后的效果

（15）绘制墙体连接处（可以用多线编辑器来完成，也可以将墙线分解（explode），然后用 trim 进行修剪），效果如图 5-198 所示。

（16）绘制窗洞。

利用墙体轴线进行偏移（偏移尺寸参考图 5-199 和图 5-200），然后以偏移出来的左右两边的边界线为修剪边界，将边界中间的墙线剪掉，即可修出窗洞（其余窗宽 1800）。

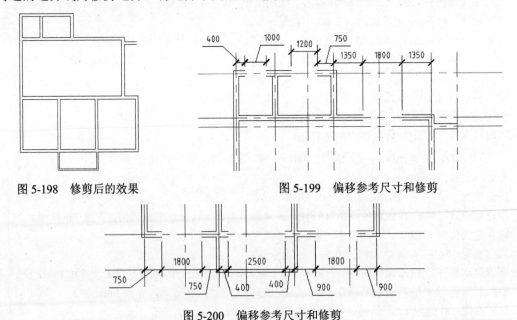

图 5-198　修剪后的效果　　　　　　　　图 5-199　偏移参考尺寸和修剪

图 5-200　偏移参考尺寸和修剪

（17）绘制门洞。

每个门的宽度为 800，离墙的距离为 120（离墙轴线 240），创建方法类似窗洞的创建，参考尺寸如图 5-201 所示，效果如图 5-202 所示。

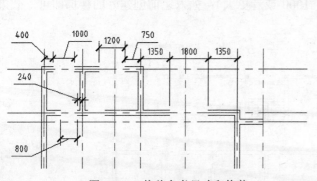

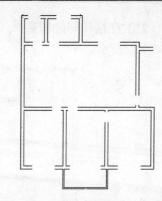

图 5-201　偏移参考尺寸和修剪　　　　图 5-202　创建门洞、窗洞后的墙体效果图

（18）创建门、窗、柱等图块。

　　由于各个门窗在结构上基本相同，只是尺寸不同，所以可把门、窗设为图块，在插入门、窗时通过更改比例即可。

　　窗图块平面图尺寸：长度为 1000、宽度为 240 的图形。门图块：为 800×800 的扇形，如图 5-203 所示。柱图块：是 240×240 的正方形填充块，如图 5-204 所示。窗图块、门图块、柱图块的具体创建方法可以参考有关章节，这里不做详细介绍。

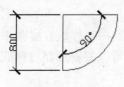

图 5-203　门块　　　　　　　　　图 5-204　柱块

　　（19）选择【插入】→【块】命令插入门、窗、柱图块，如图 5-205 所示。插入块时，注意块图形的角度和比例。

　　（20）使用镜像（mi）命令复制另一半图形，如图 5-206 所示。

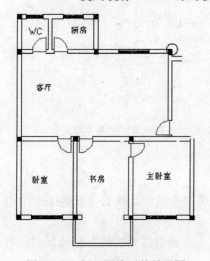

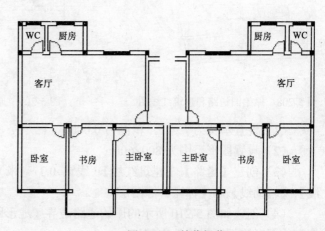

图 5-205　插入图块后的效果图　　　　　图 5-206　镜像操作

（21）在楼梯间绘制窗户（长度 1000 或者更大），插入之前创建好的楼梯即可，效果如图 5-207 所示。

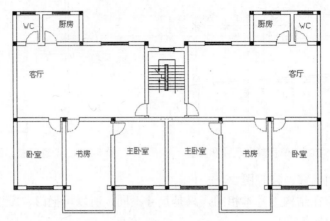

图 5-207　插入楼梯

（22）文字注释（略）。

（23）标注尺寸（略），最后效果如图 5-191 所示。

3. 形变在道路桥梁图中的应用实例

在道路规划设计中需要依据地形图、原始道路图和建筑红线图来进行设计。在没有现成的地形图、道路图和建筑红线图层的情况下，可以根据纸制材料或实地考察数据创建相应的地形图、道路图和建筑红线图。

例 5-27　如图 5-208 所示是某道路改造前的旧道路图和道路改造建筑红线图，标注主要尺寸后效果如图 5-209 所示，试绘制出旧道路和建筑红线。

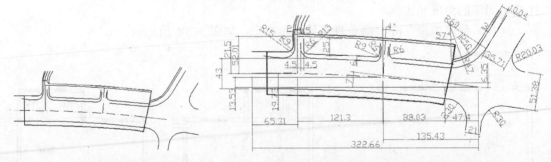

图 5-208　原始旧道路和建筑红线图　　　　图 5-209　原始旧道路和建筑红线图主要尺寸

（1）设置单位为"米"，精度为 0.000。

（2）设置图形范围为 800×600。

（3）创建【道路】、【建筑红线】（线宽 0.3 毫米）、【主干道中心线】、【其他干道中心线】、【辅助线】和【标注】等图层。

（4）创建如图 5-210 所示的原始道路边界（地形图上原始道路轮廓线有断线现象，本例在绘图时将把断线修补完整）。

步骤如下：

① 进入【道路】图层。

② 输入命令 line，在屏幕的中下方绘制两条正交直线，如图 5-211 所示。

图 5-210 原始道路图　　　　　　　　　　　　　图 5-211 绘制直线

③ 输入命令 offset，将垂直线分别向右偏移 65.31、186.61、274.64、322，水平线分别向上偏移 6.35、13.53、20，如图 5-212 所示。

④ 经过图 5-212 中的 A、B、C 3 点绘制样条曲线，如图 5-213 所示。

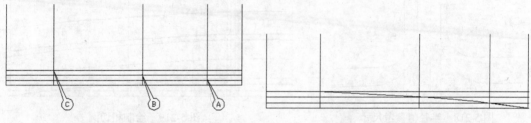

图 5-212 偏移复制　　　　　　　　　　　　　图 5-213 绘制样条曲线

⑤ 修剪出主干道的边缘轮廓线，如图 5-214 所示。

⑥ 删除多余的线段（留下左边的第二（左边支路中心线所在）和第 3（右边支路中心线相关）条垂直线），得到主干道的边缘线，如图 5-215 所示。

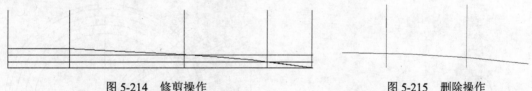

图 5-214 修剪操作　　　　　　　　　　　　　图 5-215 删除操作

⑦ 输入命令 offset，向上偏移主干道的边缘线，距离分别为 21.5（主干路中心线）、43、49、74（通向小区的通道的中心线），如图 5-216 所示。

⑧ 进入【主干道中心线】图层（蓝色中心线）。

⑨ 输入命令 line，临摹图 5-216 中从下往上的第二条和第 5 条非垂直线，使其变成主干道中心线和通向小区的通道的中心线。

⑩ 进入【其他干道中心线】图层（蓝色中心线）。

⑪ 输入命令 line，按图 5-210 所示效果临摹图 5-216 中的两条垂直线的相应部分，然后将临摹出来的右边的线以图 5-216 中的 A 点为中心向右边旋转 4°，使它们变成其他干道中心线。

⑫ 输入命令 trim，按图 5-210 所示的中心线轮廓对中心线进行修剪。

⑬ 绘制左边第一个干道路口（其余路口可依此类推绘制）。隐藏【其他干道中心线】图层，进入【道路】图层，输入命令 offset，将图 5-216 中左边第一条垂直线分别向左偏移 3.5、5.5，再分别向右偏移 4.5、9.0，如图 5-217 所示。

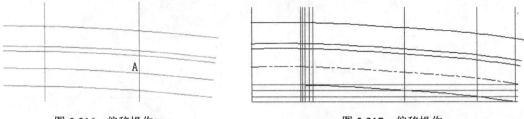

图 5-216　偏移操作　　　　　　　　　图 5-217　偏移操作

⑭ 选择【绘图】→【圆】→【相切、相切、半径】命令，在岔路口处左右两边分别绘制两个相切圆，半径值参考图 5-218 中标注的半径，效果如图 5-219 所示。

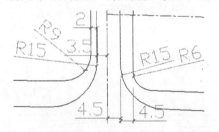
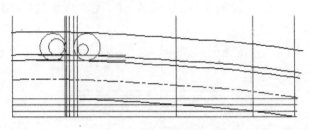

图 5-218　半径值参考尺寸　　　　　　　图 5-219　绘制相切圆

⑮ 输入命令 trim，进行相应的修剪。

⑯ 绘制第一个路口弯道如图 5-220 所示。首先确定圆心位置，分别按照图 5-221（图 5-221 为图 5-220 的局部放大图）中的尺寸绘制 5 个圆，然后使用 offset 命令进行修剪。

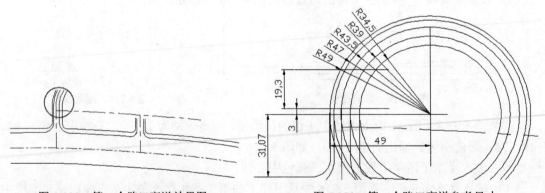

图 5-220　第一个路口弯道效果图　　　　图 5-221　第一个路口弯道参考尺寸

⑰ 绘制第二个路口，如图 5-222 所示。根据图 5-223（图 5-223 为图 5-222 的局部放大图）中的尺寸，参考步骤⑯中的方法进行绘制。

⑱ 十字交叉路口的绘制，如图 5-224 所示。根据图 5-225（图 5-225 为图 5-224 的局部放大图）中的尺寸，首先确定道路的角度绘制十字交叉路口，然后选择【绘图】→【圆】→【相切、相切、半径】命令，以图中尺寸绘制圆，再进行修剪。

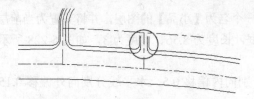

图 5-222　第二个路口效果图

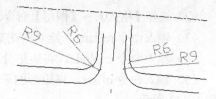

图 5-223　第二个路口参考尺寸

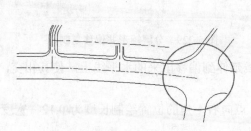

图 5-224　十字交叉路口效果图

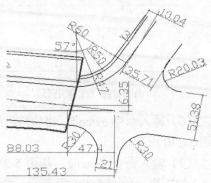

图 5-225　参考尺寸

（5）创建建筑红线。

① 输入命令 offset，将主干道南侧边缘线向外（南）偏移 9，将通向小区的通道的中心线向外（北）偏移 3。

② 进入【建筑红线】图层。

③ 输入命令 line，参考图 5-208 临摹前面两步偏移生成的线创建建筑红线。

（6）完成旧道路和建筑红线的绘制。

4．形变在园林中的应用实例

例 5-28　绘制园林设计图（如图 5-226）中常用的花架，如图 5-227 所示。

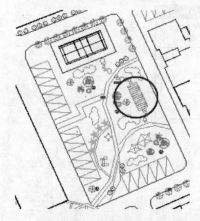

图 5-226　园林设计图

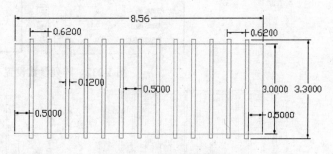

图 5-227　花架效果图和尺寸

绘图步骤：

（1）选择【格式】→【单位】命令，设置绘图单位为"米"。

（2）选择【格式】→【图层】命令，新建一个名为【小品】的图层，并将其置为当前层。

（3）输入命令 rectang，绘制出花架的外框，长度为 8.56、宽度为 3，如图 5-228 所示。

（4）输入命令 explode，将矩形分解。

（5）输入命令 offset，将矩形的垂直线分别向内偏移 0.5，水平线分别向外偏移 0.15，如图 5-229 所示。

图 5-228　绘制矩形

图 5-229　分解矩形并偏移复制

（6）输入命令 extend，将偏移出来的垂直线延伸到偏移出来的水平线上，使其相交，如图 5-230 所示。

（7）输入命令 rectang，从图 5-230 中的 A 点向右下角的位置绘制长度为 0.12、宽度为 3.3 的矩形，如图 5-231 所示。

图 5-230　延长垂直线

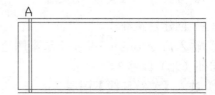
图 5-231　绘制矩形

（8）输入命令 array，沿花架的长边对第（7）步创建的矩形进行 1 行 13 列的阵列复制，列距离为 0.62，参数设置如图 5-232 所示，效果如图 5-233 所示。

（9）输入命令 erase，删除多余的辅助线，完成花架的绘制，如图 5-234 所示。

图 5-232　阵列参数设置

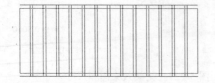
图 5-233　阵列效果图

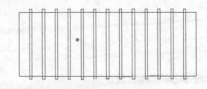
图 5-234　删除辅助线

（10）尺寸标注（略）。

（11）输入命令 block，将花架以"3 号花架"为图块名保存为外部块，存储于工作路径备用。

5. 形变在家具图中的应用实例

例 5-29　绘制如图 5-235 所示的床头柜的立面图。

绘制步骤：

（1）输入命令 line，在屏幕中上方绘制两条正交线，即中心线 A（水平）和 B（垂直）。

（2）输入命令 offset，将 A 线往上偏移 35、33、14.5，向下偏移 35、25，将 B 线（垂直中心线，如图 5-236 所示）分别向左偏移 21、19.5、9.5，向右偏移 21、19.5、9.5，效果如图 5-236 所示。

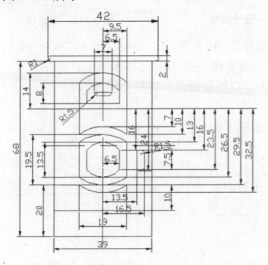

图 5-235　床头柜立面图

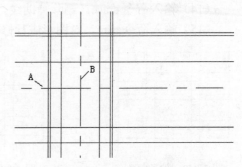

图 5-236　绘制直线并偏移复制

（3）输入命令 trim，对图形进行修剪，效果如图 5-237 所示。

（4）输入命令 fillet，将图 5-237 中的左上角和右上角以 1 为半径进行倒圆角，效果如图 5-238 所示。

（5）输入命令 offset，将 G 线分别向上偏移 2、7、10、14，B 线分别向左、右偏移 6.5。

（6）输入命令 arc，以交点为定点绘制圆弧，效果如图 5-239 所示。

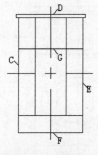

图 5-237　修剪操作

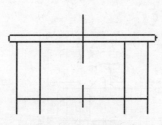

图 5-238　倒圆角

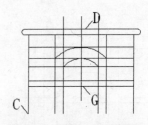

图 5-239　偏移、绘制圆弧

（7）输入命令 trim，对图 5-239 进行修剪。

（8）输入命令 erase，删除多余的参考线，如图 5-240 所示。

（9）输入命令 offset，将 G 线向上偏移 5、6.5，B 线分别向左、右偏移 3.5，如图 5-241 所示。

（10）输入命令 fillet，将图 5-241 中的 X 点和 Y 点所在角以 1.5 为半径倒圆角。

（11）输入命令 trim，修剪多余的线段，效果如图 5-242 所示。

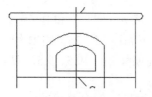
图 5-240　修剪、删除操作后的效果

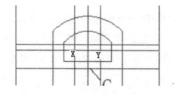
图 5-241　偏移直线

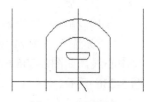
图 5-242　倒圆角

（12）输入命令 offset，将 G 线分别向下偏移 7、10、13、16、23.5、26.5、29.5、32.5，B 线（垂直中心线，如图 5-236 所示）分别向两侧偏移 3.5，如图 5-243 所示。

（13）输入命令 arc，以相应的 3 个交点为定点绘制圆弧，效果如图 5-244 所示。

（14）输入命令 erase，删除辅助线。

（15）输入命令 trim，对图形进行修剪，如图 5-245 所示。

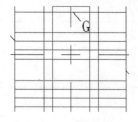
图 5-243　偏移复制

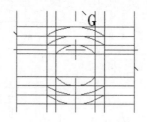
图 5-244　绘制圆弧

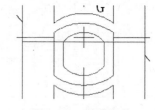
图 5-245　修剪操作

（16）输入命令 offset，将 G 线向下偏移 16、24，将 B 线（垂直中心线，如图 5-236 所示）向右偏移 13.5、16.5，如图 5-246 所示。

（17）输入命令 fillet，将偏移线的右上角和右下角以 1.5 为半径倒圆角，如图 5-247 所示。

（18）输入命令 trim，对图 5-247 进行修剪，完成床头柜的绘制，效果如图 5-248 所示。

图 5-246　偏移复制

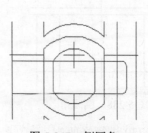
图 5-247　倒圆角

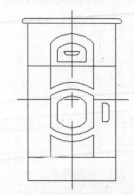
图 5-248　修剪并整理后的床头柜效果

（19）尺寸标注（略）。

6. 形变在电气图中的应用实例

例 5-30 绘制如图 5-249 所示的手电筒电路模型（所使用的电气简图用图形符号与国际电工委员会 IEC 制定的国际标准 IEC617:1983 兼容）。

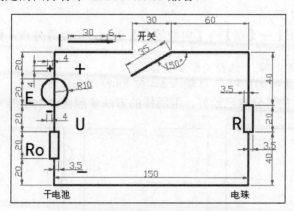

图 5-249　手电筒电路模型图

绘图要点：可以以毫米为单位设置 297×210 的图形范围；电动势、电阻、开关等部件的位置可以通过等分点来定位；空心电阻可通过打断命令，在线路中挖洞来绘制。

绘图步骤：

1）环境设置

（1）创建图形文件。选择【工具】→【新建】命令，在打开的对话框中单击【打开】按钮旁边的三角符号，在弹出的下拉列表中选择【无样板打开-公制（M）】选项。

（2）设置绘图单位。选择【格式】→【单位】命令，将图形单位设为"毫米"，精度设为 0.0。

（3）设置绘图区域。选择【格式】→【图形界限】命令，分别输入（0，0）和（297，210），将图形范围（图幅）设为 297×210，并选择【视图】→【缩放】→【全部】命令显示绘图区域。

（4）设置绘图辅助工具及参数。选择【工具】→【草图设置】命令，在打开的对话框中选择【对象捕捉】选项卡，选中【启用对象捕捉】、【启用对象捕捉追踪】、【端点】、【中点】、【交点】复选框，在状态栏中打开【正交】、【对象捕捉】、【对象追踪】工具。

（5）创建【实体】（蓝色，线宽 0.3，实线）、【文字】（黑色）、【标注】（绿色）图层。

（6）设置线宽显示。选择【格式】→【线宽】命令，在弹出的对话框中选中【显示线宽】复选框，单击【确定】按钮。

2）绘制实体

（1）进入【实体】图层。

（2）单击【绘图】工具栏中的 ▢ 按钮，在正交模式下绘制 150×100 的矩形，然后将其分解。

命令：_rectang
指定第一个角点或 [倒角(C)/标高(E)/圆角(F)/厚度(T)/宽度(W)]:（在屏幕左下方拾取一点，

鼠标向右上方移动）

指定另一个角点或 [面积(A)/尺寸(D)/旋转(R)]:@150,100（输入"@150，100"，按 Enter 键）

命令：_explode

选择对象：找到 1 个（选择矩形）

选择对象：✓ （按 Enter 键结束命令）

（3）设置点的样式。选择【格式】→【点样式】命令，在打开的对话框中选择第四种样式，点大小设置为 5%。

（4）选择【绘图】→【点】→【定数等分】命令，绘制等分点，如图 5-250（a）所示。

命令：_divide

选择要定数等分的对象：（选择矩形左垂直边）

输入线段数目或 [块(B)]:5✓ （输入 5，按 Enter 键结束命令）

此时，左边线上的等分点已绘好，用同样的方法参照图 5-250（a）完成其他点的绘制。

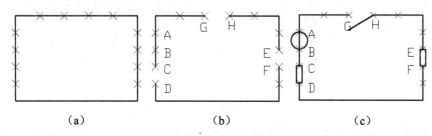

（a） （b） （c）

图 5-250 手电筒电路模型绘制过程一

（5）单击【修改】工具栏中的【打断】按钮 ，参考图 5-250（b）打断直线。

命令：_break 选择对象：（选择矩形左边垂直线）

指定第二个打断点 或 [第一点(F)]: f（输入参数 f）

指定第一个打断点：（拾取图 5-250（b）中的 C 点）

指定第二个打断点： （拾取图 5-250（b）中的 D 点）

此时，左边线下方的洞已打好，用同样的方法参照图 5-250（b）完成其他打断。

（6）单击【绘图】工具栏中的 按钮，选择【两点】方式绘制电动势 E（圆），效果如图 5-250（c）所示。

命令：_circle 指定圆的圆心或 [三点(3P)/两点(2P)/切点、切点、半径(T)]: _2p 指定圆直径的第一个端点：（拾取图 5-250（b）中的 B 点）

指定圆直径的第二个端点： （拾取图 5-250（b）中的 A 点）

（7）单击【绘图】工具栏中的 按钮，绘制开关，效果如图 5-250（c）所示。

命令：_line 指定第一点：（拾取图 5-250（b）中的 H 点）

指定下一点或 [放弃(U)]:@35<-150（鼠标向矩形中心移动，输入"35<-150"，按 Enter 键）

指定下一点或 [放弃(U)]: ✓ （按 Enter 键结束命令）

（8）确定已选中【草图设置】对话框中的【启用对象捕捉追踪】复选框，单击【绘图】工具栏中的 按钮，绘制电源内阻 Ro。

命令：_rectang

指定第一个角点或 [倒角(C)/标高(E)/圆角(F)/厚度(T)/宽度(W)]: 3.5（将鼠标在图 5-250（b）中的 C 点稍做停留，然后沿水平方向向左移动，输入内阻的半宽 3.5，按 Enter 键）

指定另一个角点或 [面积(A)/尺寸(D)/旋转(R)]:@7,-20（将鼠标向 D 点移动，输入"@7，-20"，按 Enter 键）

（9）参考第（8）步绘制代表电珠的电阻 R，效果如图 5-250（c）所示。

（10）电源的正负号可以使用文字工具来绘制，也可利用矩形（参考尺寸 4×4）对边中点的连线来绘制，如图 5-251（a）和图 5-251（b）所示。

　　（11）单击【绘图】工具栏中的 ╱→ 按钮，绘制电流流向符号。

```
命令：_pline
指定起点：（在矩形左上角附近拾取一点）
当前线宽为  0.0000
指定下一个点或 [圆弧(A)/半宽(H)/长度(L)/放弃(U)/宽度(W)]：30（将鼠标向右移动，输入 30）
指定下一点或 [圆弧(A)/闭合(C)/半宽(H)/长度(L)/放弃(U)/宽度(W)]：w（输入参数 w）
指定起点宽度 <0.0000>：5（输入起点宽度）
指定端点宽度 <6.0000>：0（输入终点宽度）
指定下一点或 [圆弧(A)/闭合(C)/半宽(H)/长度(L)/放弃(U)/宽度(W)]：6（输入箭头长度 6）
指定下一点或 [圆弧(A)/闭合(C)/半宽(H)/长度(L)/放弃(U)/宽度(W)]：↙（按 Enter 键结束）
```

　　（12）绘制说明文字（参考第 7 章相关内容），采用黑体，字高为 10，效果如图 5-251（c）所示。

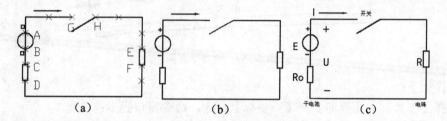

(a)　　　　　　　　(b)　　　　　　　　(c)

图 5-251　手电筒电路模型绘制过程二

3）进行尺寸标注
具体操作步骤略。
4）完成绘图过程
至此，便完成了手电筒电路模型图的绘制。

5.7　图形信息查询

　　在运用 AutoCAD 作图的过程中，图形对象的一些信息，如点的坐标、直线的长度、区域的面积和周长等会自动保存在图形数据库中，用户可以根据需要进行查询。

5.7.1　坐标点查询

　　坐标点查询用于查询指定点的坐标值，图形的坐标值是以 X、Y、Z 形式表示的，对于二维图形，Z 坐标值为零。查询点坐标的方法如下。
　　方法一：选择【工具】→【查询】→【点坐标】命令。
　　方法二：单击【查询】工具栏中的【点坐标】按钮 。
　　方法三：在命令行输入命令 id。

使用上述任一种方法启动命令后，命令窗口提示：

命令:'_id
指定点:

直接在窗口中拾取一点，或通过捕捉方式捕捉对象上某一点，在命令窗口中将显示该点在当前坐标系统中的坐标值，如：

X = 1157.5141   Y = 164.5412   Z = 0.0000

例 5-31　查询图 5-252 中 B 点（基桩点）的坐标值。

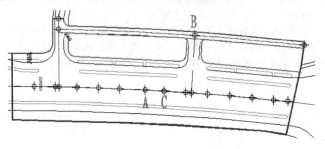

图 5-252　道路平面图

操作如下：

选择【工具】→【查询】→【点坐标】命令，命令窗口提示：

命令:'_id 指定点:　　（拾取 B 点）
 X = 1193.174   Y =1097.074   Z = 0.000   （因涉及机密问题此处数据已做了处理）

5.7.2　距离查询

距离查询用于查询指定两点间的距离及两点连线的方位角。查询距离的方法如下。

方法一：选择【工具】→【查询】→【距离】命令。

方法二：单击【查询】工具栏中的【距离】按钮 。

方法三：在命令行输入命令 dist。

使用上述任一种方法启动命令后，命令窗口提示：

命令:'_dist
指定第一点:　　（指定要查询直线的第一点）
指定第二点:　　（指定要查询直线的第二点）

在命令窗口中将显示该直线的距离、在 XY 平面上的投影与 X 轴正方向的夹角、与 XY 平面间的夹角以及 X 坐标差值、Y 坐标差值、Z 坐标差值等信息。如：

距离 = 646.0605，XY 平面中的倾角（这里的"倾角"与上面文字中的"夹角"用词不一致） = 36，　与 XY 平面的夹角 = 0
X 增量 = 523.4172，　Y 增量 = 378.7196，　Z 增量 = 0.0000

★★提示：拾取点的顺序不同，将直接导致查询结果的不同。

例 5-32　查询图 5-252（例 5-31 中图样）中桩点 A 与桩点 C 之间的距离。

操作如下：

选择【工具】→【查询】→【距离】命令，命令窗口提示：

命令:'_dist 指定第一点：　（拾取 A 点）

指定第二点：　（拾取 C 点）

距离 = 17.559，XY 平面中的倾角 = 356.986，　　与 XY 平面的夹角 = 0.000

X 增量 = 17.535，　　Y 增量 = -0.923，　　　Z 增量 = 0.000

5.7.3　面积查询

面积查询用于查询面（圆、椭圆、矩形、正多边形）区域对象或以多个点为顶点构成的多边形区域的面积和周长，并可以进行面积的加减运算。查询面积的方法如下。

方法一：选择【工具】→【查询】→【面积】命令。

方法二：单击【查询】工具栏中的【面积】按钮 。

方法三：在命令行输入命令 area。

使用上述任一种方法启动命令后，命令窗口提示：

命令: _area

指定第一个角点或 [对象(O)/加(A)/减(S)]:

- ❑　指定第一个角点：为默认选项，用于查询指定点为顶点构成的多边形区域的面积和周长。指定第一点后，命令窗口提示：

指定下一个角点或按 ENTER 键全选：

指定一系列角点后按 Enter 键，命令窗口将显示指定角点构成的多边形区域的面积和周长，如：

面积 = 569715.2347，周长 = 3216.6557

- ❑　对象(O)：用于查询指定区域对象的面积。

命令窗口提示：

指定第一个角点或 [对象(O)/加(A)/减(S)]:　o✓

选择对象：　（选择要查询面积的对象）

命令窗口将显示选择对象的面积和周长，如：

面积 = 538568.1128，周长 = 2601.5085

★★提示：（1）选择的对象可以是圆、椭圆、矩形、正多边形、样条曲线等；（2）对于不封闭的多段线和样条曲线，系统将假定其闭合，然后计算其闭合区域的面积，但周长是按实际长度计算的。

- ❑　加(A)：加模式切换，不仅可以查询指定对象的面积和周长，还可以将新查询的面积加到总面积中。

指定第一个角点或 [对象(O)/加(A)/减(S)]:　a✓

命令含义分别如下。

- ➢　指定第一个角点：通过指定角点计算多边形区域的面积和周长。

指定第一个角点或 [对象(O)/减(S)]: （指定第一个角点）

指定下一个角点或按 ENTER 键全选 （"加"模式）: （依次指定其他角点）

命令窗口将显示选择的第一个对象的面积、周长和总面积，如：

面积 = 465956.5273，周长 = 2786.1680

总面积 = 465956.5273

命令窗口继续提示：

指定第一个角点或 [对象(O)/减(S)]:

可通过指定点或选择对象方式查询其他对象的面积和总面积，并可切换到"减"模式。

> 对象(O)：用于查询多个对象的面积，并累加各对象的面积。

指定第一个角点或 [对象(O)/减(S)]: o✓

（"加"模式） 选择对象: （选择要查询面积的第一个对象）

命令窗口将显示选择的第一个对象的面积、周长和总面积，如：

面积 = 516189.1283，周长 = 2738.7346

总面积 = 516189.1283

（"加"模式） 选择对象: （选择要查询面积的第二个对象）

命令窗口将显示选择的第二个对象的面积、周长和总面积（第一个选择对象的面积加上第二个选择对象的面积），如：

面积 = 678534.8057，周长 = 3296.2743

总面积 = 990321.8389

（"加"模式） 选择对象: （依次选择其他要查询面积的对象）

按 Enter 键后停止（结束）"加"模式，执行其他模式。

指定第一个角点或 [对象(O)/减(S)]:

★提示：当执行"加"模式查询面积时，如果只选择了第一个对象，则总面积与选择的第一个对象的面积相等，如果只选择了第二个对象，则总面积=第一个对象的面积+第二个对象的面积，依此类推。

❏ 减(S)：减模式切换，不仅可以查询指定对象的面积和周长，还可以将新查询的面积从总面积中减去。

指定第一个角点或 [对象(O)/减(S)]: s✓

指定第一个角点或 [对象(O)/加(A)]: （选择要查询面积的对象或通过指定角点计算多边形区域的面积和周长）

（"减"模式） 选择对象:

命令窗口将显示选择的对象的面积、周长和总面积（原总面积减去选择对象的面积后的面积），如：

面积 = 678534.8057，周长 = 3296.2743

总面积 = 827976.1615

按 Enter 键后停止（结束）"减"模式，执行其他模式。

指定第一个角点或 [对象(O)/加(A)]

例 5-33 查询如图 5-253 所示圆的面积。

图 5-253 圆形

操作如下：

选择【工具】→【查询】→【面积】命令，命令窗口提示：

命令：_area
指定第一个角点或 [对象(O)/加(A)/减(S)]：o （输入参数 o，并按 Enter 键，以便选择要查询面积的对象）
选择对象： （拾取图 5-253 中的圆）
面积 = 2796.922，圆周长 = 187.476 （系统显示信息）

5.7.4 面域/质量特性查询

质量特性查询命令可以计算并显示面域或实体的质量特性，如面积、质心和边界框等信息。质量特性查询的方法如下。

方法一：选择【工具】→【查询】→【面域/质量特性】命令。

方法二：单击【查询】工具栏中的【面域/质量特性】按钮 📊。

方法三：在命令行输入命令 massprop。

使用上述任一种方法启动命令后，命令窗口提示：

命令：_massprop
选择对象： （选择要查询面域/质量特性的对象）
选择对象： （可以多选，按 Enter 键结束选择并执行查询命令）

查询结果显示在 AutoCAD 文本窗口中，如图 5-254 所示。选择的对象类型不同，显示的内容也不同。

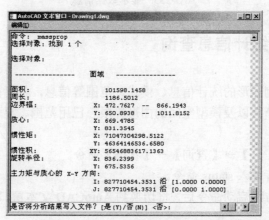

图 5-254 显示面域/质量特性信息

5.7.5 对象数据库信息列表查询

列表显示可以查询对象类型、对象图层、坐标值、对象的一些几何特性等信息，并以列表形式显示。查询方法如下。

方法一：选择【工具】→【查询】→【列表显示】命令。

方法二：单击【查询】工具栏中的【列表显示】按钮 。

方法三：在命令行输入命令 list。

使用上述任一种方法启动命令后，命令窗口提示：

命令: _list

选择对象: （选择要查询的对象）

选择对象: （可按住 Shift 键选择多个要查询的对象，按 Enter 键结束选择并执行查询）

查询结果显示在 AutoCAD 文本窗口中，如图 5-255 所示。选择的对象类型不同，显示的内容也不同。

图 5-255　显示数据信息

5.7.6 图形状态统计信息查询

查询状态可以查询图形的统计信息、模式、范围等信息，包括图形文件的保存路径、文件名、包含的对象个数以及模型空间的图形界限、已用范围、显示范围等。查询状态的方法如下。

方法一：选择【工具】→【查询】→【状态】命令。

方法二：在命令行输入 status 命令。

使用上述任一种方法启动命令后，将切换到 AutoCAD 文本窗口，显示如图 5-256 所示的信息。

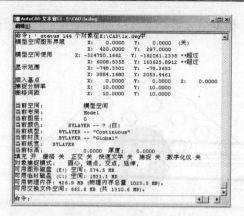

图 5-256　显示统计信息

5.7.7　图形时间属性信息查询

查询时间可以查询当前图形的日期和时间的统计信息，如当前时间、图形的创建时间等。查询时间的方法如下。

方法一：选择【工具】→【查询】→【时间】命令。

方法二：在命令行输入命令 time。

使用上述任一种方法启动命令后，将切换到 AutoCAD 的文本窗口，显示类似图 5-257所示的信息。

图 5-257　显示时间信息

各项信息的含义如下。

- ❑　当前时间：当前的日期和时间。
- ❑　创建时间：当前图形创建的日期和时间。
- ❑　上次更新时间：当前图形最后一次修改的日期和时间。
- ❑　累计编辑时间：编辑当前图形的总时间。
- ❑　消耗时间计时器：运行 AutoCAD 的同时运行另一个计时器。
- ❑　下次自动保存时间：显示下一次自动保存的时间间隔。

5.8　自　由　创　作

例　机器人是当代高新技术综合的产物，模型机器人将逐渐成为素质教育、技能实践的选题之一，各种机器人赛事正方兴未艾。试绘制如图 5-258 所示的甲壳虫机器人。

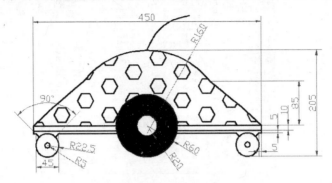

图 5-258   甲壳虫机器人

绘图要点：可以以毫米为单位设置 800×600 的图形范围；可以考虑使用矩形的顶和中点来定位。

绘图步骤：

1. 环境设置

（1）创建图形文件。使用"无样板打开-公制（M）"方法创建。

（2）设置绘图单位。选择【格式】→【单位】命令，设置单位为"毫米"。

（3）设置图形界限为（0，0）到（800，600），并选择【视图】→【缩放】→【全部】命令显示绘图区域。

（4）设置绘图辅助工具及参数。选择【工具】→【草图设置】命令，在打开的对话框中选择【对象捕捉】选项卡，选中【启用对象捕捉】、【启用对象捕捉追踪】、【端点】、【中点】、【交点】复选框，在状态栏中打开【正交】、【对象捕捉】、【对象追踪】工具。

（5）创建【实体】（图层颜色为蓝色，线宽为 0.3，实线）、【文字】（图层颜色为黑色）、【标注】（图层颜色为绿色）图层。

（6）设置线宽显示。选择【格式】→【线宽】命令，在打开的对话框中选中【显示线宽】复选框，单击【确定】按钮。

2. 绘制壳体左半部主要轮廓

（1）进入【实体】层，打开正交模式。

（2）绘制矩形（快捷命令 rec）。参考图 5-259（a）在屏幕左下角绘制两个矩形，大小分别为 225×5 和 225×10。

```
命令：_rectang
指定第一个角点或 [倒角(C)/标高(E)/圆角(F)/厚度(T)/宽度(W)]：（在屏幕上拾取一点）
指定另一个角点或 [面积(A)/尺寸(D)/旋转(R)]：@225,5（输入"@225，5"，按 Enter 键）
```

另一个矩形绘制方法类似。

（3）绘制直线（快捷命令 l）。在图 5-259（a）中的 A 点处向上绘制长为 300 的垂直线。

```
命令：_line 指定第一点：（拾取 A 中点）
指定下一点或 [放弃(U)]：（鼠标向上移动，输入 300）
指定下一点或 [放弃(U)]：✓    （按 Enter 键结束命令）
```

（4）偏移（快捷命令 o）。将图 5-259（a）中的垂直线分别向左偏移 220 和 197.5。

命令：_offset
当前设置：删除源=否　　图层=源　　OFFSETGAPTYPE=0
指定偏移距离或 [通过(T)/删除(E)/图层(L)] <4.0000>：220（输入偏移距离）
选择要偏移的对象，或 [退出(E)/放弃(U)] <退出>：（选择垂直线）
指定要偏移的那一侧上的点，或 [退出(E)/多个(M)/放弃(U)] <退出>：（在左方拾取点）

依照此法来完成另外一条偏移线的绘制，效果如图 5-259（b）所示。

（5）绘制圆（快捷命令 c）。以图 5-259（a）中的 A 点为圆心绘制半径分别为 160、100、40 的图，效果如图 5-259（c）所示。

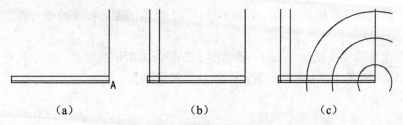

(a)　　　　　　　　　(b)　　　　　　　　　(c)

图 5-259　甲壳虫机器人绘制过程一

（6）绘制直线（快捷命令 l）。参考图 5-260（a），绘制两个小圆的足够长的水平切线。

（7）绘制圆弧（快捷命令 a）。参考图 5-260（a），过 D、C、B 3 点绘制圆弧。

命令：_arc　指定圆弧的起点或 [圆心(C)]：　（拾取起点 D）
指定圆弧的第二个点或 [圆心(C)/端点(E)]：　（拾取第二点 C）
指定圆弧的端点：　（拾取第三点 B）

（8）修剪（快捷命令 tr）大圆。参考图 5-260（b）进行修剪。

命令：_trim
选择剪切边…
选择对象或 <全部选择>：　（选择最右边和最上方的正交线作为剪切边）
选择对象：　（按 Enter 键结束选择）
选择要修剪的对象，或按住 Shift 键选择要延伸的对象，或（选择圆的右半边）
[栏选(F)/窗交(C)/投影(P)/边(E)/删除(R)/放弃(U)]：　（按 Enter 键结束命令）

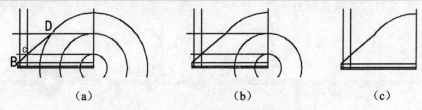

(a)　　　　　　　　　(b)　　　　　　　　　(c)

图 5-260　甲壳虫机器人绘制过程二

（9）删除（快捷命令 e）两个小圆及它们的切线，效果如图 5-260（c）所示。

3. 绘制自由轮

（1）绘制直线（快捷命令 l）。参考图 5-261（a），由中间垂直线（矩形除外）最下端端点出发向下绘制长度为 45 的垂直线。

（2）绘制圆（快捷命令 c）。以第（1）步绘制的垂直线段的中点为圆心绘制半径为 22.5

的圆，效果如图 5-261（a）所示。

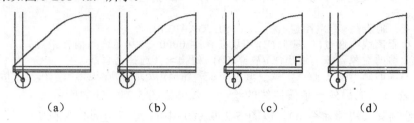

（a） （b） （c） （d）

图 5-261　甲壳虫机器人绘制过程三

（3）绘制直线（快捷命令 l）。由图 5-261（a）中圆的圆心出发绘制一条直线到最左边的垂直线（矩形线除外）的下方端点。

（4）镜像直线（快捷命令 mi）。参考图 5-261（b）所示的效果，以中间垂直线（矩形线除外）为镜像位置，将由圆心出发绘制的线段镜像到另一边。

命令：_mirror

选择对象：　（选择要镜像的线段）

选择对象：　（按 Enter 键结束选择）

指定镜像线的第一点：　（选择 5-261（b）中间垂直线上端点）

指定镜像线的第二点：　（选择 5-261（b）中间垂直线下端点）

要删除源对象吗？[是(Y)/否(N)] <N>：　（按 Enter 键结束命令）

（5）修剪（快捷命令 tr）。以圆为剪切边（剪刀）将圆内斜线剪掉，效果如图 5-261（c）所示。

（6）修剪（快捷命令 tr）。对比图 5-261（c）和图 5-261（d），以圆周上的两条斜线为剪切边（剪刀）将小矩形的上水平边进行修剪，效果如图 5-261（d）所示。

4. 绘制驱动轮和天线

（1）删除（快捷命令 e）图 5-261（d）中右边的两条垂直线（矩形线除外）。

（2）镜像（快捷命令 mi）。参考图 5-262（a）所示的效果，拾取 F 点、G 点直线作为镜像位置，将所有对象镜像到另一边。

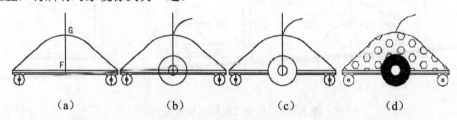

（a） （b） （c） （d）

图 5-262　甲壳虫机器人绘制过程四

（3）绘制圆（快捷命令 c）。以图 5-262（a）中的 F 点为圆心绘制两个半径分别为 60 和 20 的圆，效果如图 5-262（b）所示。

（4）修剪（快捷命令 tr。按图 5-262（c）所示的效果，以大圆为剪切边，修剪出驱动轮轮廓。

（5）绘制样条曲线（快捷命令 spl），即天线。按图 5-262（c）所示的效果进行绘制。

（6）删除（快捷命令 e）辅助线。对比图 5-262（c）和图 5-262（d），删除垂直辅助线。

（7）填充（快捷命令 h）壳体和驱动轮。壳体填充参数设置如图 5-263 所示，注意采用 5 倍的比例，通过"添加：拾取点"在壳体内拾取一点来选择填充边界。驱动轮使用"其他预定义"中的 SOLID 图案填充，其他类似。

图 5-263　甲壳虫机器人壳体填充参数设置

5. 绘图完成

至此，便完成了甲壳虫机器人的绘制。

例　设计一款类似于图 5-264 所示的"机器人"，未标注尺寸可以自由发挥（步骤略）。

例　设计一款类似于图 5-265 所示花瓶中的小花，如图 5-266 和 5-267 所示。未标注尺寸可以自由发挥。

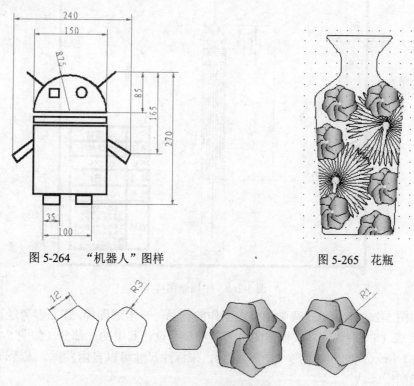

图 5-264　"机器人"图样　　　　　　　　图 5-265　花瓶

图 5-266　红色小花绘制过程

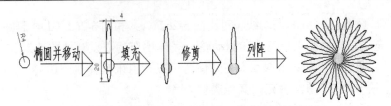

图 5-267　黄色小花绘制过程

绘图要点：可以以毫米为单位设置 297×210 的图形范围；使用面形图元、填充、阵列、修剪等命令来绘制（其他步骤略）。

例　设计一款类似于图 5-268 所示的"中国结"图。未标注尺寸可以自由发挥（步骤略）。

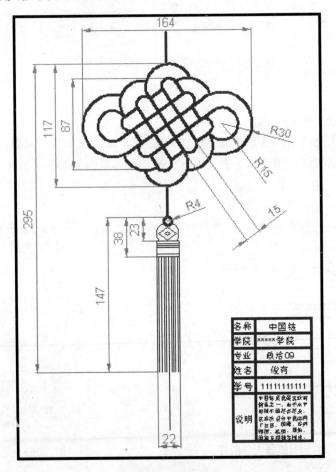

图 5-268　中国结图样

例　如图 5-269 所示是一幅学生自由创作的作品——卡通图样。作品参考经典漫画《多拉 A 梦》完成（非临摹品），试根据图中的参考尺寸设计其中的一部分（如图 5-270（a）~图 5-270（c）所示）或全部图形（文字除外），未标注尺寸可以自由发挥。或者设计一款你喜欢的卡通图。

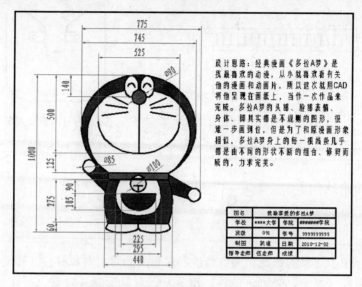

图 5-269 自由创作作品——卡通图样

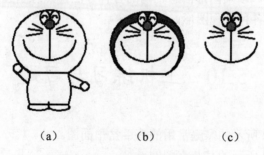

（a）   （b）   （c）

图 5-270 卡通图样局部图形

例 如图 5-271 所示是一幅学生自由创作的作品——时尚包图样（非临摹品）。试根据图中的参考尺寸设计其中的一部分或全部图形，未标注尺寸可以自由发挥，或者设计一款你喜欢的时尚包。

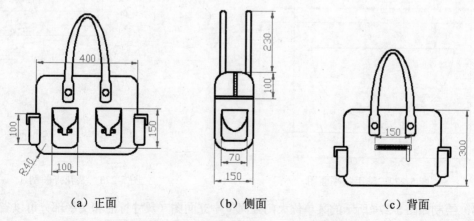

（a）正面   （b）侧面   （c）背面

图 5-271 自由创作作品——时尚包图样

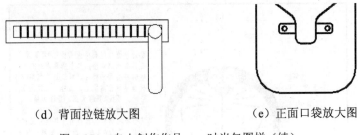

（d）背面拉链放大图　　　　　　　　　（e）正面口袋放大图

图 5-271　自由创作作品——时尚包图样（续）

5.9　小　　结

本章详细介绍了对象的选择、夹点修改、对象的删除、对象移位（移动、拉伸、缩放、旋转）、对象复制（复制、阵列、偏移、镜象）、对象形变（修剪、延伸、延长、断开、倒角、圆、分解、合并）以及图形信息查询的各种方法。熟练掌握这些图形的编辑功能，可以准确、高效地绘制各种工程图形。

5.10　上机练习与习题

1．绘制如图 5-272 所示的家庭常用的洗手盆平面图。

2．绘制如图 5-273 所示的某花卉图例。

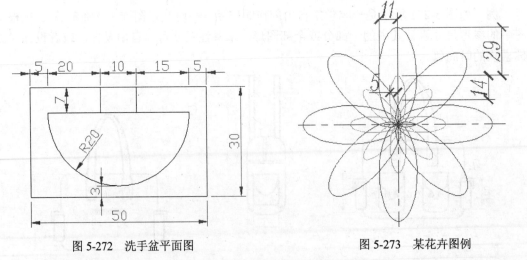

图 5-272　洗手盆平面图　　　　　　　　　图 5-273　某花卉图例

3．绘制如图 5-274 所示的某单位大门处岗位亭立面图（尺寸标注和文字部分可以省略）。

4．绘制如图 5-275 所示的机械零件图。

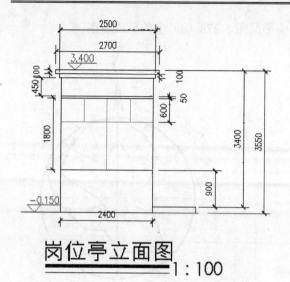

岗位亭立面图

1∶100

图 5-274　某单位大门处岗位亭立面图

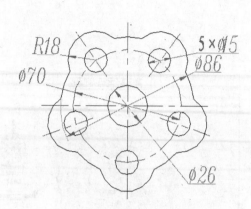

图 5-275　某机械零件图

5. 绘制如图 5-276 所示的路桥图。

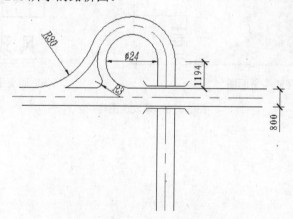

图 5-276　某路桥平面图

6. 绘制某品牌多功能锅电气原理图（如图 5-277 所示），未标尺寸可参考第 11 章相关例子。

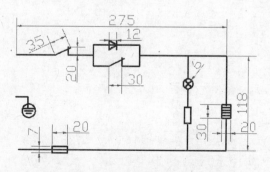

图 5-277　某品牌多功能锅电气原理图

7. 绘制如图 5-278（b）所示的用于码头平面图 5-278（a）上的风玫瑰图。

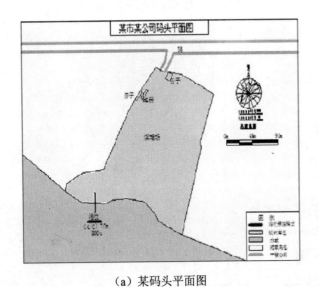

（a）某码头平面图

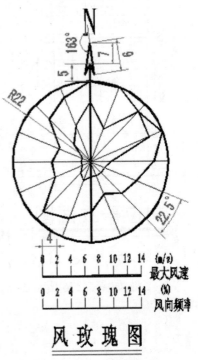

（b）码头平面图中的风玫瑰图

图 5-278　风玫瑰图样

第6章 图层设计

图层是用户组织和管理图形对象的一个有力工具，使用图层可以管理和控制复杂的图形。在绘图时，可以把不同种类和用途的图形分别置于不同的图层中，从而实现对同类图形的统一管理。

6.1 图层的概念与应用

6.1.1 图层的概念

图层的概念很重要，正确理解图层的概念有助于设置图层并利用其进行绘图和编辑。在 AutoCAD 中，可以将图层假想为完全重合在一起的透明纸，用户可以在上面组织和编辑各种不同的图形信息。绘图时，可以将基准线、轮廓线、剖面线、尺寸标注以及文字说明等元素进行归类并划分成单独的图层，不仅使图形的信息清晰、有序，而且便于图形的编辑、修改和输出。通过创建图层，可以将类型相似的对象指定给同一个图层使其相关联。例如，绘制图 6-1（a）所示的螺母，使用两个图层——"轮廓线层"和"尺寸标注层"，将螺母的轮廓线和尺寸标注绘制在这两张透明纸（图层）上，如图 6-1（b）所示，然后将这两张透明纸叠加在一起就形成了螺母图形。

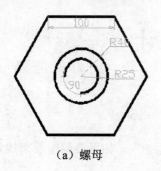
（a）螺母

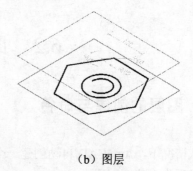
（b）图层

图 6-1 图层的概念

6.1.2 图层的用途

确定一个图形对象，除了必须给出它的几何数据（如确定位置和形状等）以外，还要给定它的线型、线宽、颜色和状态等非几何数据（图形所具有的这些非几何信息称为图形的属性）。例如，为了绘制一段直线，除了必须指定它的两个端点的坐标以外，还要说明绘制这段直线所用的线型（实线、虚线等）、线宽（线条的粗细）和颜色。

引入了图层这个概念以后，只要事先指定每一个图层的线型、线宽、颜色和状态等属性，便可将具有与之相同属性的所有图形对象都放到该图层上。这样，在绘制图形时，只需指定每个图形对象的几何数据和其所在的图层即可，从而既可使绘图过程得到简化，又便于对图形的管理。

用户在绘图时，按需要先创建几个图层，每个图层设置不同的颜色、线型和线宽。例如，要绘制一个机械零件图，需要创建 4 个图层：第一个是用于绘制外形轮廓线的图层，并为该图层指定白颜色、Continuous 线型和 0.5 线宽；第二个是用于绘制中心线的图层，并为该图层指定红颜色和 CENTER 线型；第 3 个是用于绘制虚线的图层，并为该图层指定蓝颜色和 DASHED 线型；第 4 个是用于标注尺寸和文本的图层，并为该图层指定黄颜色和 Continuous 线型。线宽不具体说明就采用默认值，如图 6-2 所示。

图 6-2　图层示意图

在绘制和编辑过程中，可以随时切换图层绘图，而无须在每次绘制某种图线时去设置线型和颜色。如果不想显示或输出图形中的某些内容，则可以关闭其对应的图层。

总之，图层的应用使得用户在组织图形时拥有极大的灵活性和可控性。组织图形时，最重要的一步就是要规划好图层的结构。例如，图形的哪些部分放置在哪一个图层上，总共需设置多少个图层，每个图层的命名、线型、线宽与颜色等属件如何设置等。

6.2　图层的设计

6.2.1　图层的创建与命名

默认情况下，AutoCAD 自动创建一个图层即"图层 0"。如果要用图层来规划自己的图形，必须先创建新图层。

创建新图层的方法如下。

方法一：选择【格式】→【图层】命令。

方法二：在功能区的【常用】选项卡中单击【图层特征】按钮　。

方法三：在命令行输入 layer 命令。

使用上述任一种方法激活图层命令后，系统弹出【图层特性管理器】对话框，如图 6-3

所示。

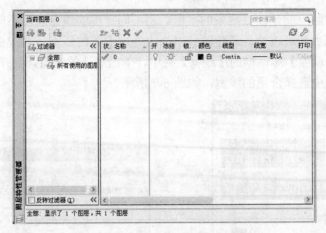

图 6-3 【图层特性管理器】对话框

在【图层特性管理器】对话框中有 4 个按钮 ，最左边的按钮就是【新建图层】按钮。单击 按钮，即可新建一个图层，新建的图层以临时名称【图层 1】或【图层 2】显示在列表中，用户可以输入新的图层名称，图层的其他特性（如线型、线宽、颜色）与新建图层前选定的某个图层的特性一致，用户可以根据需要进行相关设置，最后单击【确定】按钮即可完成新图层的创建。

6.2.2 图层的参数设置

1. 设置图层的颜色

默认情况下，新建图层的颜色为白色或上一层设置的颜色。但是在绘制复杂图形时，为了容易区分图形的各个部分，可以将不同图层设置为不同的颜色。具体设置过程如下：

在【图层特性管理器】对话框中，单击要修改颜色的图层的【颜色】列，将弹出【选择颜色】对话框，选择合适的颜色，然后单击【确定】按钮即可，如图 6-4 所示。

2. 设置图层的线型

线型是指作为图形基本元素的线条的组成和显示方式，如实线、虚线、点划线等。在 AutoCAD 中提供了多种线型，基本上可以满足不同国家和不同行业标准的要求。新建的线型为上一层设置的线型。改变线型的方法如下：

（1）在【图层特性管理器】对话框中，单击要修改线型的图层的【线型】列，弹出【选择线型】对话框，如图 6-5 所示。

默认状态下，在【选择线型】对话框的【已加载的线型】列表框中只有 Continuous（实线）一种线型，如果要使用其他线型，必须将其添加到【已加载的线型】列表框中。

（2）单击【加载】按钮，弹出【加载或重载线型】对话框，如图 6-6 所示。

可以根据需要加载合适的线型，这里选择 CENTER 线型，然后单击【确定】按钮。

3. 设置图层的线宽

线宽的设置实际上就是改变线条的宽度。用不同宽度的线条表现不同类型的对象，可以提高图形的表现力和可读性。新建的线宽为上一层设置的线宽，要改变该图层的线宽，可在【图层特性管理器】对话框的【线宽】列中，单击默认的线宽，打开【线宽】对话框，在【线宽】列表框中选择合适的线宽，如图 6-7 所示。

图 6-4 【选择颜色】对话框

图 6-5 【选择线型】对话框

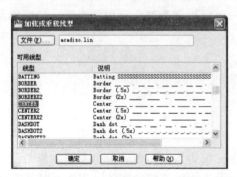

图 6-6 【加载或重载线型】对话框

图 6-7 【线宽】对话框

6.3　图层的显示与控制

图层的显示与控制可以通过【图层特性管理器】对话框进行。利用 6.2.1 节所列的方法打开【图层特性管理器】对话框，如图 6-8 所示。

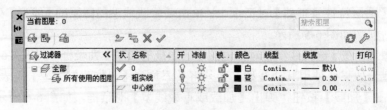

图 6-8 图层的显示与控制示例

6.3.1　图层的状态控制

1. 状态

在 AutoCAD 2010 的【图层特性管理器】对话框的图层列表中有【状态】列，显示了图层和过滤器的状态。其中，被删除的图层标识为×，当前图层标识为√，如图 6-8 所示。

2. 开关状态

在【图层特性管理器】对话框中，通过单击【开】列对应的小灯泡图标，可以打开或关闭图层。在"开"状态下，灯泡的颜色为黄色，该图层上的图形可以显示，也可以在输出设备上打印。在"关"状态下，灯泡的颜色为灰色，该图层上的图形不能显示，也不能打印输出。

3. 冻结/解冻

在【图层特性管理器】对话框中，通过单击【冻结】列对应的太阳或雪花图标，可以冻结或解冻图层。

如果图层被冻结，此时显示雪花图标，该图层上的图形对象不能被显示出来，也不能打印输出，而且也不能编辑或修改该图层上的图形对象；如果图层被解冻，此时将显示太阳图标，图层上的图形对象能够显示，也能够打印输出，并且可以在该图层上编辑图形对象。

★★提示：不能冻结当前层，也不能将冻结层改为当前层，否则将会弹出警告信息对话框。

4. 锁定/解锁

在【图层特性管理器】对话框中，用户通过单击【锁定】列对应的关闭或打开小锁图标，从而锁定或解锁图层。锁定状态并不影响该图层上图形对象的显示。在锁定状态下，不能编辑锁定图层上的对象，但可以对锁定图层上的对象应用对象捕捉，并可以执行不导致图形对象被修改的其他操作。

从可见性来说，冻结的图层与关闭的图层都是不可见的，但关闭的图层参加消隐和渲染，不可打印，打开图层时不会重新生成图形。而冻结的图层则不同，解冻图层时将重新生成图形，所以在复杂的图形中冻结不需要的图层可以加快系统重新生成图形时的速度。锁定的图层在解锁后可以对图层上的对象进行修改。

6.3.2　图层的过滤

图层过滤器可以控制【图层特性管理器】对话框中列出的图层名，并且可以按图层名或图层特性（如颜色或可见性）对其进行排序。在大型图形中，利用图层过滤器可以仅显示要处理的图层。下面介绍几种过滤图层的方法。

1. 按名称快速过滤图层

（1）在【图层特性管理器】对话框中，单击【搜索图层】文本框。

（2）（可选）要限制搜索范围，可选择一个图层过滤器。

（3）输入字符串，包括通配符。例如，如果输入"*实线*"，则显示图层名称中包含字符"实线"的所有图层，如图 6-9 所示。

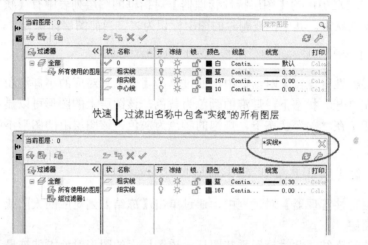

图 6-9　按名称快速过滤图层

2. 按图层特性过滤图层

（1）在【图层特性管理器】对话框中，单击【新建特性过滤器】按钮。

（2）在弹出的【图层过滤器特性】对话框中，输入过滤器的名称。

（3）在【过滤器定义】列表框中设置用来定义过滤器的图层特性。

要按名称过滤，可使用通配符如"*实线*"。要按特性过滤，可单击要使用的特性的列。要选择多个特性值，可在过滤器定义中的行上单击鼠标右键，在弹出的快捷菜单中选择【复制行】命令，然后在下一行中选择该特性的另一个值。

例如，以"开状态+红黄色过滤"为过滤器名，设置只显示状态为"开"、且颜色为黄色或红色的图层的过滤器，过滤条件如图 6-10 所示。

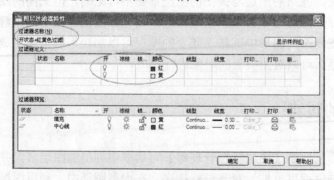

图 6-10　设置过滤条件

（4）单击【确定】按钮保存并关闭对话框，效果如图 6-11 所示。

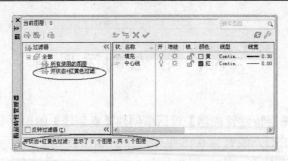

图 6-11 按图层特性过滤图层

3. 通过选择图层来过滤图层

（1）在【图层特性管理器】对话框中，单击【新建组过滤器】按钮，将在树状图中创建一个名为"组过滤器1"的新的图层组过滤器。

（2）输入过滤器名称。

（3）在树状图中，单击【全部】节点或其他节点以在列表视图中显示图层。

（4）在列表视图中，选择要添加到过滤器中的图层，并拖动到树状图中的过滤器名称上。如把图 6-11 中的【中心线】图层拖到【组过滤器1】上，如图 6-12 所示。

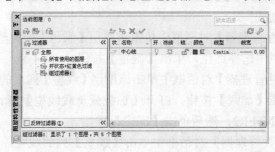

图 6-12 通过选择图层来过滤图层名

（5）单击【应用】按钮保存修改，或者单击【确定】按钮保存并关闭对话框。

4. 通过设置反向条件过滤图层

在【图层特性管理器】对话框中选中【反转过滤器】复选框，然后在【搜索图层】文本框中输入要过滤的字符串，则将显示除了包含过滤的字符串外的其他图层。例如，要显示除了包含"线"字符以外的所有图层，可输入过滤的字符串为"*线*"，结果如图 6-13 所示。

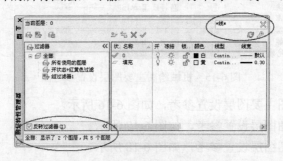

图 6-13 设置反向条件过滤图层

6.4 图层的运用

例 6-1   利用【图层特性管理器】对话框创建【点划线】图层，要求该图层颜色为"红色"，线型为 CENTER2，线宽为 0.15 毫米，如图 6-14 所示。

图 6-14   例 6-1 样图

操作步骤：

（1）输入命令 layer，打开【图层特性管理器】对话框。

（2）单击对话框上方的【新建图层】按钮，创建一个新图层，并在【名称】列对应的文本框中输入"点划线"。

（3）在【图层特性管理器】对话框中单击该图层【颜色】列的颜色，打开【选择颜色】对话框，在标准颜色栏中选择红色，单击【确定】按钮。

（4）在【图层特性管理器】对话框中单击该图层【线型】列上的 Continuous，打开【选择线型】对话框。单击【加载】按钮，打开【加载或重载线型】对话框，在【可用线型】列表框中选择线型 CENTER2，然后单击【确定】按钮。

（5）在【图层特性管理器】对话框中单击【线宽】列的线宽，打开【线宽】对话框，在【线宽】列表框中选择 0.15mm，然后单击【确定】按钮。

（6）设置完毕后，单击【确定】按钮，关闭【图层特性管理器】对话框。

例 6-2   机械绘图图层设置参考，如图 6-15 所示。

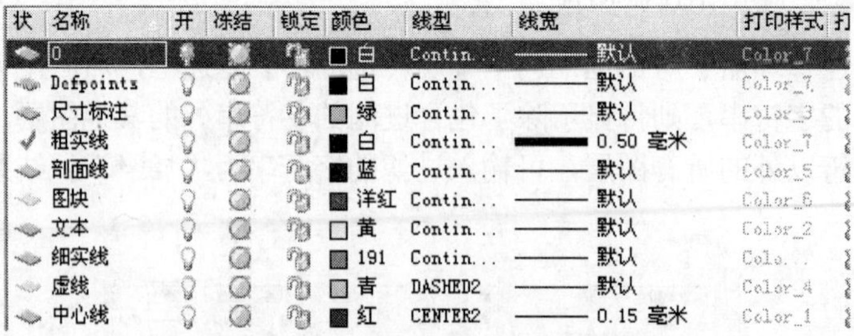

状	名称	开	冻结	锁定	颜色	线型	线宽	打印样式	打
◇	0				□ 白	Contin...	—— 默认	Color_7	
	Defpoints				■ 白	Contin...	—— 默认	Color_7	
	尺寸标注				□ 白	Contin...	—— 默认	Color_3	
✔	粗实线				□ 白	Contin...	▬▬ 0.50 毫米	Color_7	
	剖面线				■ 蓝	Contin...	—— 默认	Color_5	
	图块				■ 洋红	Contin...	—— 默认	Color_6	
	文本				□ 黄	Contin...	—— 默认	Color_2	
	细实线				■ 191	Contin...	—— 默认	Colo...	
	虚线				■ 青	DASHED2	—— 默认	Color_4	
	中心线				■ 红	CENTER2	—— 0.15 毫米	Color_1	

图 6-15   机械绘图主要图层设置参考图

例 6-3   园林绘图主要图层设置参考，如图 6-16 所示。

例 6-4   家具绘图图层设置参考，如图 6-17 所示。

例 6-5   道路绘图图层设置参考，如图 6-18 所示。

状	名称	开	冻结	锁定	颜色	线型	线宽	打印样式	打
⟿	边界	♀	○	🔒	■ 10	Contin...	—— 默认	Color_10	
⟿	道路红线	♀	○	🔒	■ 白	Contin...	—— 默认	Color_7	
⟿	地形1	♀	○	🔒	■ 252	Contin...	—— 默认	Color_252	
⟿	规划建筑	♀	○	🔒	□ 白	Contin...	—— 默认	Color_7	
⟿	规划绿化	♀	○	🔒	■ 绿	Contin...	—— 默认	Color_3	
✏	建筑	♀	○	🔒	□ 白	Contin...	—— 默认	Color_7	
⟿	绿化	♀	○	🔒	□ 绿	Contin...	—— 默认	Color_3	
⟿	绿化1	♀	○	🔒	■ 绿	Contin...	—— 默认	Color_3	
⟿	铺装	♀	○	🔒	■ 252	Contin...	—— 默认	Color_252	
⟿	铺装2	♀	○	🔒	□ 白	Contin...	—— 默认	Color_7	
⟿	树3	♀	○	🔒	■ 231	Contin...	—— 默认	Color_231	
⟿	树4	♀	○	🔒	□ 121	Contin...	—— 默认	Color_121	
⟿	文字	♀	○	🔒	■ 白	Contin...	—— 默认	Color_7	
⟿	我的植物	♀	○	🔒	■ 106	Contin...	—— 默认	Color_106	
⟿	园建	♀	○	🔒	□ 黄	Contin...	—— 默认	Color_2	
⟿	园建线	♀	○	🔒	■ 红	Contin...	—— 默认	Color_1	
⟿	植物	♀	○	🔒	□ 绿	Contin...	—— 默认	Color_3	

图 6-16　园林绘图主要图层设置参考图

状	名称	开	冻结	锁定	颜色	线型	线宽	打印样式	打印
⟿	0	♀	○	🔒	■ 白	Contin...	—— 默认	Color_7	
⟿	Defpoints	♀	○	🔒	■ 白	Contin...	—— 默认	Color_7	
⟿	标注	♀	○	🔒	■ 10	Contin...	—— 默认	Color_10	
⟿	粗直线	♀	○	🔒	■ 160	Contin...	■■ 0...	Color_160	
✏	实体	☀	○	🔒	■ 10	Contin...	—— 默认	Color_10	
⟿	虚线	♀	○	🔒	■ 白	DASHED2	—— 默认	Color_7	
⟿	中心线	♀	○	🔒	■ 230	CENTER	—— 默认	Color_230	

图 6-17　家具绘图主要图层设置参考图

状	名称	开	冻结	锁定	颜色	线型	线宽	打印样式	打印
⟿	边界线	♀	○	🔒	■ 蓝	CONTIN...	—— 默认	Color_5	
⟿	道路	♀	○	🔒	■ 白	CONTIN...	—— 默认	Color_7	
⟿	地形	♀	○	🔒	■ 8	CONTIN...	—— 默认	Color_8	
⟿	建筑框	♀	○	🔒	■ 133	CONTIN...	—— 默认	Color_133	
⟿	绿化改造...	♀	○	🔒	■ 黄	CONTIN...	—— 默认	Color_2	
⟿	绿地	♀	○	🔒	■ 绿	CONTIN...	—— 默认	Color_3	
⟿	新测点	♀	○	🔒	■ 红	CONTIN...	—— 默认	Color_1	

图 6-18　道路绘图主要图层设置参考图

例 6-6　图层在 GIS 设计图上的应用。

如图 6-19 所示为某林场林班、小班空间数据数字化图，该图的设计分为【林场栅格图】（使用默认参数）、【林班边界】（蓝色，线宽 0.3，其他参数使用默认值）、【小班边界】（绿色，线宽 0.3，其他参数使用默认值）3 个图层，各图层上创建的对象如图 6-20（a）~图 6-20（c）所示。（说明：本例林场栅格图是林业二类调查外业工作图，图中在地形图上手工添加有林班和小班边界以及小班主要属性等文字说明，那是外业调查工作记录，也是空间数据数字化的对象。）

图 6-19　某林场林班、小班空间数据数字化图

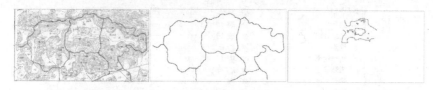

（a）林场栅格图　　　　（b）林班边界　　　　（c）小班边界

图 6-20　构成图 6-19 的 3 个图层

6.5　小　　结

　　本章介绍了如何新建图层，如何设置线型、线宽、颜色，如何过滤图层，如何设置当前图层，如何利用创建的图层分层绘制复杂的平面图形。

　　用户可以利用图层对图形进行分组管理，如将轮廓线、中心线、尺寸、技术要求、剖面线分别放置于不同的图层之中，可以根据需要随时打开/关闭或锁定/解锁相应的图层，被关闭的图层仍然显示在屏幕上，这样可以简化图形，分层操作。被锁定的图层仍然显示在屏幕上，但可以避免被删除或移动位置等误操作。

6.6　上机练习与习题

　　1．简述图层的概念以及图层与图块的关系。

　　2．根据本章所研究的图层的设计原则，设计绘制出如图 6-21 所示的小区内星形广场所需的图层。

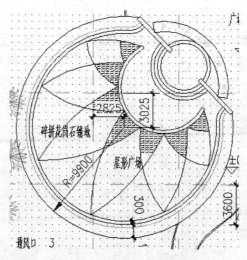

图 6-21　小区内星形广场图样

　　3．设计一幅至少用到 4 个图层和不同线宽、不同线型、不同颜色的图样。

第 7 章 文字与图块设计

7.1 文字的创建和应用

7.1.1 文字样式设置

文字样式包括了字体、字号、倾斜角度、方向和其他文字特征等，在标注文字时，不同类型的图对文字标注有不同的要求。在 AutoCAD 中，所有文字都有与之相关联的文字样式，输入文字时，程序使用当前的文字样式。AutoCAD 默认的文字样式为 Standard，允许用户自定义文字样式。如果系统提供的文字样式不能满足需求，则应该先定义文字样式，然后再标注文字。

文字样式设置的方法如下。

方法一：选择【格式】→【文字样式】命令。

方法二：单击功能区【注释】选项卡中【文字】组右下角的 ≫ 按钮。

方法三：在命令行输入 style 命令。

使用上述任一种方法输入命令后，打开【文字样式】对话框，如图 7-1 所示。可以在该对话框中修改或创建文字样式，包括设置样式名、设置字体、设置文字效果、预览与应用文字样式等。

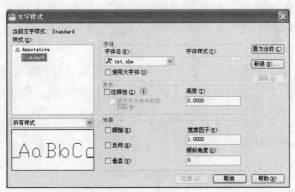

图 7-1 【文字样式】对话框

1. 设置样式名

在【文字样式】对话框中，可以显示已有文字样式名、新建文字样式以及重命名和删除现有文字样式。

❑ 【样式】列表框：列出当前已定义的文字样式，用户可以从中选择需要的样式作为当前的样式或进行修改，默认文字样式为 Standard。

❑ 【新建】按钮：单击该按钮打开【新建文字样式】对话框，如图 7-2 所示。在【样式名】文本框中自动生成名为"样式 n"的样式名（其中 n 为所提供样式的编号），可以采用默认的样式名，也可以在该文本框中输入样式名，然后单击【确定】按钮，即可创建一个新的文字样式并显示在【样式】列表框中。

图 7-2 【新建文字样式】对话框

❑ 【删除】按钮：在【样式】列表框中选择要删除的文字样式名，单击该按钮可以删除选择的文字样式。

★★提示：默认的 Standard 文字样式和正在使用的文字样式不能删除。

2. 设置字体

在【文字样式】对话框的【字体】选项区域中，可以设置文字样式使用的字体和字高等属性。

❑ 【字体名】下拉列表框：列出了所有的字体，用于选择字体。双"T"开头的字体是 Windows 系统提供的 TrueType 字体，没有选中【使用大字体】复选框时才列出，其他字体是 AutoCAD 自身的字体。

❑ 【字体样式】下拉列表框：用于选择字体格式，如斜体、粗体和常规字体等。

❑ 【高度】文本框：用于设置文字的高度。如果将文字的高度设为 0，每次用该样式输入文字时，命令行将显示"指定高度"提示，要求指定文字的高度。如果在【高度】文本框中输入了文字高度，AutoCAD 将按此高度标注文字，而不再提示指定高度。

❑ 【使用大字体】复选框：大字体是指为亚洲国家设计的文字字体。选中该复选框，【字体样式】下拉列表框变为【大字体】下拉列表框，用于选择大字体文件。

★★提示：（1）如果改变现有文字样式的方向或字体文件，当图形重新生成时所有具有该样式的文字对象都将使用新值；（2）只有在【字体名】下拉列表框中指定.shx 文件，才能使用"大字体"。

3. 设置文字效果

在【文字样式】对话框的【效果】选项区域中，可以设置文字的颠倒、反向、垂直等显示效果。

❑ 【颠倒】复选框：用于设置文字是否上下颠倒显示，如图 7-3 左上图所示。

❑ 【反向】复选框：用于设置文字是否首尾反向显示，如图 7-3 左下图所示。

❑　【垂直】复选框：用于设置文字是否垂直排列，如图 7-3 右图所示。

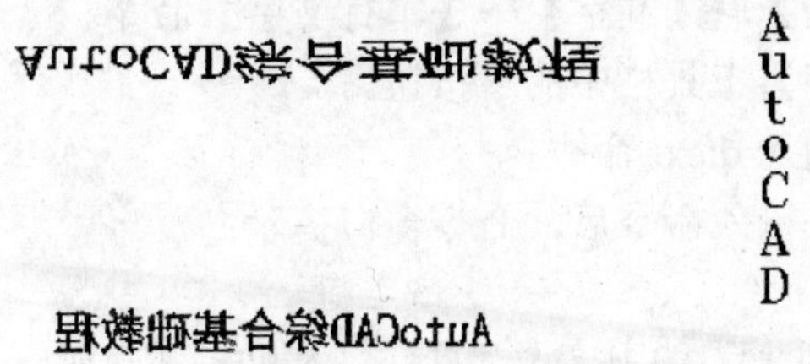

图 7-3　文字效果设置

❑　【宽度因子】文本框：用于设置文字字符的高度和宽度之比，当宽度因子的值为 1 时，将按系统定义的高宽比书写文字；当宽度因子小于 1 时，字符会变窄；当宽度大于 1 时，字符则变宽，如图 7-4 所示。

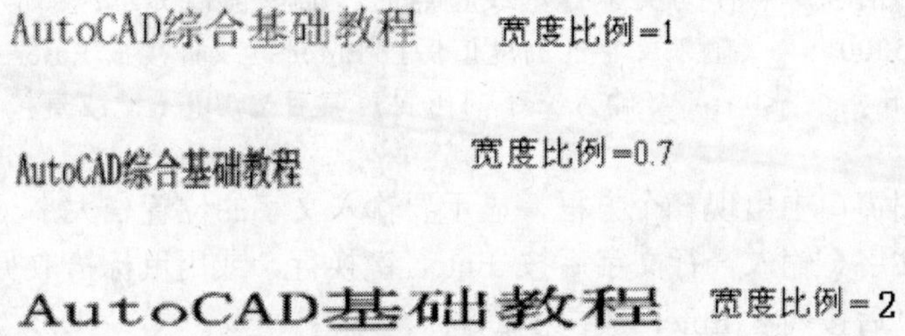

AutoCAD综合基础教程　　宽度比例=1

AutoCAD综合基础教程　　宽度比例=0.7

AutoCAD基础教程　宽度比例=2

图 7-4　宽度比例不同产生的效果

❑　【倾斜角度】文本框：用于设置文字的倾斜角度。当角度为 0 时，文字不倾斜；角度为正值时，文字向右倾斜；角度为负值时，文字向左倾斜，如图 7-5 所示。

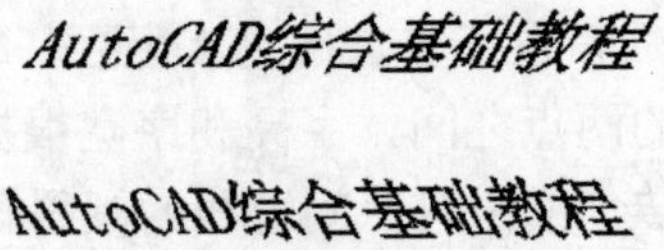

AutoCAD综合基础教程

AutoCAD综合基础教程

图 7-5　文字的倾斜角度

★★提示：（1）文字只有在关联的字体支持双向时，才能具有垂直的方向；（2）TrueType 字体和符号不支持垂直方向。

4. 应用

【文字样式】对话框中的【应用】按钮用于对文字样式的定义和修改的确认。设置完文字样式后，单击【应用】按钮即可确认。

7.1.2　单行文字

1. 创建单行文字

对于不需要多种字体或多行的简短文字说明，可以创建单行文字。每行文字都是独立的对象，可以单独进行修改。创建单行文字的命令方式如下。

方法一：选择【绘图】→【文字】→【单行文字】命令。

方法二：单击【文字】工具栏中的 ^{AI} 按钮。

方法三：在命令行输入 dtext 命令。

使用上述任一种方法输入命令后，命令窗口提示：

命令：_dtext

当前文字样式： Standard　当前文字高度： 2.5000 　（当前的文字样式）

指定文字的起点或 [对正(J)/样式(S)]:

（1）指定文字的起点：为默认选项，通过指定单行文字的基线的起始点位置创建文字。AutoCAD 为文字行定义了顶线、中线、基线和底线，用于确定文字行的位置。如图 7-6 所示，说明了文字串与基线、底线等 4 条水平线的关系。

在绘图窗口中拾取一点作为文字行基线起点后，命令窗口提示：

指定高度 <2.5000>:　（输入文字的高度值后按 Enter 键或直接按 Enter 键使用默认值）

指定文字的旋转角度 <0>:　（输入文字的倾斜角值后按 Enter 键或直接按 Enter 键使用默认值）

此时，在绘图窗口中出现一个方框，显示要输入文字的位置、大小、倾斜角，可以在方框中直接输入文字。输入一行文字后按 Enter 键换行，或用鼠标拾取另一点在新位置输入文字，输完文字后按两次 Enter 键结束命令。

（2）对正(J)：用于设定文字的对正方式。

指定文字的起点或 [对正(J)/样式(S)]: j↙

输入选项 [对齐(A)/调整(F)/中心(C)/中间(M)/右(R)/左上(TL)/中上(TC)/右上(TR)/左中(ML)/正中(MC)/右中(MR)/左下(BL)/中下(BC)/右下(BR)]:

❑ 对齐(A)：选择此选项后，系统要求指定文字行基线的起点和终点位置，输入的文字将均匀分布于指定的两点之间，字高和字宽根据两点间的距离及文字的多少自动调整，文字行的旋转角度由两点间连线的倾斜角度确定，如图 7-7 所示。

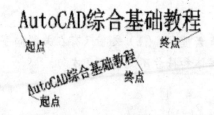

图 7-6　文字串与 4 条水平线的关系　　　　图 7-7　文字的对齐

❑ 调整(F)：选择此选项后，系统要求指定文字行基线的起点位置、终点位置和文字的高度，输入的文字将均匀分布于指定的两点之间，字宽根据两点间的距离及文字的多少自动调整，但字高按用户指定的高度，文字行的旋转角度由两点间连线的倾斜角度确定，如图 7-8 所示。

❑ 中心(C)：选择此选项后，系统要求指定文字行基线的中点，输入的文字行基线中心将与该点重合。

- ❑ 中间(M)：选择此选项后，系统要求指定文字行的中间点，此点将作为文字行的中间点，即将该点作为文字行在水平、垂直方向上的中点。
- ❑ 右(R)：选择此选项后，系统要求指定文字行基线的右端点，输入的文字行基线的右端点将与该点重合。
- ❑ 其他选项说明："左上(TL)"、"中上(TC)"、"右上(TR)"分别表示指定点作为文字行顶线的起点、中点、终点；"左中(ML)"、"正中(MC)"、"右中(MR)"分别表示指定点作为文字行中线的起点、中点、终点；"左下(BL)"、"中下(BC)"、"右下(BR)"分别表示指定点作为文字行底线的起点、中点、终点。如图 7-9 显示了各种文字的对正方式。

图 7-8　文字调整效果

图 7-9　各种文字的对正方式

（3）样式(S)：指定输入文字使用的文字样式。

指定文字的起点或 [对正(J)/样式(S)]：　s✓

输入样式名或 [?] <默认样式名>：

可以直接输入要使用文字样式的名称后按 Enter 键，或直接按 Enter 键使用默认样式。也可输入"？"后按 Enter 键，显示已有的文字样式，如图 7-10 所示。

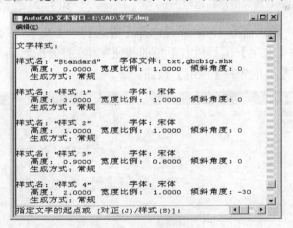

图 7-10　文字样式

2. 特殊符号的使用

在绘图过程中常常需要输入一些特殊字符，如"°"（度），"±"（正、负号），"φ"（直径符号）等，这些字符不能直接通过键盘输入。AutoCAD 提供了专门的控制码的方式输入，表 7-1 所示为常用符号的控制码。

表7-1　AutoCAD主要控制码

控　制　码	功　　　能
%%O	打开或关闭上划线
%%U	打开或关闭下划线
%%D	标注度符号 " ° "
%%P	标注正负符号 " ± "
%%C	标注直径符号 " ϕ "
%%%	标注百分比符号 "%"

　　AutoCAD 的控制码由两个百分比符号和一个字符构成,其中%%O 和%%U 分别是上划线与下划线的开关。第一次出现此符号时，表示打开上划线或下划线，第二次出现该符号时，则表示关掉上划线或下划线。特殊字符输入时，屏幕上并不显示实际字符，而是显示控制码，输入完毕后才显示实际字符。

　　例 7-1　绘制如图 7-11 所示的在建筑图中用于对基桩号的使用和图纸数量及图纸张序进行描述的标题栏图形。

　　绘图步骤：

　　（1）输入命令 line 绘制表格线，效果如图 7-12 所示。

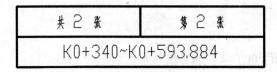

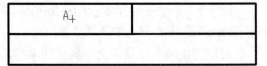

图 7-11　基桩与图纸数量等信息标题栏　　　　图 7-12　绘制标题栏表格线

　　（2）创建文字。输入命令 style 或者选择【格式】→【文字样式】命令或者单击功能区【注释】选项卡中【文字】工具栏右下角的按钮，在打开的对话框中创建如图 7-13 所示的 WU006 文字样式，并单击【应用】按钮。

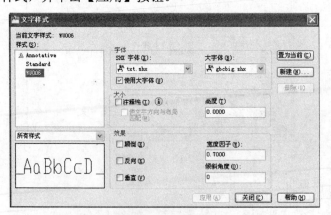

图 7-13　创建名为 WU006 的文字样式

　　（3）输入命令 dtext 或者选择【绘图】→【文字】→【单行文字】命令或者单击【文字】工具栏中的按钮，命令窗口提示如下（效果如图 7-14 所示）：

命令：_dtext

当前文字样式：WU006　当前文字高度：　0.000

指定文字的起点或 [对正(J)/样式(S)]: j　　（输入参数 j 并按 Enter 键，以便指定文字的对齐方式）

输入选项

[对齐(A)/调整(F)/中心(C)/中间(M)/右(R)/左上(TL)/中上(TC)/右上(TR)/左中(ML)/正中(MC)/右中(MR)/左下(BL)/中下(BC)/右下(BR)]: m　　（输入参数 m 并按 Enter 键，指定文字的对齐方式为中间对齐）

指定文字的中间点：　（拾取 A 点）

指定高度 <10.000>:　10　　（输入文字高度为 10 并按 Enter 键）

指定文字的旋转角度 <0.000>:　（按 Enter 键接受不旋转文字的默认选项）

　　（输入所需文字"共 2 张"）

（4）参考步骤（3）完成其他文字的输入，效果如图 7-11 所示。

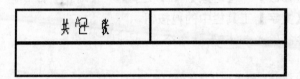

图 7-14　第 1 项文字输入效果

3. 编辑单行文字

已经创建好的文字对象，可以像其他对象一样进行编辑修改。单行文字可进行单独编辑，包括编辑文字的内容、对正方式及缩放比例等。

（1）编辑文字内容

编辑单行文字内容的命令方式如下。

方法一：选择【修改】→【对象】→【文字】→【编辑】命令。

方法二：单击【文字】工具栏中的 按钮。

方法三：在命令行输入 ddedit 命令。

方法四：双击要修改的单行文字对象。

使用上述任一种方法输入命令后，命令窗口提示：

命令：_ddedit

选择注释对象或 [放弃(U)]:

在窗口中单击需要编辑的单行文字，进入文字编辑状态，可以对文本的内容进行编辑，按 Enter 键结束文字修改。

（2）编辑文字缩放比例

编辑单行文字比例的命令方式如下。

方法一：选择【修改】→【对象】→【文字】→【比例】命令。

方法二：单击【文字】工具栏中的 按钮。

方法三：在命令行输入 scaletext 命令。

使用上述任一种方法输入命令后，命令窗口提示：

命令：_scaletext

选择对象： （选择要编辑单行文字比例的对象）

选择对象： （按住 Shift 键选择多个要编辑的对象，按 Enter 键结束选择）

输入缩放的基点选项[现有(E)/左(L)/中心(C)/中间(M)/右(R)/左上(TL)/中上(TC)/右上(TR)/左中(ML)/正中(MC)/右中(MR)/左下(BL)/中下 (BC)/右下(BR)] <现有>： （选择一个选项）

指定新高度或 [匹配对象(M)/缩放比例(S)] <3>：

可直接输入文字的绝对高度后按 Enter 键，或选择"匹配对象(M)"选项与已有的文字对象进行匹配，或选择"缩放比例(S)"选项指定文字的相对比例因子，每个文字对象将按各自的基点和相同的比例进行缩放。

（3）编辑文字对正方式

编辑单行文字比例的命令方式如下。

方法一：选择【修改】→【对象】→【文字】→【对正】命令。

方法二：单击【文字】工具栏中的 按钮。

方法三：在命令行输入 justifytext 命令。

命令：_justifytext

选择对象： （选择要编辑单行文字比例的对象）

选择对象： （按住 Shift 键选择多个要编辑的对象，按 Enter 键结束选择）

输入对正选项 [左(L)/对齐(A)/调整(F)/中心(C)/中间(M)/右(R)/左上(TL)/中上(TC)/右上(TR)/左中(ML)/正中(MC)/右中(MR)/左下(BL)/中下(BC)/右下(BR)] <右>： （选择一种对齐方式后按 Enter 键）

在窗口中单击需要编辑的单行文字，可以重新设置所选文字对象的对正方式。

7.1.3 多行文字

多行文字是由一行或一行以上文字组成的段落文字，用于创建复杂的文字说明。不管文字有多少行，所有文字行构成一个独立的对象。

1. 创建多行文字

创建多行文字的命令方式如下。

方法一：选择【绘图】→【文字】→【多行文字】命令。

方法二：单击【文字】工具栏中的 A 按钮。

方法三：在命令行输入 mtext 命令。

使用上述任一种方法输入命令后，命令窗口提示：

命令：_mtext 当前文字样式:"园 5" 当前文字高度:2

指定第一角点： （在绘图窗口中指定放置多行文字的矩形区域的一个角点）

指定对角点或 [高度(H)/对正(J)/行距(L)/旋转(R)/样式(S)/宽度(W)]：

默认状态下，在绘图窗口中指定放置多行文字的矩形区域的另一个角点，此时将打开

【多行文字编辑器】，如图 7-15 所示。另外，如果选择"[高度(H)/对正(J)/行距(L)/旋转(R)/样式(S)/宽度(W)]"选项，则分别用于指定文字的高度、对正方式、行距、倾斜角、文字样式、文字分布的宽度。

图 7-15　多行文字编辑器

★★提示：当指定放置多行文字的矩形区域时仅指定了多行文字对象中段落的宽度，多行文字对象的长度取决于文字量。

　　【多行文字编辑器】由【文字格式】工具栏和带标尺的文字输入窗口组成。【文字格式】工具栏用于设置文字样式、文字字体、文字高度、加粗、倾斜或加下划线效果，文字输入窗口用于输入文本。

1）【文字格式】工具栏

❑　【样式】下拉列表框 `Standard`：用于选择多行文字的文字样式或更改已输入的多行文字的文字样式。

❑　【字体】下拉列表框 `txt,gbcbig`：用于选择多行文字的字体或更改已输入的多行文字的字体。

❑　【文字高度】下拉列表框 `2.5`：用于设置多行文字的文字高度或更改已输入的多行文本的文字高度。高度值可以直接输入，也可以在下拉列表中选择。多行文字可以设置多种不同的高度值。

❑　【加粗】按钮：用于设置文字是否以粗体方式显示。

❑　【倾斜】按钮：用于设置文字是否以倾斜方式显示。

❑　【下划线】按钮：用于设置文字是否以加下划线方式显示。

❑　【颜色库】下拉列表框 `ByLayer`：用于设置多行文字的颜色或更改已输入的多行文本的颜色。多行文字可以设置多种不同的颜色。

❑　【背景遮罩】：当选择该选项时打开【背景遮罩】对话框，如图 7-16 所示。可以设置是否选用背景遮罩、边界偏移因子、背景遮罩的填充颜色。

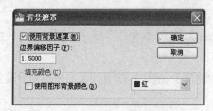

图 7-16　【背景遮罩】对话框

- ❑ 【全部大写字母】按钮 ᵃᴬ：用于将选定的字符改为大写字母。
- ❑ 【全部小写字母】按钮 Aa ：用于将选定的字符改为小写字母。
- ❑ 【上划线】按钮 ō ：用于设置文字是否以加上划线方式显示。
- ❑ 【符号】按钮 @：用于插入特殊符号，单击该按钮打开如图 7-17 所示的列表，可以从中选择需要插入的符号。

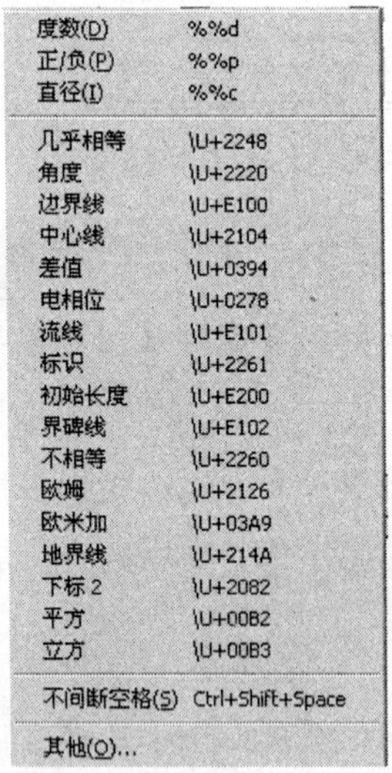

度数(D)	%%d
正/负(P)	%%p
直径(I)	%%c
几乎相等	\U+2248
角度	\U+2220
边界线	\U+E100
中心线	\U+2104
差值	\U+0394
电相位	\U+0278
流线	\U+E101
标识	\U+2261
初始长度	\U+E200
界碑线	\U+E102
不相等	\U+2260
欧姆	\U+2126
欧米加	\U+03A9
地界线	\U+214A
下标 2	\U+2082
平方	\U+00B2
立方	\U+00B3
不间断空格(S)	Ctrl+Shift+Space
其他(O)…	

图 7-17　在文字中使用的特殊符号选项

- ❑ 【倾斜角度】设置框 0/ 0 ：用于设置多行文字的倾斜角度。当角度为 0 时，文字不倾斜；角度为正值时，文字向右倾斜；角度为负值时，文字向左倾斜。倾斜角值可以直接输入，也可以在下拉列表中选择。
- ❑ 【字符间距】数值框 a•b 1.0000 ：用于设定输入的文字之间的距离，或更改已输入文字之间的距离。常规距离的间距值为 1，当间距值大于 1 时文字之间距离增大，当间距值小于 1 时文字之间距离减小。间距值可以直接输入，也可以单击【变数】按钮确定。
- ❑ 【字符宽度】数值框 ○ 1.0000 ：用于设定输入的文字的宽度，或更改已输入文字的宽度。常规宽度的宽度值为 1，当宽度值大于 1 时文字宽度增大，当宽度值小于 1 时文字宽度减小。宽度值可以直接输入，也可以单击【变数】按钮确定。
- ❑ 【对正】：用于设置多行文字的对正方式。对正方式有：左上、中上、右上、左中、正中、右中、左下、中下、右下。
- ❑ 【段落对齐方式设置】按钮：分别用于设置多行文字在水平方向和垂直方向的对齐方式。
- ❑ 【项目符号和编号设置】如图 7-18 所示，分别用于设置多行文字段落的编号、项目符号等。
- ❑ 【行距】设置：如图 7-19 所示，分别用于设置多行文字段落的行距大小。

□　【字段】按钮：单击该按钮，打开【字段】对话框，如图 7-20 所示，可以从中选择要插入的字段。

□　【查找和替换】按钮：单击该按钮可打开【查找和替换】对话框，如图 7-21 所示。用于查找文字或查找文字的同时进行替换的操作。

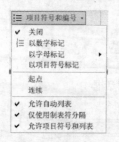

图 7-18　【项目符号和编号设置】选项

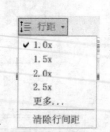

图 7-19　【行距】选项

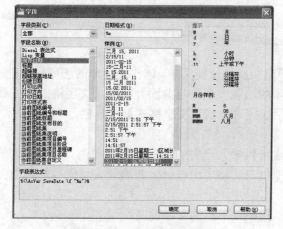

图 7-20　【字段】对话框

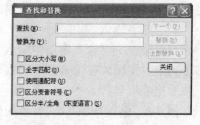

图 7-21　【查找和替换】对话框

2）【标尺】

用于设置第一行文字和段落文字的缩进，改变文字输入窗口的宽度，同时还可以设置制表符。

用鼠标拖动标尺左端上部的缩进滑块，可以设置所选段落的第一行的缩进位置；用鼠标拖动标尺左端下部的缩进滑块，可以设置所选段落除第一行外其余段落的缩进位置；在标尺上单击鼠标左键即可设置制表符，用鼠标左键按住制表符并拖出标尺可删除制表符。用鼠标拖动标尺右端双三角形标志可改变文字输入窗口的宽度，并显示当前文字输入窗口的宽度，如图 7-22 所示。

图 7-22　标尺

在标尺上单击鼠标右键，在弹出的快捷菜单中选择【段落】命令即可打开【段落】对话框，如图 7-23 所示，用户可以在此设置文字的缩进，还可设置制表符。如果要调整文字的列宽，可以拖动如图 7-24 中右边被圈着的按钮来完成。

图 7-23 　【段落】对话框

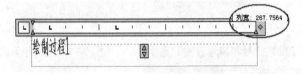

图 7-24 　调整多行文字的列宽

3）快捷菜单

在文字输入窗口中单击鼠标右键，会弹出相应的快捷菜单，该快捷菜单的选项与在【文字格式】工具栏中的内容大致相同，各选项的功能大多数与前面介绍的【文字格式】工具栏功能相似，读者可根据个人习惯选择使用快捷菜单或【文字格式】工具栏。

4）文字输入窗口

可直接在文字输入窗口中输入文字，也可以导入已有的文本文件。完成文字输入后单击【确定】按钮或在【多行文字编辑器】外单击或按 Ctrl+Enter 组合键，可保存输入的文字并退出编辑器。

例 7-2 　创建如图 7-25 所示的建筑施工图中左下角的文字说明。

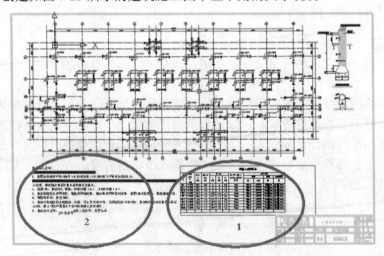

图 7-25 　某建筑施工图

绘图步骤：

在命令行输入 mtext 或者选择【绘图】→【文字】→【多行文字】命令或者单击【文

字】工具栏中的 A 按钮，在图框的左下方适当位置指定两个对角点，使以此对角点所确定的矩形作为多行文字的边界。对角点选取过程如图 7-26 所示，文字的各项参数设置如图 7-27 所示，文字输入过程如图 7-28 所示，最终文字效果如图 7-29 所示。

图 7-26　文字绘制范围的确定

图 7-27　设置绘制文字所用的格式

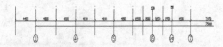

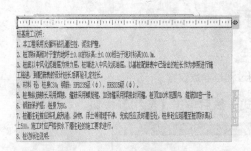

图 7-28　在文字输入框中输入文字　　　　　　　图 7-29　文字效果

例 7-3　多种格式的文字综合应用实例。绘制如图 7-30 所示的多种格式的文字。

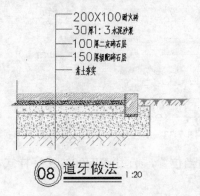

图 7-30　某道路施工图局部效果

文字创建步骤：

（1）创建如图 7-31 所示的 WU001 文字样式，然后单击【应用】按钮。

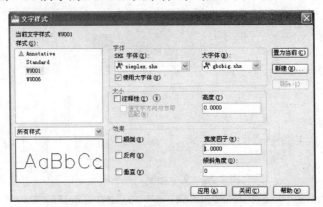

图 7-31　建立名为 WU001 的文字样式

（2）在基本图形上方适当位置，选用 WU001 文字样式，输入"200×100 耐火砖"等图形上方的 5 行文字，绘制过程与参数设置如图 7-32 所示。

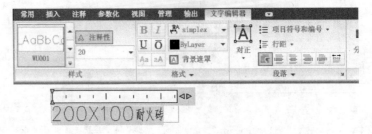

图 7-32　标注文字绘制过程与参数设置

（3）创建如图 7-33 所示的 WU003 文字样式，然后单击【应用】按钮。

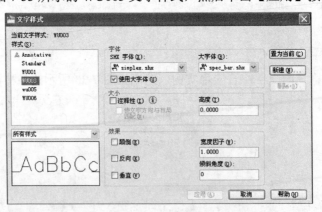

图 7-33　建立名为 WU003 的文字样式

（4）在基本图形下方适当位置，选用 WU003 文字样式，输入图序文字"08"，绘制过程与参数设置如图 7-34 所示。

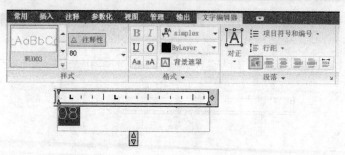

图 7-34　图序文字绘制过程与参数设置

（5）创建如图 7-35 所示的 wu005 文字样式，然后单击【应用】按钮。

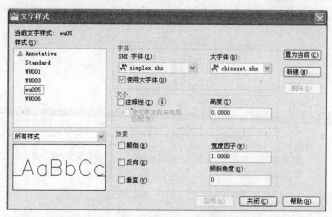

图 7-35　建立名为 wu005 的文字样式

（6）在基本图形下方图序文字 "08" 的右边适当位置，选用 wu005 文字样式输入 "道牙做法" 文字，绘制过程与参数设置如图 7-36 所示。

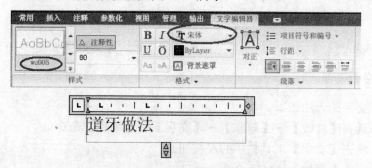

图 7-36　图题文字绘制过程与参数设置

需要注意的是图中被圈起来部分的差异：当输入 "道牙做法" 这些汉字时文字样式 wu005 中的字体被自动换成汉字字体 "宋体"，这跟文字样式 wu005 中的 "大字体" 样式有关，当然用户也可以将 "宋体" 更换为别的汉字字体。

（7）在基本图形下方图题文字 "道牙做法" 的右边适当位置，选用 wu005 文字样式输入文字 "1:20"，绘制过程与参数设置如图 7-37 所示。

此处输入的是非汉字，所以还是按 wu005 文字样式原本的设置，没有自动调整字体。

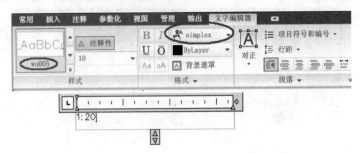

图 7-37　比例说明文字绘制过程与参数设置

（8）所有文字输入后效果如图 7-38 所示。

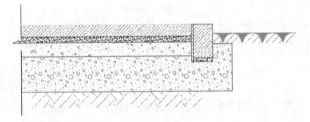

图 7-38　多种格式的文字效果

（9）用线和圆来完成文字与图形之间的关系描述，最终效果如图 7-30 所示。

2. 编辑多行文字

编辑多行文字的方法如下。

方法一：选择【修改】→【对象】→【文字】→【编辑】命令。

方法二：单击【文字】工具栏中的 A 按钮。

方法三：在命令行输入 ddedit 命令。

使用上述任一种方法输入命令后，命令窗口提示：

命令：　_ddedit
选择注释对象或 [放弃(U)]:

在窗口中单击需要编辑的多行文字，打开【多行文字编辑器】，可以对文本的内容、格式等进行编辑，单击【确定】按钮结束文字修改。文字的修改也可以在绘图窗口中双击输入的多行文字，或在输入的多行文字上右击，从弹出的快捷菜单中选择【重复编辑多行文字】命令或【编辑多行文字】命令，打开【多行文字编辑器】。

3. 文字在机械图中的应用实例

例 7-4　文字在机械设计图中的应用。

图 7-39 所示是机械设计图全貌, 图 7-40 所示是图 7-39 中上方箭头处的文字放大效果, 图 7-41 所示是图 7-39 中右下角箭头处的文字放大效果。

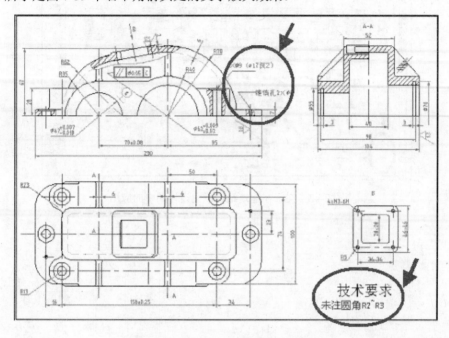

图 7-39　文字在机械设计图中的应用

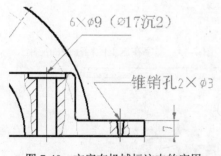

图 7-40　文字在机械标注中的应用

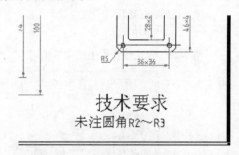

图 7-41　机械设计图中的文字说明

4. 文字在建筑图中的应用实例

例 7-5　文字在建筑设计图中的应用。

图 7-42 所示是建筑设计图全貌, 图 7-43 所示是图 7-42 中中间箭头处的文字放大效果, 图 7-44 所示是图 7-42 中左下角箭头处的文字放大效果。

5. 文字在道路图中的应用实例

例 7-6　文字在道路图中的应用。

图 7-45 所示是道路设计图全貌, 图 7-46 所示是图 7-45 左上方箭头处的平曲线参数说

明文字放大效果，图 7-47 所示是图 7-45 右边箭头处的桩点坐标文字（因为设计保密问题，此处桩点坐标值已做改动）放大效果。

E:\cad\CAD书稿\cad 初稿\插图\文字\GJ-37－－文字在建筑中的应用.dwg

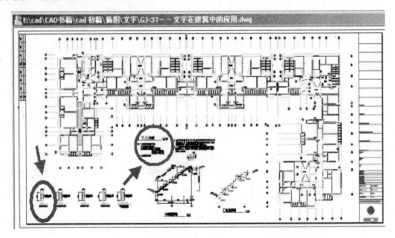

图 7-42　文字在建筑结构平面设计图中的应用

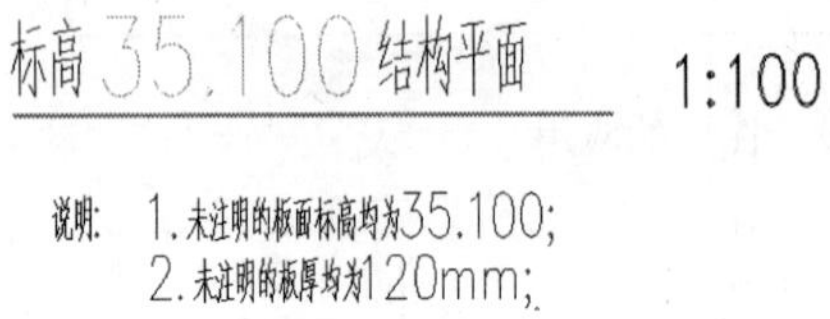

标高35.100结构平面
1:100
说明:
1.未注明的板面标高均为35.100;
2.未注明的板厚均为120mm;

图 7-43　建筑设计图中的文字说明

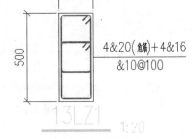

200
500
4&20(角筋)+4&16
&10@100
13LZ1
1:20
起始标高: 35.100~36.011

图 7-44　文字在施工图标注中的应用

1:1000

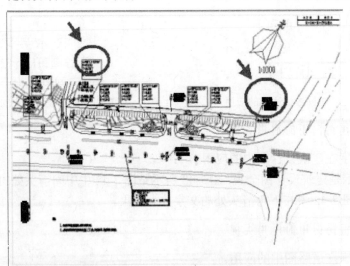

图 7-45　道路设计图

图 7-46　道路设计图上的平曲线参数说明文字的绘制　　图 7-47　道路设计图上的桩点坐标文字的绘制

6. 文字在园林图中的应用实例

例 7-7　文字在园林设计中的应用。

如图 7-48 所示是之后在园林设计中的应用，图 7-49 上方的 4 根引线用直线命令绘制，它们与文字结合达到标注目的。

本例文字的创建是在图 7-49 的基础上创建的。

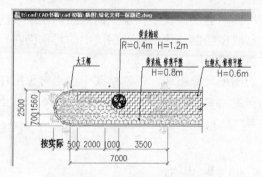

图 7-48　文字在园林设计中的应用

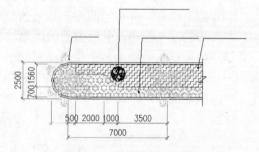

图 7-49　文字引线的绘制

7.2　图　　块

7.2.1　图块的概念（内、外部块）

在绘图过程中，如果把一些经常要重复使用的图形定义为一个整体，建立图形库，在需要时直接从图形库调用它们，这样不仅可以避免大量的重复工作，提高绘图的效率，还可以节省存储空间。在 AutoCAD 中用图块可以实现这一工作。

图块就是一个或多个图形对象的集合。不管创建块的对象有多少，分布在多少个图层，建立图块后，图块就是一个独立的对象，可以对它进行移动、复制等操作；根据绘图需要也可以将图块按指定的比例和旋转角度插入到图中任意指定位置；如果需要，还可以将图块分解成原来组成块的单个对象。

图块分为内部块和外部块，内部块是指用 block 命令创建的只能被当前图形所使用的块；外部块指用 wblockw 命令创建的，是一种不仅能被当前图形所使用，而且能被所有图形使用的，并以独立的图形文件保存的块。外部块以独立图形文件（后缀为.dwg）的形式保存到磁盘上，可以通过这种方法建立图形符号库，供所有相关的设计人员使用，这样能保证符号的统一性和标准性。

7.2.2 图块与图层的关系

块可以是同一图层上的对象，也可以是绘制在几个图层上不同颜色、线型和线宽特性的对象的组合。当插入由位于多个不同图层的图形对象组成的块时，有如下约定：

- ❏ 创建块总是在当前图层上，但块参照保存了有关包含在该块中的对象的原图层、颜色和线型特性的信息。可以控制块中的对象是保留其原特性还是继承当前的图层、颜色、线型或线宽设置。
- ❏ 块插入后，原来位于图层上的对象被绘制在当前层上，并按当前层的颜色与线型绘出。
- ❏ 若插入的块中包含有与当前图形的图层同名的层，块中该层上的对象仍在原来的层上绘出，并按当前图形该层的颜色与线型绘制。块中其他图层上的对象仍在原来的层上绘出，并给当前的图形增加相应的图层。
- ❏ 如果插入的块由多个位于不同图层上的图形对象组成，当冻结某一图形对象所在的图层后，此图层上属于块上的图形对象就会变得不可见。当冻结的插入块处于当前层时，不论块中各图形对象处于哪一层，整个块都变得不可见。

7.3 图块的创建步骤

7.3.1 内部块的创建

创建内部块的命令方式如下。

方法一：选择【绘图】→【块】→【创建】命令。

方法二：单击功能区【插入】选项卡中【块】组中的 ⌐○ 按钮。

方法三：在命令行输入 block 命令。

使用上述任一种方法执行命令后打开【块定义】对话框，如图 7-50 所示。利用该对话框可以将图形对象创建为块。

【块定义】对话框中各选项功能如下：

（1）【名称】下拉列表框：用于命名所定义的块名称，同时下拉列表中列出了当前图形的所有图块。

图 7-50 【块定义】对话框

（2）【基点】选项区域：用于设置块的插入基点。可以单击【拾取点】按钮，在绘图区拾取一点作为块的基点，也可以直接输入插入点的 X、Y、Z 的坐标值作为块的基点。通常将基点选在块的对称中心、左下角或其他有特征的位置。

（3）【对象】选项区域：用于设置组成块的对象。

单击【选择对象】按钮，可以切换到绘图窗口中选取要定义为块的对象，按 Enter 键结束选择并返回【块定义】对话框，同时在【对象】选项区域的最后一行显示已选择的对象数目。

单击【快速选择】按钮，打开【快速选择】对话框，可以快速选择满足指定条件的对象为块的对象。选中【保留】单选按钮，表示创建图块后在绘图窗口中保留原来组成块的对象；选中【转换为块】单选按钮，表示创建块后将保留原来组成块的对象并将它们转换成块；选中【删除】单选按钮，表示创建块后将删除原来组成块的对象。

（4）【设置】选项区域：用于设置图块的单位和比例等。在【块单位】下拉列表框中可以指定插入块时的单位；单击【超链接】按钮，打开【插入超链接】对话框，可以插入超链接文档。

（5）【方式】选项区域。

选中【按统一比例缩放】复选框，可以按同一比例缩放块，如果取消选中该复选框，则沿各坐标轴方向可以采用不同的缩放比例缩放块；选中【允许分解】复选框，插入的块可以分解成组成块的单个对象。

（6）【说明】列表框：可以输入描述所创建的图块的说明。

（7）【在块编辑器中打开】复选框：选中该复选框后，单击【确定】按钮将打开【块编辑器】窗口。

在【块定义】对话框中完成各项设置后，单击【确定】按钮，可创建出所需的图块。

★★提示：（1）创建块之前，首先要绘制出将要作为块的图形对象，然后再执行块的创建命令；（2）用 block 命令创建的块只能被块所在的图形文件使用。

例 7-8　创建如图 7-51 所示的建筑平面图中常用的门图块，如图 7-52 所示（为了方便在卧室、厨房、卫生间等不同地方按不同的比例插入门块，这里将门块的尺寸定义为 1000毫米）。

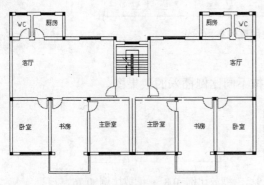

图 7-51　建筑平面图

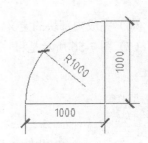

图 7-52　建筑平面图中的门块

操作步骤：

（1）输入命令 units 或者选择【格式】→【单位】命令，设置单位为“毫米”，精度为 0.0。

（2）输入命令 limits 或者选择【格式】→【图形界限】命令，设置图形界限为 29700×21000。

（3）输入命令 line，在屏幕上适当位置绘制两条长度分别为 1000 的正交线，如图 7-53 所示。

（4）输入命令 arc 或者单击【绘图】工具栏中的 按钮，以"起点、圆心、端点"方式绘制门的弧形轮廓，如图 7-54 所示。

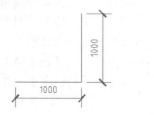

图 7-53　用直线绘制门的直线轮廓　　　　图 7-54　用圆弧绘制门的弧形轮廓

（5）输入命令 block 或者单击【绘图】工具栏中的 按钮，打开【块定义】对话框，以正交线的交点为块的基点，选中【按统一比例缩放】复选框，设置【块单位】为"毫米"，输入块名，最后单击【确定】按钮，如图 7-55 所示。

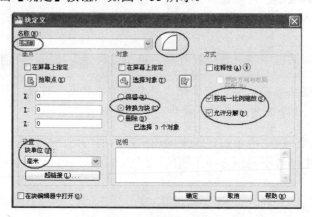

图 7-55　块创建的参数设置

（6）完成内部块的定义。

（7）图 7-56 所示是将"1 米门"图块按不同比例插入的效果图。

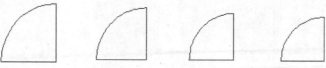

缩放比例=1　　　缩放比例=0.9　　　缩放比例=0.8　　　缩放比例=0.76

图 7-56　按不同比例插入"1 米门"图块的效果

7.3.2　外部块的创建

外部块的创建方法：在命令行输入 wblock 命令，打开【写块】对话框，如图 7-57 所示。利用该对话框可以创建外部块。

【写块】对话框中各选项功能如下。

❑　【源】选项区域：用于设置组成块的对象来源，如果选中【块】单选按钮，要写入图形文件的对象为块；单击其右边的下拉箭头，从表中选取要写入图形文件的块名；如果选中【整个图形】单选按钮，表示把当前整个图形作为一个块写入图形文件；如果选中【对象】单选按钮，表示要把选择的对象写入图形文件中。当选中【对象】单选按钮时，【基点】和【对象】选项区域才有效。

❑　【基点】选项区域：用于设置块的插入基点。操作方法和选项功能与 7.3.1 节介绍的【块定义】对话框相同。

❑　【对象】选项区域：用于设置组成块的对象。操作方法和选项功能与 7.3.1 节介绍的【块定义】对话框相同。

❑　【目标】选项区域：用于设置块的保存路径、名称和单位。块的保存路径、名称可以直接在对应的文本框中输入，也可以单击对应文本框右边的【浏览】按钮，在打开的对话框中选择存储块的路径和文件名。

❑　【插入单位】下拉列表框：用于指定插入块时的单位。

在【写块】对话框中完成各项设置后，单击【确定】按钮，可创建出以.dwg 为扩展名的外部图块文件，并以指定的文件名保存在指定的路径。

例 7-9　将例 7-8 中的门块定义为外部块，并将该外部块以"1 米宽的门.dwg"为名存放到"E:\wu"文件夹中。

操作步骤：

（1）输入命令 wblock，确定相应的建筑平面图在打开状态，将之前已经定义好的."1 米门"图块定义为外部块，参数设置如图 7-58 所示。

图 7-57　【写块】对话框　　　　　　图 7-58　外部块创建的参数设置

（2）完成外部块的定义。

7.4　块属性设计

块属性是附属于图块中的文本信息，是块的组成部分。当删除块时，属性也被删除；当旋转、移动图块时，属性也随着被旋转和移动。在创建一个块前，要先创建块属性，然后与图形一起生成块，这样创建的块就附带有属性。一个属性包括属性标记名和属性值两部分，一个块允许有多个属性，但属性必须对应于一个块。

7.4.1　创建属性

创建属性的命令方式如下。

方法一：选择【绘图】→【块】→【定义属性】命令。

方法二：单击功能区【插入】选项卡中【属性】组中的按钮。

方法三：在命令行输入 attdef 命令。

用上述任一种方法执行命令后打开【属性定义】对话框，如图 7-59 所示。利用该对话框可以定义块的属性。

【属性定义】对话框中各选项功能如下。

图 7-59　【属性定义】对话框

□　【模式】选项区域：用于设置属性的特性。其中【不可见】复选框用于设置插入块后是否显示属性值，选中该复选框，属性值在块中为不可见；【固定】复选框用于设置属性值是否是固定值，选中该复选框，并在【属性】选项区域的【值】文本框中输入相应的属性值，在插入块时不会提示用户输入属性值，并且不能修改，否则在插入块时可以输入新值；【验证】复选框用于设置插入块时输入的属性值是否要验校；【预设】复选框用于设置当插入有预设值的块时是否将预设值设置为默认值，选中该复选框，表示自动接受预设值为默认值，在插入块时，不再提示输入属性值，其与选中【固定】复选框的区别是属性插入后可编辑；【锁定位置】复选框用于设置是否锁定属性在块中的位置，如果没有选中该复选框，插入块后，可以使用夹点改变属性的位置；【多行】复选框用于设置属性文字是否按多行方式输入；多行文字属性比单行文字属性提供了更多格式选项，编辑单行文字属性和多行文字属性时会显示不同的编辑器，多行文字属性显示 4 个夹点，而单行文字属性仅显示一个夹点，图形保存到 AutoCAD 2007 或早期版本时，多行文字属性将转换为若干单行文字属性，每个单行文字属性将分配到原多行文字属性文字的各行，如果之后又在当前版本中打开该图形文件，则这些单行文字属性将自动合并为一个多行文字属性中。

- ❏ 【属性】选项区域：用于定义属性标记名和属性值等。其中【标记】文本框用于输入属性的标记名；【提示】文本框用于输入插入块时系统显示输入属性值的提示信息；【默认】文本框用于输入与属性标记名相对应的属性值的默认值。
- ❏ 【插入点】选项区域：用于设置属性值的插入点，即属性文字排列的参考点。选中【在屏幕上指定】复选框，当单击【确定】按钮后，在绘图区拾取一点作为插入点，也可以直接在【X】、【Y】、【Z】文本框中输入点的坐标值作为插入点。确定插入点后，系统以该点为参照点，根据在【文字设置】选项区域中【对正】下拉列表框中确定的文字对正方式放置属性值。
- ❏ 【文字设置】选项区域：用于设置属性文字的格式。其中【对正】下拉列表框用于确定属性文字相对于参考点的排列方式；【文字样式】下拉列表框用于确定属性文字的样式；【文字高度】按钮用于设置属性文字的高度，可以直接在对应文本框中输入高度值，也可以单击【文字高度】按钮，在绘图区中指定高度；【旋转】按钮用于设置属性文字行的旋转角度，可以直接在对应文本框中输入旋转角度值，也可以单击【旋转】按钮，在绘图区中指定旋转角度。
- ❏ 【在上一个属性定义下对齐】复选框：如果定义多个属性时，选中该复选框，表示当前属性将采用上一个属性的文字样式、文字高度及旋转角度，并另起一行按上一个属性的对齐方式排列。

在【属性定义】对话框中完成各项设置后，单击【确定】按钮，完成一个属性定义，并在绘图区中显示属性标记。可以采用上述方法为块定义多个属性。

7.4.2 编辑属性定义

当属性创建后，可以修改属性定义中的属性标记、提示及默认值。编辑属性定义的方法如下。

方法一：选择【修改】→【对象】→【文字】→【编辑】命令。

方法二：单击功能区【插入】选项卡中【属性】组中的 ♥ 按钮。

方法三：在命令行输入 ddedit 命令。

用上述任一种方法执行命令，命令窗口提示：

```
命令: _ddedit
选择注释对象或 [放弃(U)]:
```

在绘图窗口选择要编辑的属性标记后，打开【编辑属性定义】对话框，如图 7-60 所示。在该对话框中可以修改属性定义中的属性标记、提示及默认值。

图 7-60 【编辑属性定义】对话框

★★提示：在绘图窗口双击要编辑的属性标记，也可以打开【编辑属性定义】对话框。

7.4.3 创建带属性的块

首先绘制好块图形，然后进行块属性定义，最后将制好的块图形以及定义好的块属性一起选定，利用 block 或者 wblock 命令将其定义为块即可。

例 7-10 创建如图 7-61 所示的机械设计图上常见的表面粗糙度图块。

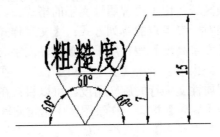

图 7-61 带属性的表面粗糙度图块

绘制步骤：

（1）输入命令 limits，设置图形界限为 297×210。

（2）输入命令 line，在屏幕中部绘制一水平线，如图 7-62（a）所示。

（3）输入命令 offset 或者单击【修改】工具栏中的 按钮，将水平线向上偏移 7 和 15，如图 7-62（b）所示。

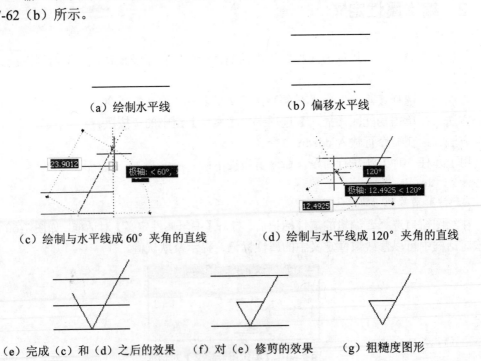

（a）绘制水平线　　　　　　　（b）偏移水平线

（c）绘制与水平线成 60°夹角的直线　　（d）绘制与水平线成 120°夹角的直线

（e）完成（c）和（d）之后的效果　　（f）对（e）修剪的效果　　（g）粗糙度图形

图 7-62 粗糙度图形的绘制过程

（4）右击屏幕左下角的▧按钮，在弹出的快捷菜单中选择【设置】命令，打开【草图设计】对话框，设置中点捕捉模式与增量角为 60°的极轴追踪，如图 7-63 所示。

（5）输入命令 line，通过捕捉水平线的中点并用极轴追踪 30°的方法来绘制与水平线分别成 60°和 120°夹角并与两偏移线相交的直线，绘制过程如图 7-62（c）和图 7-62（d）所示，效果如图 7-62（e）所示。

（6）输入命令 trim，对图 7-62（e）进行修剪，效果如图 7-62（f）所示。

（7）输入命令 erase，删除图 7-62（f）中多余的水平线，效果如图 7-62（g）所示。

（8）选择【格式】→【文字样式】命令或者单击功能区【注释】选项卡中【文字】组右下角的▧按钮，打开【文字样式】对话框，创建名为"W-机械标注"的文字样式（以备定义块属性时用），具体参数设置为：【字体名】为"仿宋"，【宽度因子】为 0.67，其他使用默认值，如图 7-64 所示。

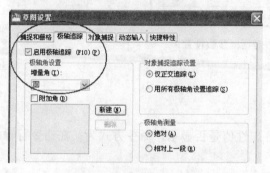

图 7-63　极轴追踪设置

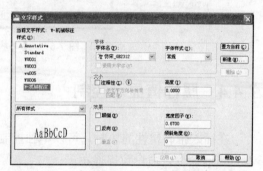

图 7-64　"W-机械标注"文字样式参数设置

（9）输入命令 attdef 或者选择【绘图】→【块】→【定义属性】命令，打开【属性定义】对话框，主要参数设置如图 7-65 所示，插入点的选定参考图 7-66 中"（粗糙度）"部分中间位置，效果如图 7-66 所示。

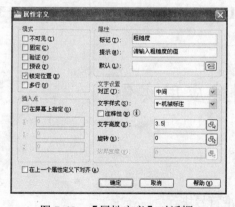

图 7-65　【属性定义】对话框

图 7-66　块属性定义效果

（10）输入 wblock，以粗糙度图形最下面的交点为基点将粗糙度图形以及粗糙度块属性定义为外部块，选取对象时要注意将块属性和图形一起选上。参数设置如图 7-67 所示。

（11）完成带属性的块的创建。

图 7-67　【写块】对话框参数设置

7.4.4　属性值显示控制

在插入带有属性的块时，可以单独控制各属性值是否显示，命令方式为：在命令行输入 attdisp 命令，命令窗口提示：

输入属性的可见性设置 [普通(N)/开(ON)/关(OFF)] <开>:

- ❑　普通(N)：该选项表示将按定义属性时规定的，可见属性就显示，不可见属性不显示。
- ❑　开(ON)：该选项表示所有属性均显示。
- ❑　关(OFF)：该选项表示所有属性均不显示。

★★提示：属性值显示控制，也可以在菜单【视图】→【显示】→【显示属性】的子菜单中设置。

7.5　图块创建应用实例

7.5.1　常用机械图块的创建

例 7-11　创建如图 7-68 所示的机械用基准符号块。

绘制步骤：

（1）绘制出如图 7-69 所示的基准符号。

（2）输入命令 attdef 或者选择【绘图】→【块】→【定义属性】命令，以圆心为基点定义块属性，主要参数设置如图 7-70 所示，效果如图 7-71 所示。

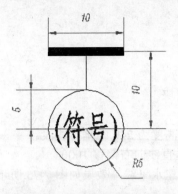

图 7-68 机械用基准符号图块

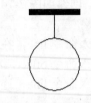

图 7-69 机械用基准符号

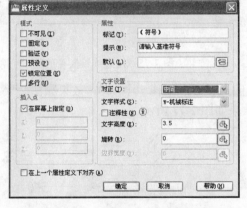

图 7-70 【属性定义】对话框

图 7-71 带属性的基准符号图

（3）输入命令 wblock，以基准图形最上面横线的左端点为基点，将带属性的基准符号图定义为外部块，参数设置如图 7-72 所示。

（4）完成带属性的基准符号图块的创建。

例 7-12 基准符号在机械图中的应用，如图 7-73 所示。

图 7-72 【写块】对话框

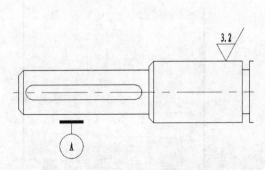

图 7-73 基准符号在机械图中的应用

7.5.2　常用建筑图块的创建

例 7-13　创建如图 7-74 所示建筑平面图用窗块。

创建步骤：

（1）输入命令 line，在屏幕适当的位置创建高度为 240 的垂直线段。

（2）输入命令 offset，将第（1）步创建的垂直线向右偏移 1000。

（3）输入命令 line，连接两垂直线的中点创建水平线，效果如图 7-75 所示。

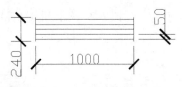

图 7-74　建筑平面图用窗块

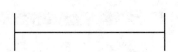

图 7-75　用直线绘制窗的基本轮廓

（4）输入命令 offset，将水平线分别向上和向下偏移 50、100，效果如图 7-76 所示。

（5）输入命令 dim，标注尺寸后的效果如图 7-77 所示。

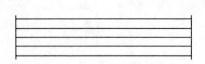

图 7-76　通过偏移得到窗的图形

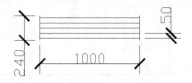

图 7-77　给窗标注尺寸后的效果

（6）选择【绘图】→【块】命令，以窗的左上角点作为块的插入点，创建块名为"窗块"的图块。

（7）输入命令 wblock，将"窗块"图块定义为外部块，存放在"E:\wu"文件夹中，取名为"1 号窗块"，参数设置如图 7-78 所示。

在建筑设计中还有很多关于楼梯、标高、建筑用轴线编号等图块的应用。

例 7-14　建筑用带属性的轴线编号图块如图 7-79 所示（定义过程略）。

图 7-78　【写块】对话框

图 7-79　建筑用基准符号

例 7-15　带属性的轴线编号图块在建筑设计图中的应用举例，如图 7-80 所示。

图 7-81 中选中了部分已经插入的轴线编号图块。从夹点的范围可知，轴线编号图块与引线是两个不同的对象，设计时可把引线部分（可以使用尺寸标注线来代替）绘制好再插入轴线编号图块。

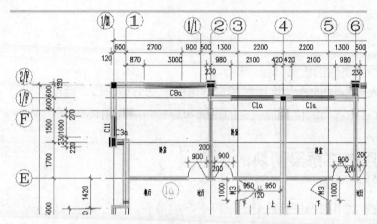

图 7-80　轴线编号图块在建筑设计图中的应用

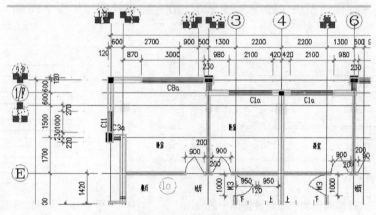

图 7-81　带属性的轴线编号图块的应用

例 7-16　带属性的标高图块（如图 7-82 所示）在建筑中的应用（如图 7-83 所示）。

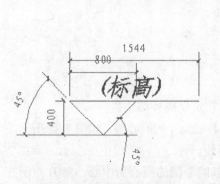

图 7-82　带属性的标高图块

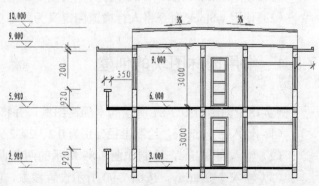

图 7-83　带属性的标高图块在建筑中的应用

带属性的标高图块的创建类似带属性的粗糙度的创建，其基本步骤如下：

（1）按图 7-82 所示尺寸绘制好标高图形，如图 7-84 所示。

图 7-84　标高图形

（2）进行块属性的定义（过程略）。

（3）输入命令 wblock，将标高图形及属性定义为外部块（过程略）。

创建完成后在适当的位置按一定的比例和旋转角插入图块即可。

7.5.3　常用道路桥梁图块的创建

道路桥梁中常用的图块有路灯、坡度、导向箭头、人行横道预告标示等。导向箭头、人行横道预告标示的绘制可以参考前几章的例子。

例 7-17　人行横道图块（如图 7-85 所示）在道路设计图（如图 7-86 所示）中的应用。

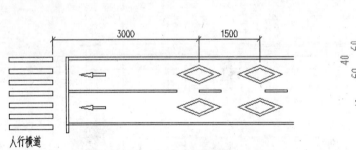

图 7-85　人行横道图块在道路设计图中的应用

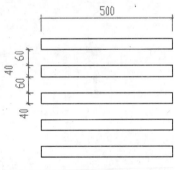

图 7-86　人行横道图块（正交）

人行横道图块的创建步骤如下：

（1）使用 line、offset 和 trim 等命令按图 7-86 所示尺寸绘制出人行横道图。

（2）使用 wblock 命令将人行横道图定义为外部块。

7.5.4　常用园林图块的创建

例 7-18　创建如图 7-87 所示的木棉树图例，并将它定义成外部块。

（1）输入命令 circle，绘制半径分别为 0.2、2、2.5、3.2、4 的同心圆，如图 7-88 所示。

（2）输入命令 line，绘制如图 7-89 所示的两条直线。

（3）输入命令 array，按图 7-90 所示设置参数，以同心圆的圆心为中心，对 B 点所在的水平线进行圆形阵列复制，复制份数为 50，效果如图 7-91 所示。

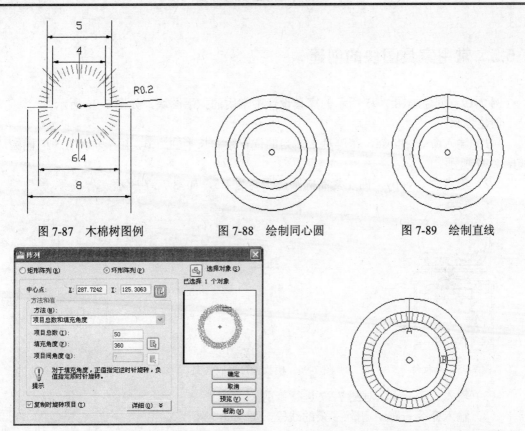

图 7-87　木棉树图例　　　　　图 7-88　绘制同心圆　　　　　图 7-89　绘制直线

图 7-90　【阵列】对话框　　　　　　　图 7-91　对 B 点所在线阵列复制的效果

（4）输入命令 array，参考第（3）步，以同心圆的圆心为中心，对 A 点所在的水平线进行圆形阵列复制，复制份数为 8，效果如图 7-92 所示。

（5）输入命令 erase，删除 4 个大圆，得到最终效果，如图 7-93 所示。

（6）输入命令 wblock，以木棉树的中心点（小圆的圆心）作为基点，将木棉树图例定义为外部块，参数设置如图 7-94 所示。

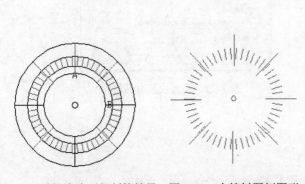

图 7-92　对长线阵列复制的效果　　图 7-93　木棉树图例图形　　　图 7-94　【写块】对话框

7.5.5　常用家具图块的创建

例 7-19　创建如图 7-95 所示的家具设计中常用的拉手图块，如图 7-96 所示。

创建步骤：

（1）输入命令 ellipse，在屏幕上适当的位置绘制长半轴为 6、短半轴为 1.5 的椭圆，如图 7-97 所示。

（2）输入命令 copy，向左复制椭圆，距离为 1.5，如图 7-97 所示。

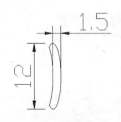

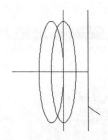

图 7-95　梳妆台　　　　　图 7-96　梳妆台拉手放大图　　图 7-97　对图 7-96 的修剪效果

（3）输入命令 trim，对图 7-97 进行修剪。

（4）输入命令 erase，删除多余的线段，如图 7-98 所示。

（5）输入命令 wblock，以拉手的中心点为基点，将图 7-98 所示图形定义为外部块，参数设置如图 7-99 所示。

图 7-98　绘制出的拉手　　　　　　　图 7-99　【写块】对话框

7.5.6　标题栏的创建

例 7-20　绘制如图 7-100 所示的标题栏块。

每张工程图纸都有标题栏，用于设置对象名称、使用材料、加工工艺及其他信息。而标题栏的设计有国家标准和行业标准（本书提供的简易标题栏模式只是供用户练习用，其中的表格线也可以使用表格功能绘制）。

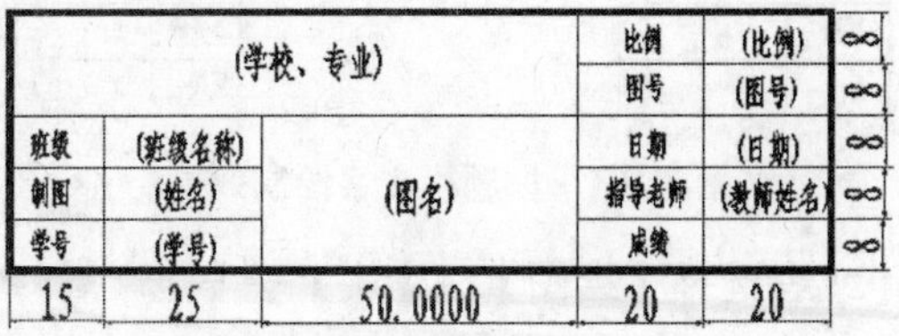

	(学校、专业)		比例	(比例)	∞
			图号	(图号)	∞
班级	(班级名称)		日期	(日期)	∞
制图	(姓名)	(图名)	指导老师	(教师姓名)	∞
学号	(学号)		成绩		∞
15	25	50.0000	20	20	

图 7-100　带属性的标题栏图块

绘制步骤：

（1）输入命令 limits，设置图形界限为 297×210。

（2）输入命令 rectang，绘制长、宽分别为 130 和 40 的矩形外框。

（3）输入命令 explode，将矩形分解。

（4）输入命令 offset，将矩形下水平线向上偏移 8、16、24、32，将矩形左边垂直线向右偏移 15、40、90、110，如图 7-101 所示。

图 7-101　按指定尺寸对矩形边界线进行偏移的效果

（5）输入命令 trim，将图 7-101 修剪，效果如图 7-102 所示。

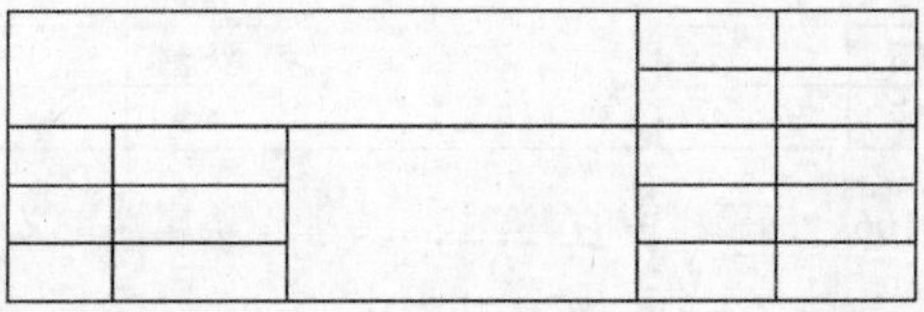

图 7-102　按图 7-100 所示尺寸对图 7-101 进行修剪的效果

（6）输入命令 mtext 或者单击【绘图】工具栏中的 A 按钮，使用之前创建的"W-机械标注"文字样式，按图 7-103 所示参数在相应位置上输入各栏目名，效果如图 7-104 所示。

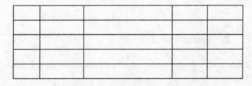

图 7-103　绘制文字的过程

		比例	
		图号	
班级		日期	
制图		指导老师	
学号		成绩	

图 7-104　标题栏文字绘制效果

（7）输入命令 attdef 或者选择【绘图】→【块】→【定义属性】命令，定义如图 7-100 中"学校、专业"块属性，主要参数设置如图 7-105 所示，效果如图 7-106 所示。

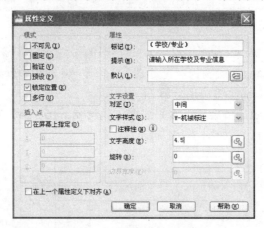

图 7-105　【属性定义】对话框

(学校、专业)		比例	
		图号	
班级		日期	
制图		指导老师	
学号		成绩	

图 7-106　标题栏中的"学校、专业"块属性定义效果

（8）参考第（7）步完成其他属性的定义，其中图名的文字高度为 4.5，其他文字高度均为 4，效果如图 7-107 所示。

(学校、专业)			比例	(比例)
			图号	(图号)
班级	(班级名称)		日期	(日期)
制图	(姓名)	(图名)	指导老师	(教师姓名)
学号	(学号)		成绩	

图 7-107　带块属性的标题栏

（9）输入命令 pline 或者单击【绘图】工具栏中的 按钮，用宽度为 1 的多段线依次拾取矩形的各个定点临摹矩形外框，效果如图 7-108 所示。临摹过程如下：

```
命令：_pline
指定起点：
当前线宽为 0
指定下一个点或 [圆弧(A)/半宽(H)/长度(L)/放弃(U)/宽度(W)]：  w    （输入参数 w 并按
```

Enter 键，以便指定将要输入的是线的全宽）

指定起点宽度 <0>:　1　（输入起点宽度值 1 并按 Enter 键）

指定端点宽度 <1>:　（按 Enter 键接受终点宽度值为 1）

指定下一个点或 [圆弧(A)/半宽(H)/长度(L)/放弃(U)/宽度(W)]:　（依次拾取矩形的各个顶点）

指定下一点或 [圆弧(A)/闭合(C)/半宽(H)/长度(L)/放弃(U)/宽度(W)]:　（依次拾取矩形的各个顶点）

指定下一点或 [圆弧(A)/闭合(C)/半宽(H)/长度(L)/放弃(U)/宽度(W)]:　（依次拾取矩形的各个顶点）

指定下一点或 [圆弧(A)/闭合(C)/半宽(H)/长度(L)/放弃(U)/宽度(W)]: c　（输入参数 c 并按 Enter 键，指定起点与终点之间的线段）

(学校、专业)			比例	(比例)
			图号	(图号)
班级	(班级名称)		日期	(日期)
制图	(姓名)	(图名)	指导老师	(教师姓名)
学号	(学号)		成绩	

图 7-108　粗线边框的带块属性的标题栏

（10）输入命令 wblock，以标题栏右下角为基点将其定义为外部块，选取对象时要注意将块属性和图框一起选上，参数设置如图 7-109 所示。

（11）完成带属性的标题栏图块的定义。

例 7-21　建筑设计实际应用中标题栏的应用。

如图 7-110 所示是临时施工用电平面布置图，图 7-111 所示是其中所应用的标题栏的放大效果，图 7-112 所示是带属性的标题栏图块。

图 7-109　【写块】对话框

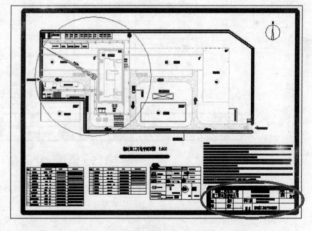

图 7-110　临时施工用电平面布置图

XXXXXXXXXXXXXXXX XX工程有限责任公司		YYYYYYYYYYYY 置业有限公司		图别	施组
				图号	施-01
审定		校对		单位工程	TTTTTTTT 100城市广场 D地块NN#栋
审核		设计		图名	临时施工用电平面布置图

图 7-111　图 7-110 右下角局部放大效果

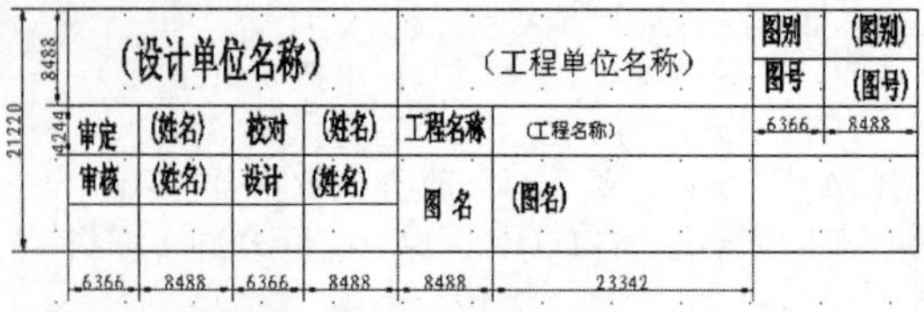

		图别	(图别)
（设计单位名称）	（工程单位名称）	图号	(图号)

				工程名称	（工程名称）	6366	8488
审定	(姓名)	校对	(姓名)				
审核	(姓名)	设计	(姓名)	图 名	(图名)		

图 7-112　图 7-110 所用的带属性的标题栏图块

例 7-22　园林设计图中标题栏的应用实例，如图 7-113 所示。

图 7-114 所示为左上角的标题栏，图 7-115 所示为右下角的标题栏。

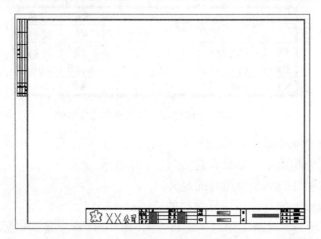

图 7-113　园林设计图中标题栏的使用

建　　筑			暖　　通	
结　　构				
电　　气				
给 排 水				

图 7-114　园林设计图左上角标题栏

图 7-115　园林设计图右下角标题栏

标题栏在园林、道路桥梁等实际设计中的应用样例可参考第 10 章中的应用实例。

7.6　图块的插入

图块的插入就是将块或已有的图形插入到当前图形中，插入块的命令方式如下。

方法一：选择【插入】→【块】命令。

方法二：单击【插入】工具栏中的🗗按钮。

方法三：在命令行输入 insert 命令。

使用上述任一种方法执行命令后，打开【插入】对话框，如图 7-116 所示。

对话框中各选项功能如下。

❑ 【名称】下拉列表框：用于选择要插入的块或图形。可在下拉列表框中选择要插入的块，或直接输入要插入的块名称，此时在对话框的右上角将显示选择块的预览图。如果要插入的是图形文件或外部块，则单击【浏览】按钮，在【选择图形文件】对话框中选择要插入的图形文件的路径和文件名或外部块名，此时要插入的块名或文件名将显示在【名称】下拉列表框中，文件的路径显示在【路径】中。

❑ 【插入点】选项区域：用于确定块的插入位置。可以在【X】、【Y】、【Z】文本框中直接输入插入点的坐标值。如果选中【在屏幕上指定】复选框，则在单击对话框中的【确定】按钮后，直接在绘图窗口拾取点作为块的插入点。

❑ 【比例】选项区域：用于设置块插入时的缩放比例系数。可直接在【X】、【Y】、【Z】文本框中输入插入块沿 3 个坐标轴方向的比例系数。如果选中【统一比例】复选框，则只需要输入 X 轴方向上一个缩放比例系数即可。如果选中【在屏幕上指定】复选框，则在单击对话框中的【确定】按钮后，在绘图窗口设置缩放比例系数。缩放比例系数可正可负，若选取负的缩放比例系数，则插入的图形为原图形的镜像图形。

❑ 【旋转】选项区域：用于设置块插入时的旋转角度。可直接在【角度】文本框中输入角度值。如果选中【在屏幕上指定】复选框，则在单击对话框中的【确定】按钮后，在绘图窗口设置旋转角度。

❑ 【分解】复选框：选中该复选框，在插入块时，将其分解为组成块的各独立图形对象。

在【插入】对话框中完成各项设置后，单击【确定】按钮，即可将块插入到当前图形中。

★★提示：（1）在【插入】对话框中，如果选中【在屏幕上指定】复选框，单击【确定】按钮后还要进行一些设置才能将块插入到当前图形中。（2）如果插入带属性的块时，单击【确定】按钮后，可能还要输入属性值才能将块插入到当前图形中。

例 7-23 在如图 7-117 所示的机械轴上插入值为 3.2 及 2.5 的粗糙度图块。

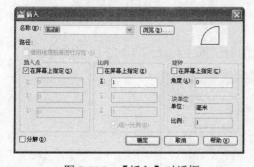

图 7-116 【插入】对话框

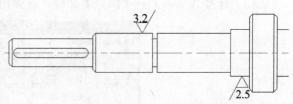

图 7-117 粗糙度在机械轴上的应用

操作步骤：

（1）输入命令 insert 或者单击【绘图】工具栏中的 按钮，按照图 7-118 所示设置参数，拾取图 7-119 中的 A 点作为块的插入点，将粗糙度值为 3.2 的粗糙度图块插入到 A 点，效果如图 7-117 所示。

图 7-118 【插入】对话框

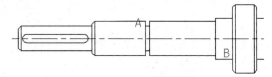

图 7-119 机械轴局部图形

命令: _insert
指定插入点或 [基点(B)/比例(S)/旋转(R)]: （拾取图 7-119 中的 A 点）
输入属性值
请输入粗糙度的值: 3.2 （输入粗糙度的值 3.2，然后按 Enter 键结束命令）

（2）输入命令 insert 或者单击【绘图】工具栏中的 按钮，按照图 7-120 所示设置参数，拾取图 7-119 中的 B 点作为块的插入点，将粗糙度旋转 180° 后插入到 B 点，效果如图 7-117 所示。

例 7-24 木棉树图例图块的应用，在图 7-121 中道路绿化带上的 A、B、C 处以 0.5 的比例插入木棉树图块。

图 7-120 【插入】对话框

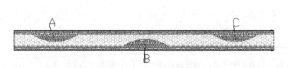

图 7-121 道路绿化带平面图

操作步骤：

（1）选择【插入】→【图块】命令，在弹出的对话框中按如图 7-122 所示设置参数。

图 7-122 【插入】对话框

```
命令: _insert
指定插入点或 [基点(B)/比例(S)/旋转(R)]:　（拾取 A 点，作为插入点）
```

（2）重复第（1）步的操作，分别在 B 点和 C 点插入木棉树，效果如图 7-123 所示。

图 7-123　插入了木棉树的绿化带图

7.7　外　部　参　照

7.7.1　外部参照的概念及应用

外部参照是指把已有的图形文件以参照的形式插入到当前图形中来辅助设计。插入外部参照与插入块有相似的地方，但它们的主要区别是：如果插入了块，该块就永久性地插入到当前图形中，成为当前图形的一部分；而以外部参照方式将图形插入到当前图形后，被插入图形文件的信息并不直接加入到当前图形中，它只是与当前图形文件建立一种联系，因此，使用外部参照可以生成图形而不会显著增加图形文件的大小。

当打开含有外部参照的图形文件时，如果原参照的图形文件发生了改变，被插入到当前图形的参照图形也将改变，从而反映参照图形文件的最新状态。

一个图形可以作为外部参照同时附着到多个图形中，也可以将多个图形作为参照图形附着到单个图形。因此，由多人来完成的设计项目，若利用外部参照，可以很好地协调设计工作。外部参照的另外一个应用是临摹，如图 7-124 所示的某市行政区划栅格图片，为了适应数字城市的要求，必须将它们矢量化（数字化），空间数据要求非常精确，人们常以图片为背景进行跟踪绘制，在 CAD 软件中用外部参照方式进行绘制。已经走进百姓生活的GPS 中的道路线路图也是用相关的遥感图片和地形图进行跟踪设计的。

图 7-124　某市行政区划栅格图片

7.7.2 外部参照的操作

1. 引用外部参照

引用外部参照的命令方式如下。

方法一：选择【插入】→【DWG 参照】命令。

方法二：单击【参照】工具栏中的 按钮。

方法三：在命令行输入 xattach 命令。

用上述任一种方法执行命令后，打开【选择参照文件】对话框，选择参照文件后单击【打开】按钮，打开【外部参照】对话框，如图 7-125 所示。

对话框中各选项功能如下。

❑ 【参照类型】选项区域：用于设置外部参照的类型。如果选中【附着型】单选按钮，将显示参照图形中引用的参照图形，即如果插入的对照图形本身已附着有参照图形，在当前图形中将被显示；如果选中【覆盖型】单选按钮，将不显示参照图形中引用的参照图形，即在当前图形中不显示参照图形本身附着的参照图形。

❑ 【路径类型】下拉列表框：用于选择保存外部参照的路径类型。

其他选项的功能与插入块时【插入】对话框中的选项功能相同。在【外部参照】对话框中完成各项设置后，单击【确定】按钮，可以将图形文件以外部参照的形式插入到当前图形中。

2. 【外部参照】工具选项板的使用

在【外部参照】工具选项板中可以对外部参照进行编辑和管理。打开【外部参照】工具选项板的命令方式如下。

方法一：选择【插入】→【外部参照】命令。

方法二：在命令行输入 xref 命令。

用上述任一种方法执行命令后，打开【外部参照】工具选项板，如图 7-126 所示。

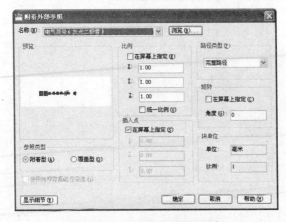

图 7-125 【外部参照】对话框

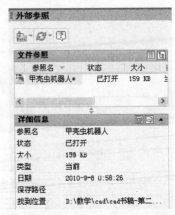

图 7-126 【外部参照】工具选项板

选项板中各工具按钮的功能如下。

- ❑ 📑 按钮：单击该按钮可以将 DWG 文件、图像文件和 DEF 文件附着到当前图形文件中。
- ❑ 【文件参照】列表区：列出了当前图形中所有外部参照的文件名、状态、大小、类型等。
- ❑ 【详细信息】列表区：列出了在【文件参照】列表区选中的参照文件的详细特性。如单击【详细信息】列表区右上方的【预览】按钮，可预览选定的外部对照文件的缩略图。

7.8　小　　结

本章主要介绍了文字样式设置、单行文字和多行文字的输入与编辑方法、图块的创建方法、块属性设计以及图块的插入方法、常用图块创建和应用以及外部参照的操作应用等。

7.9　上机练习与习题

1．试参考 7.5.6 节设计一款你个人风格的标题栏，并以"姓名+的作品"（"张三+的作品"）为文件名保存。

2．以"日期+姓名+专业名称"（如"2011-5-4+张三+物流"）为文件名，把你的专业中常出现的标志性图形或符号设计成一个外部块，以便在你的课外设计图中调用它。

3．以你最喜欢的物品图片作为外部参照进行个性化设计，并将其以"姓名+最喜欢的+物品名称"（如"张三+最喜欢的+叮当猫"）为文件名保存。

4．绘制如图 7-127 所示的某小区施工用电平面布置图中的图例（包含图例与文字），尺寸自拟。

图 7-127　某小区施工用电平面布置图图例

5. 创建如图 7-128 所示的园林设计图中常用的植物黄槐图例并将其定义为外部图块。

图 7-128　黄槐图例

6. 参考如图 7-129 所示的标题栏格式，设计一个用于你的公司/设计院的设计图上的标题栏以及你的公司/设计院的图标。

图 7-129　××公司/设计院图纸用标题栏

7. 在网上搜索并下载"亚运吉祥物"图片，以"亚运吉祥物"图片作为外部参照绘制出"亚运吉祥物"图形并将其定义成块。

第 8 章 尺 寸 标 注

图形表达的是所绘制对象的结构和形状，而对象的大小是由尺寸来决定的，因此，一张完整的图纸除了有图形之外还必须准确、详尽和清晰地对图形进行标注尺寸，以确定其大小，并作为施工或产品制造时的依据。本章就将介绍尺寸标注的相关概念及尺寸标注的基本方法。

8.1 尺寸标注在绘图中的地位

在图纸设计过程中，不管图形绘制得如何美观、如何正确，都只能表达所绘制对象的结构和形状，而对象的真实大小是以图纸上所标注的尺寸值为依据的，与绘图的精确度及图形的大小无关；尺寸标注是施工或产品制造的依据，尺寸标注得是否合理，关系到对象的设计要求是否能得到保证，对象的施工和测量等环节能否顺利完成，即直接关系到企业产品的质量及企业的生存。因此，尺寸标注在图纸设计过程中占有非常重要的地位，是 CAD 的重要组成部分。

8.2 尺 寸 标 注 分 析

8.2.1 尺寸标注的原则与规范

在图纸设计过程中对绘制好的图形进行尺寸标注时，应该遵循以下原则。
- ❑ 正确性原则：尺寸标注必须符合国家标准（GB）规定的尺寸标注法。
- ❑ 完整性原则：所标注的尺寸数据应以所设计的对象的实际尺寸为依据（与绘图比例及绘图的准确度无关），并且标注完制造产品或施工所需的所有尺寸，不遗漏、不重复。
- ❑ 清晰性原则：保证不被误读和误解，每一个尺寸都应标在反映该结构最清晰的图形上，布局整齐，便于阅读。
- ❑ 合理性原则：尺寸标注要符合设计、施工、工艺和测量的要求，尺寸间不得发生矛盾和不便作图等不合理现象，一个尺寸只标一次。

除此之外，还应该遵循如下的一些规范：

❑ 图样中的尺寸一般以 mm 为单位，不需要标注单位的代号或名称。若使用其他单位，则必须在图中注明计量单位的代号或名称，如 cm、m 等。

❑ 图样中所标注的尺寸为该图样所表示的物体的最后完工尺寸，否则应该另加说明。

❑ 相互平行的几个尺寸，小的应该在里面，大的在外面。

❑ 同一方向的分段尺寸尽量标在同一水平线上。

❑ 避免出现封闭的尺寸链。封闭的尺寸链指的是头尾相接绕成一整圈的一组尺寸。

8.2.2 尺寸标注的三要素

一个完整的尺寸标注通常由尺寸线、延伸线和尺寸数字 3 个要素组成，如图 8-1 所示。现分别介绍如下。

❑ 尺寸线：指明所要测量尺寸的长短。

❑ 延伸线：用来限定所标注尺寸的范围。

❑ 尺寸数字：指定延伸线之间的距离、角度等标注的内容。

尺寸标注的三要素都分别有相关的规定。

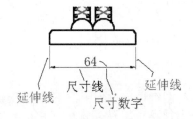

图 8-1　尺寸标注的三要素

❑ 尺寸线的相关规定：尺寸线用细实线绘制；尺寸线不能用其他图线代替，一般也不能与其他图线重合或绘在其延长线上；标注线性尺寸时，尺寸线应与被标注的对象平行。

❑ 延伸线的相关规定：延伸线用细实线绘制；一般由轮廓线、轴线、对称线引出作延伸线，也可直接使用以上线型作为延伸线；一般情况下延伸线是垂直于尺寸线的；避免从虚线处引出延伸线。

❑ 尺寸数字的相关规定：尺寸数字应按国家标准要求书写，一般采用长仿宋字体，数字采用阿拉伯数字；在进行尺寸标注时，尺寸数字不可被任何图线所通过；否则必须将该图线断开；标注参考尺寸时，应将尺寸数字加上圆括弧（美国图纸上的参考尺寸一般都加"REF"前缀）；标注尺寸的符号直径用"ϕ"表示，半径用"R"表示，球用"Sϕ"、"SR"表示，方形结构用"□"表示。

8.2.3 尺寸标注前的准备工作

尺寸标注是在用户完成所有的图形绘制之后进行的。在标注尺寸前，用户首先应对尺寸标注的各个方面都有所了解，并做好准备工作。工程图中的尺寸标注必须符合制图标准。目前，各国制图标准有许多不同之处，我国各行业制图标准中对尺寸标注的要求也不完全相同。

AutoCAD 是一个通用的绘图软件包，它允许用户根据需要自行创建尺寸标注样式。因此，在 AutoCAD 中标注尺寸之前，首先应根据制图标准创建所需要的尺寸标注样式，尺寸标注样式控制着尺寸标注的三要素；其次要建立好相关的尺寸标注图层；第三，事先要将标注所用到的如"标高"、"粗糙度"、"坡度"等符号定义为外部块，以备标注时调用；第四，在标注尺寸时，一般应打开固定目标捕捉，这样可准确、快速地进行尺寸标注。当创建了尺寸标注样式后，就可以进入到尺寸标注图层进行尺寸标注了。AutoCAD 可标注直线尺寸、角度尺寸、直径尺寸、半径尺寸及公差等。

8.2.4　尺寸标注方法

图样中的图形有简单体和组合体两种，简单体图形的尺寸标注方法很简单，如标注如图 8-2 所示图形的长度尺寸，可通过选取该线段的两个端点，即给出延伸线 1 和延伸线 2，再指定决定尺寸线位置的第 3 点，即可完成标注。

组合体图形的尺寸标注一般采用形体分析法，即将组合体图形分解成若干个简单体并在此基础上按以下顺序标注 3 类尺寸：简单体的定形尺寸、简单体之间的定位尺寸和总体尺寸。定形尺寸是指用于确定简单体形状和大小的尺寸，定

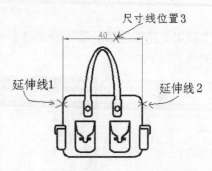

图 8-2　简单体图形尺寸标注过程示例

位尺寸是指用于确定各简单体之间的相对位置的尺寸，总体尺寸是指整个组合体的最大长、宽、高尺寸。标注定位尺寸前，首先要确定尺寸基准，一般以底面、端面、对称面和轴线作为基准。

8.3　标注样式管理器

标注样式决定了标注格式的外观，通过设置标注样式可以建立符合国家标准和行业标准的标注形式，同时可以快速准确地标注。所以对于绘制好的图形，进行标注时首先要设置标注样式。

在 AutoCAD 2010 中，应使用【标注样式管理器】对话框来创建尺寸标注样式。【标注样式管理器】对话框的打开方法如下。

方法一：单击功能区【注释】选项卡中【标注】组右下角的 按钮。

方法二：选择【标注】→【标注样式】命令。

方法三：选择【格式】→【标注样式】命令。

方法四：在命令行输入 dimstyle。

方法五：使用如图 8-3 所示的【标注】工具栏是进行尺寸标注时输入命令的最快捷方

式，所以在进行尺寸标注时应将该工具栏弹出放在绘图区旁。

（a）AutoCAD 经典模式下的【标注】工具栏

（b）二维草图与注释模式下的【标注】工具栏

图 8-3　【标注】工具栏

使用上述方法中的前 4 种将打开【标注样式管理器】对话框如图 8-4 所示，其中各选项的含义如下。

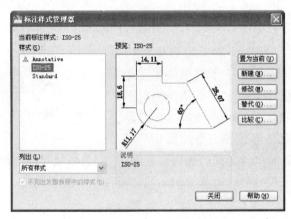

图 8-4　【标注样式管理器】对话框

1.【样式】列表框

【样式】列表框中显示的是当前图中已有的尺寸标注样式名称。该区下边的【列出】下拉列表框中的选项，用来控制【样式】列表框中所显示的尺寸标注样式名称的范围。在图 8-4 中，选择【所有样式】选项，即可在【样式】列表框中显示当前图中全部尺寸标注样式名称。

2.【预览】选项区域

【预览】选项区域标题的冒号后显示的是当前尺寸标注样式的名称。该区中的图形为当前尺寸标注样式的示例，【说明】选项区域中显示的是对当前尺寸标注样式的描述。

3. 按钮区

【置为当前】、【新建】、【修改】、【替代】和【比较】5 个按钮分别用于设置当前尺寸标注样式、创建新的尺寸标注样式、修改已有的尺寸标注样式、替代的尺寸标注样式和比较两种尺寸标注样式，具体操作方法将在后边几节中详述。

8.3.1　【新建标注样式】对话框

创建新的标注样式前，应先了解【新建标注样式】对话框中各选项的含义。

【新建标注样式】对话框可通过下列步骤打开：

（1）单击【标注样式管理器】对话框中的【新建】按钮，弹出【创建新标注样式】对话框，如图 8-5 所示。

（2）单击【创建新标注样式】对话框中的【继续】按钮，将弹出【新建标注样式：××】对话框，如图 8-6 所示。

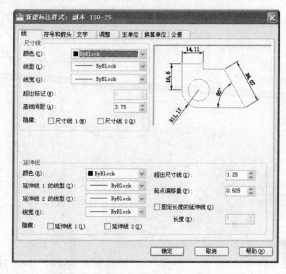

图 8-5　【创建新标注样式】对话框　　　　图 8-6　【新建标注样式：××】对话框

【新建标注样式】对话框中有 7 个选项卡，各项含义如下。

1. 【线】选项卡

该选项卡用于控制尺寸线、延伸线的标注形式，包括【尺寸线】和【延伸线】两个选项区域（不包括预览区）。

（1）【尺寸线】选项区域

❑　【颜色】下拉列表框：用于设置尺寸线的颜色，一般设为随层或随块。

❑　【线型】下拉列表框：用于设置尺寸线的线型，一般设为随层或随块。

❑　【线宽】下拉列表框：用于设置尺寸线的线宽，一般设为随层或随块。

❑　【超出标记】编辑框：用来指定当尺寸起止符号为斜线时，尺寸线超出尺寸界线的长度，效果如图 8-7 所示。

❑　【基线间距】编辑框：用来指定执行基线尺寸标注方式时，两条尺寸线之间的距离，效果如图 8-8 所示，一般设为 7~10mm。

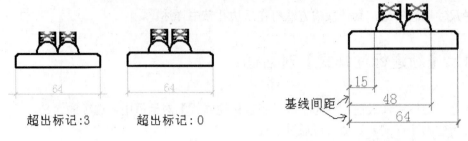

超出标记:3 超出标记: 0

图 8-7 尺寸线超出延伸线的示例   图 8-8 尺寸线基线间距示例

- ❑ 【隐藏】选项：该选项包括【尺寸线 1】和【尺寸线 2】两个复选框，其作用是分别消隐【尺寸线 1】和【尺寸线 2】。所谓【尺寸线 1】，是指靠近第一条延伸线的大半尺寸线；所谓【尺寸线 2】，是指靠近第二条延伸线的大半尺寸线。它们主要用于半剖视图的尺寸标注，效果如图 8-9 所示。

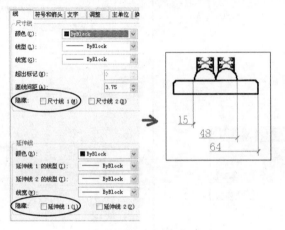

图 8-9 隐藏尺寸线与延伸线的示例

（2）【延伸线】选项区域

- ❑ 【颜色】下拉列表框：用于设置延伸线的颜色，一般设置为随层或随块。
- ❑ 【延伸线 1 的线型】下拉列表框：用于设置延伸线 1 的线型，一般设为随层或随块。
- ❑ 【延伸线 2 的线型】下拉列表框：用于设置延伸线 2 的线型，一般设为随层或随块。
- ❑ 【线宽】下拉列表框：用于设置延伸线的线宽，一般设置为随层或随块。
- ❑ 【超出尺寸线】编辑框：用来指定延伸线超出尺寸线的长度，制图标准规定该值为 2~3mm，效果如图 8-10 所示。
- ❑ 【起点偏移量】编辑框：用来指定延伸线相对于起点偏移的距离。该起点是在进行尺寸标注时用目标捕捉（一般为交点模式）方式指定的。机械图的延伸线的起点一般为 0；土木类制图的延伸线的起点不小于 2mm，效果如图 8-11 所示。
- ❑ 【隐藏】选项：该选项包括【延伸线 1】和【延伸线 2】两个复选框，其作用是分别消隐【延伸线 1】和【延伸线 2】。它们主要用于半剖视图的尺寸标注。
- ❑ 【固定长度的延伸线】选项：选中该复选框将控制延伸线的长度不改变；反之，延伸线的长度由绘图者根据需要而定。

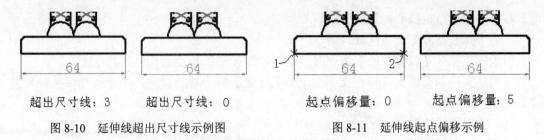

超出尺寸线：3　　　超出尺寸线：0　　　　　　起点偏移量：0　　　起点偏移量：5

图 8-10　延伸线超出尺寸线示例图　　　　　图 8-11　延伸线起点偏移示例

2. 【符号和箭头】选项卡

该选项卡用于控制尺寸的起止符号（箭头）、圆心标记的形式和大小、弧长符号的形式和位置、半径标注折弯角度的大小。包括【箭头】、【圆心标记】、【弧长符号】、【折断标注】、【线性折弯标注】、【半径折弯标注】6 个区（不包括预览区），如图 8-12 所示。

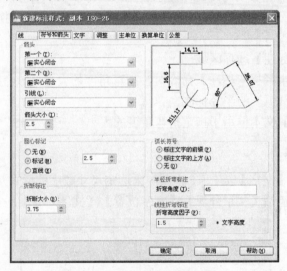

图 8-12　【符号和箭头】选项卡

（1）【箭头】（即尺寸起止符号）选项区域

❑　【第一个】下拉列表框：列出尺寸线第一端点起止符号的名称及图例。

❑　【第二个】下拉列表框：列出尺寸线第二端点起止符号的名称及图例。

★★说明：尺寸起止符号标准库中有 19 种图例，在机械图中主要用实心闭合标记（即箭头）▉；土木类制图主要用建筑标记▨。

❑　【引线】下拉列表框：列出执行引线标注方式时，引线端点起止符号的名称及图例，可从中选取所需形式。

❑　【箭头大小】数值框：用于确定尺寸起止符号长度的大小。例如箭头的长度、45°斜线的长度、圆点的大小等，按制图标准应设成 3mm 左右。

（2）【圆心标记】选项区域

用于确定执行【圆心标记】命令时，是否绘制圆心标记及如何绘制圆心标记。

【无】、【标记】、【直线】3 个单选按钮：用于选择圆心标记的类型或无圆心标记，【标记】数值框用于指定圆心标记的大小。

（3）【弧长符号】选项区域

用于确定执行【弧长符号】命令时，是否绘制弧长符号及弧长符号的位置。

【标注文字的前缀】、【标注文字的上方】、【无】3 个单选按钮：用于选择弧长符号的位置或无弧长符号。

（4）【折断标注】选项区域

使用【折断标注】工具，可以通过指定的距离来折断标注、尺寸延伸线或引线，使得它们不至于与图形轮廓线造成混乱，操作中可以通过拾取标注、尺寸延伸线或引线上的两点来放置折断标注，以确定打断的大小和位置。

（5）【线性折弯标注】选项区域

使用此项功能，用户可以向线性标注添加折弯线，以表示实际测量值与尺寸界线之间的长度不同。如果显示的标注对象小于被标注对象的实际长度，则通常使用折弯尺寸线表示。

（6）【半径折弯标注】选项区域

用于确定执行【半径折弯标注】命令时，折弯角度的大小，该命令主要用于圆心位置不在图形中的大圆（圆弧）的半径标注。

其中【折弯角度】文本框用于指定折弯角度的大小，一般为 45°。

3. 【文字】选项卡

如图 8-13 所示为【文字】选项卡，主要用来选定尺寸数字的样式及设定尺寸数字高度、位置和对齐方式等，包括【文字外观】、【文字位置】、【文字对齐】3 个选项区域。

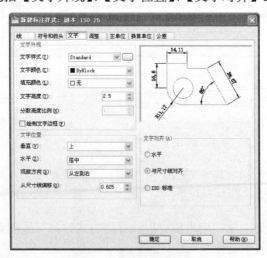

图 8-13　【文字】选项卡

（1）【文字外观】选项区域

❑　【文字样式】下拉列表框：用来选择尺寸数字的文字样式。

❑　【文字颜色】下拉列表框：用来选择尺寸数字的颜色，一般设置为随层或随块。

❑　【填充颜色】下拉列表框：用来选择是否给尺寸数字填充颜色或者填充哪种颜色。

- 　【文字高度】数值框：用来指定尺寸数字的字高（即字号），一般设置为 3.5mm。
- 　【分数高度比例】编辑框：用来设置基本尺寸中分数数字的高度。在其中输入一个数值，AutoCAD 将用该数值与尺寸数字高度的乘积来指定基本尺寸中分数数值的高度。
- 　【绘制文字边框】复选框：控制是否给尺寸数字绘制边框，如果选中该复选框，尺寸数字 60 标注将写为 60 的形式。

（2）【文字位置】选项区域

- 　【垂直】下拉列表框：用来控制尺寸数字沿尺寸线垂直方向的位置，包括【居中】、【上】、【外部】、【JIS】（日本工业标准）和【下】5 个选项，部分效果如图 8-14 所示。

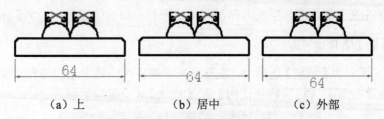

图 8-14　垂直对齐示例

- 　【水平】下拉列表框：用来控制尺寸数字沿尺寸线水平方向的位置，有 5 个选项，效果如图 8-15 所示（设定文字的垂直位置为【上】，文字对齐设为【与尺寸线对齐】）。各选项的含义如下。

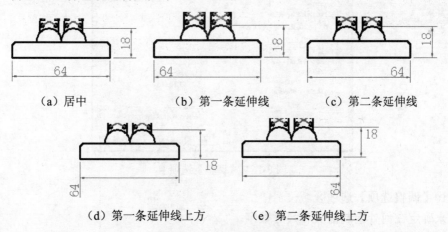

图 8-15　水平对齐示例图

- ➢ 　【居中】选项：使尺寸界线内的尺寸数字居中放置。
- ➢ 　【第一条延伸线】选项：使延伸线之间的尺寸数字靠向第一条延伸线放置。
- ➢ 　【第二条延伸线】选项：使延伸线之间的尺寸数字靠向第二条延伸线放置。
- ➢ 　【第一条延伸线上方】选项：将尺寸数字放在第一条延伸线上方并平行于第一条延伸线。
- ➢ 　【第二条延伸线上方】选项：将尺寸数字放在第二条延伸线上方并平行于第

二条延伸线。

- 【观察方向】下拉列表框：用来控制标注文字的观察方向。
- 【从尺寸线偏移】编辑框：设置标注文字与尺寸线之间的距离。

（3）【文字对齐】选项区域

用来控制尺寸数字的字头方向是水平向上还是与尺寸线平行。

- 【水平】单选按钮：选中时，尺寸数字字头永远水平向上，主要用于引出标注和角度尺寸标注。
- 【与尺寸线对齐】单选按钮：选中时，尺寸数字字头方向与尺寸线平行，用于直线尺寸标注。
- 【ISO 标准】单选按钮：选中时，尺寸数字字头方向符合国际制图标准，即尺寸数字在延伸线内时，字头方向与尺寸线平行；在延伸线外时，字头永远水平向上。

4. 【调整】选项卡

如图 8-16 所示为【调整】选项卡，主要用来调整各尺寸要素之间的相对位置，包括【调整选项】、【文字位置】、【标注特征比例】和【优化】4 个选项区域。

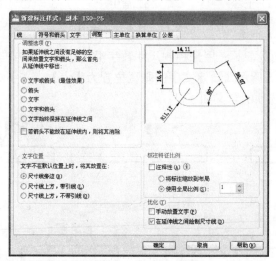

图 8-16　【调整】选项卡

（1）【调整选项】选项区域

用来确定在何处绘制箭头和尺寸数字。

- 【文字或箭头（最佳效果）】单选按钮：根据两延伸线之间的距离，以适当方式放置尺寸数字和箭头。其相当于以下几种方式的综合。
- 【箭头】单选按钮：选中时，如果空间允许，将尺寸数字与箭头都放在延伸线内；如果尺寸数字和箭头两者仅够放一种，就将尺寸箭头放在延伸线外，尺寸数字放在延伸线内；如果尺寸数字也不足以放在延伸线内，则尺寸数字和箭头都放在延伸线外，如图 8-17 所示。
- 【文字】单选按钮：选中时，如果空间允许，将尺寸数字和箭头都放在延伸线内；

如果尺寸数字和箭头两者仅够放一种，就将尺寸数字放在延伸线外，尺寸箭头放在延伸线内；如果尺寸箭头也不足以放在尺寸界线内，则尺寸数字和箭头都放在延伸线外，如图 8-18 所示。

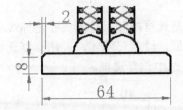　　　　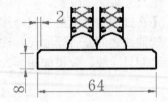

图 8-17　选中【箭头】单选按钮示例　　　图 8-18　选中【文字】单选按钮示例

❑ 【文字和箭头】单选按钮：选中时，如果空间允许，就将尺寸数字和箭头都放在延伸线之内，否则都放在延伸线之外。

❑ 【文字始终保持在延伸线之间】单选按钮：选中时，在任何情况下都将尺寸数字放在两延伸线之间。

❑ 【若箭头不能放在延伸线内，则将其消除】复选框：选中时，如果延伸线之间的空间不够，就消除箭头。

（2）【文字位置】选项区域

❑ 【尺寸线旁边】单选按钮：用来控制当尺寸数字不在默认位置时，在尺寸线旁放置尺寸数字，效果如图 8-19（a）所示。

❑ 【尺寸线上方，带引线】单选按钮：控制当尺寸数字不在默认位置时，若尺寸数字和箭头都不足以放到延伸线内，可移动鼠标绘出一条引线标注尺寸数字，效果如图 8-19（b）所示。

❑ 【尺寸线上方，不带引线】单选按钮：控制当尺寸数字不在默认位置时，若尺寸数字和箭头都不足以放到延伸线内，则呈引线模式，但不画出引线，效果如图 8-19（c）所示。

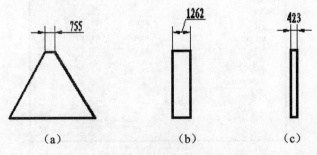

（a）　　　　　　　（b）　　　　　　　（c）

图 8-19　【文字位置】选项区域选项示例

（3）【标注特征比例】选项区域

❑ 【使用全局比例】单选按钮：用来设定全局比例系数。该尺寸标注样式中所有尺寸的大小及偏移量的尺寸标注变量都会乘上全局比例系数。全局比例系数的默认值为 1，用户也可以在右边的编辑框中指定。一般使用默认值 1。

❑ 【将标注缩放到布局】单选按钮：控制是在图纸空间还是在当前的模型空间视窗

中使用全局比例系数。

（4）【优化】选项区域

❑ 【手动放置文字】复选框：选中该复选框进行尺寸标注时，AutoCAD 允许自行指定尺寸数字的位置。

❑ 【在延伸线之间绘制尺寸线】复选框：该复选框控制尺寸箭头在延伸线外时，两延伸线之间是否绘制尺寸线。选中该复选框，绘制尺寸线；关闭该复选框，则不绘制尺寸线，效果如图 8-20 所示。一般要选中该复选框。

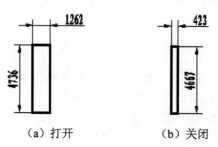

（a）打开   （b）关闭

图 8-20   【在延伸线之间绘制尺寸线】开关效果示例

5. 【主单位】选项卡

如图 8-21 所示为【主单位】选项卡，主要用来设置基本尺寸单位的格式和精度，并设置尺寸数字的前缀和后缀，包括【线性标注】、【测量单位比例】、【消零】和【角度标注】4个选项区域。

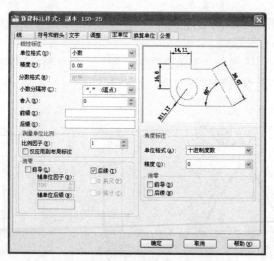

图 8-21   【主单位】选项卡

（1）【线性标注】选项区域

用于控制线性基本尺寸度量单位及尺寸数字中的前缀和后缀。

❑ 【单位格式】下拉列表框：用来设置线性尺寸单位格式，包括【科学】、【小数】（即十进制数）、【工程】、【建筑】、【分数】、【Windows 桌面】等。其中，小数为默认设置。

- ❑ 【精度】下拉列表框：用来设置线性基本尺寸小数点后保留的位数。
- ❑ 【分数格式】下拉列表框：用来设置线性基本尺寸中分数的格式，包括【对角】、【水平】和【非堆叠】3 个选项，只用于单位格式为【建筑】、【分数】的两种单位。
- ❑ 【小数分隔符】下拉列表框：用来指定十进制单位中小数分隔符的形式，包括句点、逗号和空格，一般使用句点。
- ❑ 【舍入】数值框：用于设置线性基本尺寸值的舍入（即取近似值）规定。
- ❑ 【前缀】文本框：用于在尺寸数字前添加一个前缀。前缀文字将替换掉任何默认的前缀（如半径 R 将被替换掉）。
- ❑ 【后缀】文本框：用于在尺寸数字后添加一个后缀（如 183cm）。

（2）【测量单位比例】选项区域

用于设置测量尺寸的缩放比例，AutoCAD 的实际标注值为测量值与该比例的值。

- ❑ 【比例因子】数值框：为线性尺寸设置一个比例因子。当按不同比例绘图时，可直接标注出实际物体的大小。例如，绘图时将尺寸缩小为原来的 1/10 来绘制，即绘图比例为 1:10，则在此设置比例因子为 10，AutoCAD 就将把测量值扩大 10 倍，使用真实的尺寸值进行标注。
- ❑ 【仅应用到布局标注】复选框：控制仅把比例因子用于布局中的尺寸。

（3）【消零】选项区域

用于设置是否显示尺寸标注中的"前导"和"后缀"零。

- ❑ 【前导】复选框：用来控制是否对前导 0 加以显示。选中该复选框，将不显示十进制尺寸整数 0。例如，"0.80"将显示为"80"。
- ❑ 【后续】复选框：用来控制是否对后续 0 加以显示。选中该复选框，将不显示十进制尺寸小数后的 0。例如，"0.80"将显示为"0.8"。

（4）【角度标注】选项区域

用于控制角度基本尺寸度量单位、精度及尺寸数字中 0 的显示。

- ❑ 【单位格式】下拉列表框：用来设置角度尺寸单位，包括十进制度数、度/分/秒、百分度、弧度等角度单位。其中，十进制度数为默认设置。
- ❑ 【精度】下拉列表框：用来设置角度基本尺寸小数点后保留的位数。
- ❑ 【前导】复选框：用来控制是否对角度基本尺寸前导 0 加以显示。
- ❑ 【后续】复选框：用来控制是否对角度基本尺寸后续 0 加以显示。

6. 【换算单位】选项卡

如图 8-22 所示为【换算单位】选项卡，主要用来设置换算单位的格式和精度，并设置尺寸数字的前缀和后缀。其中各选项与【主单位】选项卡的同类选项基本相同，在此不再详述。

7. 【公差】选项卡

如图 8-23 所示为【公差】选项卡，用来控制尺寸公差标注形式、公差值大小及公差数字的高度及位置，主要用于机械制图，常用的是【公差格式】和【消零】两个选项区域。

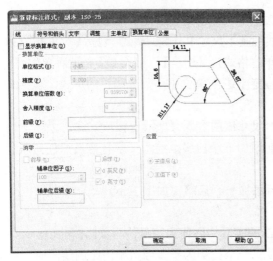 

图 8-22　【换算单位】选项卡　　　　　　图 8-23　【公差】选项卡

（1）【公差格式】选项区域

❑　【方式】下拉列表框：用来指定公差标注方式。

➢　【无】选项：表示无公差标注。

➢　【对称】选项：表示上下偏差同值标注，效果如图 8-24（a）所示。

➢　【极限偏差】选项：表示上下偏差不同值标注，效果如图 8-24（b）所示。

➢　【极限尺寸】选项：表示用上下极限值标注，效果如图 8-24（c）所示。

➢　【基本尺寸】选项：表示在基本尺寸数字外加一个矩形框，效果如图 8-24（d）所示。

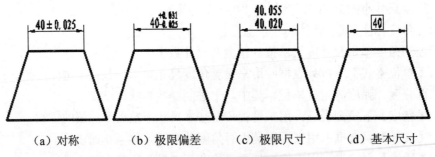

（a）对称　　　（b）极限偏差　　　（c）极限尺寸　　　（d）基本尺寸

图 8-24　公差方式示例

❑　【上偏差】数值框：用来设定尺寸的上偏差值。

❑　【下偏差】数值框：用来设定尺寸的下偏差值。

❑　【高度比例】数值框：用来设定尺寸极限偏差数字的高度。该高度是由尺寸偏差数字字高与基本尺寸数字高度的比值来确定的。例如，0.7 这个值表示尺寸偏差数字字高为基本尺寸数字高度的 7/10，一般设为 0.7。

❑　【垂直位置】下拉列表框：用来控制尺寸偏差相对于基本尺寸的位置，机械制图标准设为"下"。

➢　【下】选项：尺寸公差数字底部与基本尺寸底部对齐，效果如图 8-25（a）

所示。

> 【中】选项：尺寸公差数字中部与基本尺寸中部对齐，效果如图 8-25（b）
> 所示。

> 【上】选项：尺寸偏差数字顶部与基本尺寸顶部对齐，效果如图 8-25（c）
> 所示。

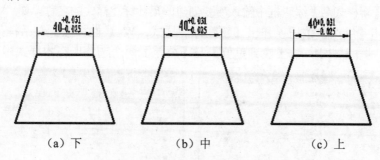

（a）下　　　　　　　　（b）中　　　　　　　　（c）上

图 8-25　公差值垂直位置对齐方式示例

□　【精度】下拉列表框：用来指定公差值小数点后保留的位数，机械图要求保留 3 位。

（2）【消零】选项区域

□　【前导】复选框：用来控制是否对尺寸公差值中的前导 0 加以显示。

□　【后续】复选框：用来控制是否对尺寸公差值中的后续 0 加以显示。

8.3.2　创建新的尺寸标注样式

使用标注样式可以控制尺寸标注的格式和外观，从而满足不同行业的标注规范，因此应把绘图中常用的尺寸标注形式创建为标注样式。在标注尺寸时，需用哪种标注样式，就将它设为当前标注样式，这样可提高绘图效率，并且便于修改。下面创建 4 种制图中常见的线性尺寸标注样式，如图 8-26 所示。其中，线性标注、线性直径标注、公差标注主要用于机械图；线性标注也用于水工图；建筑标注主要用于土木类制图。

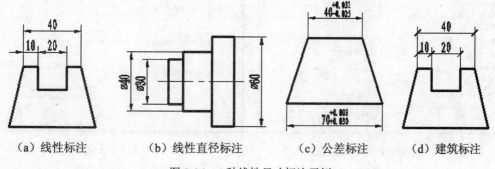

（a）线性标注　　　（b）线性直径标注　　　（c）公差标注　　　（d）建筑标注

图 8-26　4 种线性尺寸标注示例

1. 创建线性标注尺寸标注样式

该标注样式不仅用于直线段的尺寸标注，还可用于字头与尺寸线平行的任何尺寸的标注。

创建过程如下：

（1）选择【标注】→【标注样式】命令，打开【标注样式管理器】对话框，单击【新建】按钮，打开【创建新标注样式】对话框。

（2）在【基础样式】下拉列表框中选择一种与所要创建的尺寸标注样式相近的尺寸标注样式作为基础样式（如果没有创建过标注样式，只有以 ISO-25 为基础样式）。

（3）在【新样式名】编辑框中输入所要创建的尺寸标注样式的名称，如"W 线性标注"。

（4）单击【继续】按钮，弹出【新建标注样式：W 线性标注】对话框，各选项卡的设置如图 8-27~图 8-31 所示，【换算单位】与【公差】两个选项卡在本样式中不需要设置。

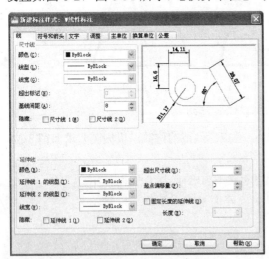

图 8-27　【线】选项卡的设置

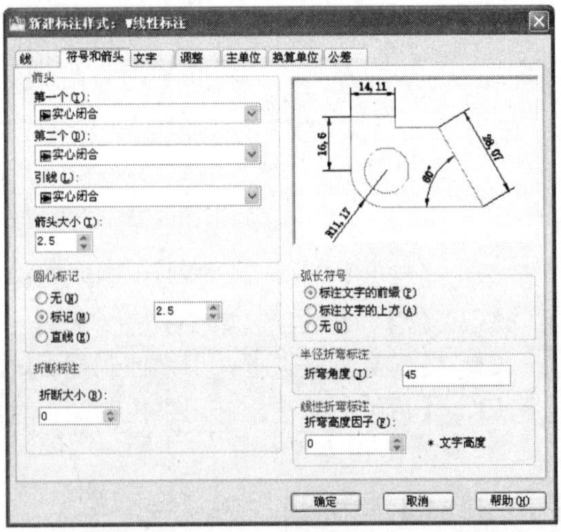

图 8-28　【符号和箭头】选项卡的设置

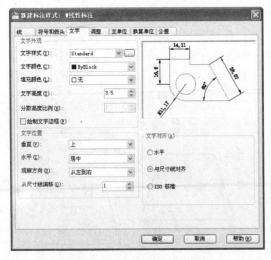

图 8-29　【文字】选项卡的设置

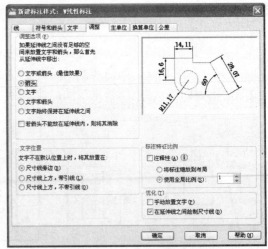

图 8-30　【调整】选项卡的设置

（5）设置完成后，单击【确定】按钮，AutoCAD 将存储新创建的【线性标注】尺寸标注样式，返回【标注样式管理器】对话框，并在【样式】列表框中显示【W 线性标注】尺寸标注样式名称，完成创建。

2. 创建【W 线性直径标注】尺寸标注样式

创建过程与【W 线性标注】类同，基础样式可选 "W 线性标注"，在【新样式名】编辑框中输入 "W 线性直径标注"，然后单击【继续】按钮，各选项卡设置只有【主单位】选项卡不同，在【前缀】文本框中输入 "%%c"，即直径 "ϕ" 的代号，如图 8-32 所示。

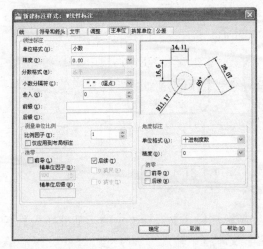

图 8-31 【主单位】选项卡的设置

图 8-32 【主单位】选项卡的设置

3. 创建【W 公差标注】尺寸标注样式

创建过程与【W 线性标注】类同，基础样式可选 "W 线性标注"，在【新样式名】文本框中输入 "W 公差标注"，然后单击【继续】按钮，增加【公差】选项卡设置，如图 8-33 所示。

4. 创建【W 建筑标注】尺寸标注样式

创建过程与【W 线性标注】类同，基础样式可选 "W 线性标注"，在【新样式名】文本框中输入 "W 建筑标注"，然后单击【继续】按钮，各选项卡设置只有【符号和箭头】选项卡不同，将【箭头】选项区域全部下拉列表框选择为 "建筑标记"，如图 8-34 所示。

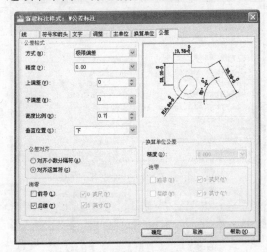

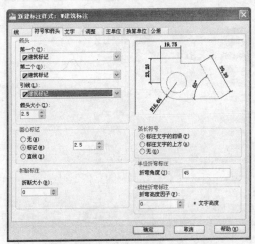

图 8-33 【公差】选项卡的设置

图 8-34 【符号和箭头】选项卡的设置

5. 创建"角度、圆、圆弧"尺寸标注样式

制图标准中规定，角度标注时，角度数字一律水平书写，标注圆、圆弧的直径或半径尺寸时，在直径或半径数字前应加注"ϕ"或"R"。由于过圆心都画出了中心线，因而它们的【符号和箭头】和【文字】两个选项卡的设置与线性尺寸标注有所不同，如图 8-35 所示。

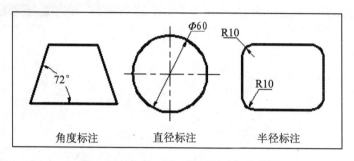

图 8-35　角度、圆、圆弧尺寸标注样例

（1）创建【W 角度标注】尺寸标注样式

创建过程与【W 线性标注】类同，在【创建新标注样式】对话框中的【基础样式】下拉列表框中选择"W 线性标注"，在【新样式名】文本框中输入"W 角度标注"，然后单击【继续】按钮，进入【新建标注样式】对话框，修改【文字】选项卡中的【文字对齐】为"水平"，如图 8-36 所示。

（2）创建【W 直径与半径】尺寸标注样式

创建过程与【W 线性标注】类同，在【创建新标注样式】对话框中的【基础样式】下拉列框中选择"W 线性标注"，在【新样式名】文本框中输入"W 直径与半径"，然后单击【继续】按钮，进入【新建标注样式】对话框，修改【文字】选项卡中的【文字对齐】为"水平"（与【W 角度标注】尺寸标注样式一样，参考图 8-36），在【调整】选项卡中的【调整选项】选项区域中将"箭头"修改为"文字"即可，如图 8-37 所示。

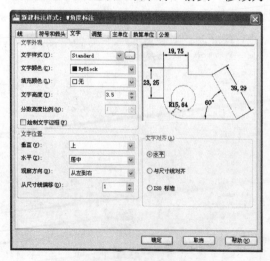

图 8-36　【文字】选项卡的设置

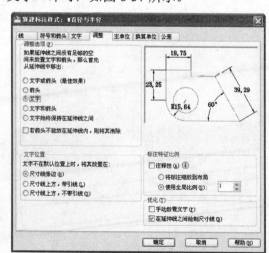

图 8-37　【调整】选项卡的设置

8.3.3　修改尺寸标注样式

若要修改某一种尺寸标注样式，可按以下步骤操作：

（1）单击工具栏中的 ╱ 按钮，弹出【标注样式管理器】对话框。

（2）从【样式】列表框中选择所要修改的尺寸标注样式名，然后单击【修改】按钮，弹出【修改标注样式】对话框。

（3）在【修改标注样式】对话框中进行所需的修改（该对话框与【创建新标注样式】对话框内容完全相同，操作方法也一样）。

（4）修改后单击【确定】按钮，AutoCAD 按原有样式名存储所做的修改，并返回【标注样式管理器】对话框，完成修改。

（5）单击【关闭】按钮，结束操作。

修改后，所有按该尺寸标注样式标注的尺寸（包括已经标注和将要标注的尺寸）均自动按新设置的尺寸标注样式进行更新。

8.3.4　尺寸标注样式的替代

在进行尺寸标注时，常常有个别尺寸与所设尺寸标注样式相近但不相同。若修改相近的尺寸标注样式，将使所有用该样式标注的尺寸都发生改变；若再创建新的尺寸标注样式又显得很麻烦。而使用 AutoCAD 2010 提供的尺寸标注样式替代功能，可设置一种临时的尺寸标注样式，方便地解决了这一问题。

操作过程如下：

（1）单击【标注】工具栏中的 ╱ 按钮，弹出【标注样式管理器】对话框。

（2）从【样式】列表框中选择相近的尺寸标注样式，然后单击【替代】按钮，弹出【替代标注样式】对话框。

（3）在【替代标注样式】对话框中进行所需的修改（该对话框与【创建新标注样式】对话框的内容完全相同，操作方法也一样）。

（4）修改后单击【确定】按钮，返回【标注样式管理器】对话框，AutoCAD 将在所选样式下自动生成一个临时尺寸标注样式，并在【样式】列表框中显示 AutoCAD 定义的临时尺寸标注样式名称。

8.4　标　注　尺　寸

在图纸设计过程中，绘制好图形对象之后要进入一个重要的环节，就是给图形对象标上实际尺寸即进行尺寸标注。

8.4.1 尺寸标注方式

AutoCAD 2010 提供了多种标注尺寸的方式，如线性标注、对齐标注、弧长标注、坐标标注、半径标注、直径标注、角度标注、快速标注、基线标注、连续标注等，读者可根据需要选择合适的方式进行尺寸标注。

尺寸标注方式的启动可以用如下 3 种方法：

（1）单击【标注】工具栏中相关的按钮，如图 8-38 所示。

（2）从【标注】菜单中选择相关的标注方式，如"线性"等。

（3）在命令行输入相关的标准方式命令，如输入 dimlinear。

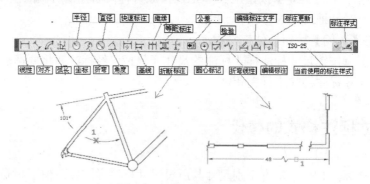

图 8-38 【标注】工具栏

8.4.2 尺寸标注

1. 用 dimlinear 命令等方法进行线性标注

设置所需的尺寸标注样式为当前标注样式后，可用该方式标注一般水平或垂直线段的尺寸。如图 8-26 所示为用【线性】标注方式标注的相关线性尺寸示例。现以图 8-39 中的 35.6 处为例进行讲解，操作步骤如下：

命令：dimlinear
指定第一条延伸线原点或（选择对象）：（拾取图 8-39 中的 A 点）
指定第二条延伸线原点：（拾取图 8-39 中的 B 点）
指定尺寸线位置或 [多行文字(M)/文字(T)/角度(A)/水平(H)/垂直(V)/旋转(R)]：（拾取图 8-39 中的 C 点）

若直接指定尺寸线位置，AutoCAD 将按测定的尺寸数字完成标注，效果如图 8-26（a）～图 8-26（d）所示。

若需要可进行选项设置，上述提示行各选项含义如下。

❑ 【多行文字】选项：用多行文字编辑器指定尺寸数字，如图 8-26（c）所示。

❑ 【文字】选项：用单行文字方式指定尺寸数字，如图 8-26（b）所示。

❑ 【角度】选项：指定尺寸数字的旋转角度（字头方向向上为零角度），图 8-39 中数字 "20" 即转动了 45°角。

- ❑ 【水平】选项：指定尺寸线水平标注（实际可直接拖动）。
- ❑ 【垂直】选项：指定尺寸线垂直标注（实际可直接拖动）。
- ❑ 【旋转】选项：指定尺寸线与延伸线的旋转角度（以原尺寸线为零起点），图 8-39 中数字"30.9"、"25.2"即旋转了 30°和 45°角。

2. 用 dimaligned 命令等方法进行对齐标注

设置所需的尺寸标注样式为当前标注样式后，可选用该方式标注倾斜尺寸。如图 8-40 所示为用【对齐】标注方式标注的对齐尺寸示例。操作步骤如下：

命令: dimaligned
指定第一条延伸线原点或（选择对象）：　（拾取图 8-40 中的 A 点）
指定第二条延伸线原点：　（拾取图 8-40 中的 B 点）
指定尺寸线位置或[多行文字(M)/文字(T)/角度(A)]：　（拾取图 8-40 中的 C 点）

若直接指定尺寸线位置，AutoCAD 将按测定尺寸数字完成标注，效果如图 8-40 所示。若需要可进行选项设置，各选项含义与线性尺寸标注方式的同类选项相同。

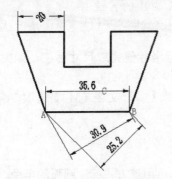

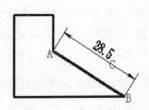

图 8-39　线性标注中的【角度】、【旋转】应用示例　　　图 8-40　对齐标注示例

3. 用 dimarc 命令等方法进行弧长标注

设置所需的尺寸标注样式为当前标注样式后，可选用该方式标注弧长大小。如图 8-41 所示为用【弧长】标注方式标注的弧长尺寸示例。标注 36.8 长弧段的操作步骤如下：

命令: dimarc
选择弧线段或多段线弧线段：　（选择以 A、B 点为端点的圆弧）
指定弧长标注位置或[多行文字(M)/文字(T)/角度(A)/部分(P)]：　（拾取图 8-41 中的 C 点）

若直接指定弧长标注位置，AutoCAD 将按测定弧长大小完成标注，效果如图 8-41 中弧长"36.8"所示。若要标注"26.3"弧段，步骤如下：

命令: dimarc
选择弧线段或多段线弧线段：　（选择以 A、B 点为端点的圆弧）
指定弧长标注位置或[多行文字(M)/文字(T)/角度(A)/部分(P)]: p（输入参数 p）
指定弧长标注的第一个点：　（拾取图 8-41 中的 A 点）
指定弧长标注的第二个点：　（拾取图 8-41 中的 D 点）
指定弧长标注位置或[多行文字(M)/文字(T)/角度(A)/部分(P)/]：　（拾取图 8-41 中的 e 点）

弧长为"10.5"的弧段的标注类似。其他选项含义与线性尺寸标注方式的同类选项相同。

4. 用 dimordinate 命令等方法进行坐标标注

设置所需的尺寸标注样式为当前标注样式后，可用该方式标注图形中特征点的 X、Y

坐标，如图 8-42 所示为用【坐标】标注方式标注的坐标尺寸示例。

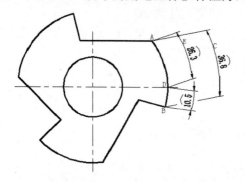

图 8-41　弧长标注示例　　　　图 8-42　用坐标直接给特征点标注坐标值示例

操作步骤如下：

命令：dimordinate
指定点坐标：（指定要标注坐标的点，如图 8-42 中的 A 或 B 点）
指定引线端点或 [X 基准(X)/Y 基准(Y)/多行文字(M)/文字(T)/角度(A)]：（指定引线端点或选项）

如果直接指定引线端点，AutoCAD 将按测定坐标值完成尺寸标注，如图 8-42 中 A 点坐标为（X=73.8，Y=59.4），B 点坐标为（X=53.9，Y=45.2）。

如果需要改变坐标值，可选择【文字（T）】或【多行文字（M）】选项，给出新坐标值，再指定引线端点即完成标注。

5. 用 dimradius 命令等方法进行半径标注

设置所需的尺寸标注样式为当前标注样式后，可用该方式标注圆弧的半径。如图 8-43（a）所示为用线性标注标注样式及半径标注方式标注的半径尺寸示例，如图 8-43（b）所示为用直径与半径标注样式及半径标注方式标注的半径尺寸示例。

　（a）用线性标注标注样式标注　　　　　　　（b）用直径与半径标注样式标注

图 8-43　半径尺寸标注示例

操作步骤如下：

命令：dimradius
选择圆弧或圆：（选择圆弧或圆）
指定尺寸线位置或 [多行文字(M)/文字(T)/角度(A)]：（拖动确定尺寸线位置或选项）

若直接给出尺寸线位置，AutoCAD 将按测定尺寸数字完成尺寸标注。若需要可进行选项设置，各选项含义与线性尺寸标注方式的同类选项相同。

6. 用 dimjogger 命令等方法进行折弯标注大圆弧半径

设置所需的尺寸标注样式为当前标注样式后，可用该方式标注大圆弧的半径。如图 8-44 所示为用线性标注标注样式及折弯标注方式标注的大圆弧半径尺寸示例。

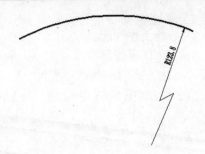

图 8-44　用折弯标注大圆弧示例

操作步骤如下：

命令：dimjogger
选择圆弧或圆：　（选择圆弧或圆）
指定中心位置替代：　（沿中心位置方向指定点）
指定尺寸线位置或 [多行文字(M)/文字(T)/角度(A)]：　（拖动确定尺寸线位置或选项）
指定折弯位置：　（拖动鼠标确定折弯位置）

若直接给出尺寸线位置，AutoCAD 将按测定尺寸数字完成尺寸标注。若需要可进行选项设置，各选项含义与线性尺寸标注方式的同类选项相同。

7. 用 dimdiameter 命令等方法进行直径标注

设置所需的尺寸标注样式为当前标注样式后，可用该方式标注圆及圆弧的直径。如图 8-45（a）所示为用线性标注标注样式及直径标注方式标注的直径尺寸示例。如图 8-45（b）所示为直径与半径标注样式及直径标注方式标注的直径尺寸示例。

（a）用线性标注标注样式标注　　　　　　　（b）用直径与半径标注样式标注

图 8-45　直径尺寸标注示例

操作步骤如下：

命令：dimdiameter
选择圆弧或圆：　（选择圆弧或圆）
指定尺寸线位置或 [多行文字(M)/文字(T)/角度(A)]：　（拖动确定尺寸线位置或选项）

若直接给出尺寸线位置，AutoCAD 将按测定尺寸数字完成尺寸标注。若需要可进行选项设置，各选项含义与线性尺寸标注方式的同类选项相同。

8. 用 dimangular 命令标注角度尺寸

设置所需的尺寸标注样式为当前标注样式后，可用该方式标注角度尺寸，即可标注两条非平行线间圆弧及圆弧对应的角度，如图 8-46 所示。操作步骤如下：

（1）在两条直线间标注角度尺寸（如图 8-46 中的 45°角）。

命令：dimangular
选择圆弧、圆、直线或（指定顶点）：　（点取第一条直线 1）

选择第二条直线： （点取第二条直线 2）
指定标注弧线位置或[多行文字(M)/文字(T)/角度(A)]： （拖动确定尺寸线位置或选项）

若直接给出尺寸线位置，AutoCAD 将按测定尺寸数字完成尺寸标注。若需要可进行选项设置，各选项含义与线性尺寸标注方式的同类选项相同。

（2）对整段圆弧标注角度尺寸（如图 8-46 中的 53°角）。

命令：dimangular
选择圆弧、圆、直线或（指定顶点）： （点取圆弧上任意一点 A）
指定标注弧线位置或 [多行文字(M)/文字(T)/角度(A)]： （拖动确定尺寸线位置或选项）

若直接指定尺寸线位置，AutoCAD 将按测定尺寸数字完成尺寸标注。若需要可进行选项设置，各选项含义与线性尺寸标注方式的同类选项相同。

（3）三点形式的角度标注（如图 8-46 中的 42°角）。

命令：dimangular
选择圆弧、圆、直线或(指定顶点)： （直接按 Enter 键）
指定角顶点： （指定角顶点 S）
指定角的第一个端点： （指定第一条边端点 1）
指定角的第二个端点： （指定第二条边端点 2）
指定标注弧线位置或 [多行文字(M)/文字(T)/角度(A)]： （拖动确定尺寸线位置或选项）

若直接指定尺寸线位置，AutoCAD 将按测定尺寸数字完成尺寸标注。若需要可进行选项设置，多选项含义与线性尺寸标注方式的同类选项相同。

9. 用 qdim 命令等方法进行快速标注

快速标注命令用更简捷的方法来标注线性尺寸、坐标尺寸、半径尺寸、直径尺寸和连续尺寸等，如图 8-47 所示。

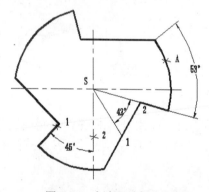

图 8-46　角度尺寸标注示例

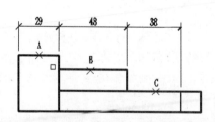

图 8-47　快速标注尺寸示例

操作步骤如下：

命令：qdim
选择要标注的几何图形： （选择一条直线 A）
选择要标注的几何图形： （选择一条直线 B）
选择要标注的几何图形： （选择一条直线 C）
选择要标注的几何图形： （按 Enter 键结束选择）
指定标注弧线位置或 [连续(C)/并列(S)/基线(B)/坐标(O)/半径(R)/直径(D)/基准点(P)/编辑(E)/设置(T)]<连续>： （拖动确定尺寸线位置或选项）

若直接指定尺寸线位置，确定后将按默认设置连续方式标注尺寸并结束命令；若进行选项设置，选项（并给出相应提示）后将重复上一行的提示，然后再指定尺寸线位置，

AutoCAD 将按所选方式标注尺寸并结束命令。

10. 用 dimbaseline 命令进行基线尺寸标注

设置所需的尺寸标注样式为当前标注样式后，可用该方式快速标注具有同一起点的若干个相互平行、间距相等的尺寸。如图 8-48 所示为选择建筑标注标注样式，采用基线尺寸标注方式所标注的一组线性尺寸，考虑该图形较大，将其【建筑标注】样式中【调整】选项卡中的【使用全局比例】改为 "2"。

以如图 8-48 所示的一组水平尺寸为例，先用线性尺寸标注方式标注基准尺寸，然后再标注基线尺寸，每一个基线尺寸都将以基准尺寸的第一条延伸线为第一条延伸线进行尺寸标注。基线尺寸标注命令的操作过程如下：

> 命令：dimbaseline
> 指定第二条延伸线原点或 [放弃(U)/选择(S)]<选择>:　（指定第一个基线尺寸的第二条延伸线起点 A）（标注出一个尺寸 "77"）
> 指定第二条延伸线原点或 [放弃(U)/选择(S)]<选择>:　（指定第二个基线尺寸的第二条延伸线起点 B）（又标注出一个尺寸 "115"）
> 指定第二条延伸线原点或 [放弃(U)/选择(S)]<选择>:　（按 Enter 键结束该基线标注）
> 选择基准标注：　（可另外选择一个基准尺寸同上操作进行基线尺寸标注或按 Enter 键结束命令）

★★说明：

（1）选择"指定第二条延伸线原点或 [放弃(U)/选择(S)]<选择>:"提示中的【放弃(U)】选项，可撤销前一个基线尺寸。

（2）选择"指定第二条延伸线原点或 [放弃(U)/选择(S)]<选择>:"提示中【选择(S)】选项，允许重新指定第一条延伸线的位置。

（3）各基线尺寸间距离是在尺寸样式中设定的。

（4）所标注基线尺寸数值只能使用 AutoCAD 内测值，不能更改。

11. 用 dimcontinue 命令等方法进行连续尺寸标注

设置所需的尺寸标注样式为当前标注样式后，可用该方式快速地标注首尾相接的若干个连续尺寸。如图 8-49 所示为选择建筑标注尺寸标注样式，采用连续尺寸标注方式所标注的一组线性尺寸。

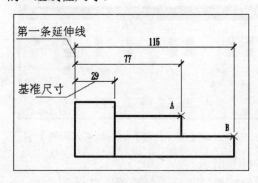

图 8-48　基线尺寸标注示例

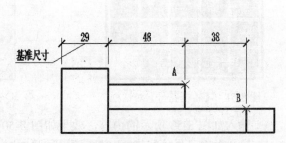

图 8-49　连续尺寸标注示例

以如图 8-49 所示的连续尺寸为例，先用线性尺寸标注方式标注出基准尺寸，然后再进行连续尺寸标注，每一个连续尺寸都将以前一个尺寸的第二条延伸线为第一条延伸线进行标注。连续尺寸标注命令的操作过程如下：

命令：dimcontinue
  指定第二条延伸线原点或 [放弃(U)/选择(S)]<选择>： （指定第一个连续尺寸的第二条延伸线起点 A）（标注出一个尺寸"48"）
  指定第二条延伸线原点或 [放弃(U)/选择(S)]<选择>： （指定第二个连续尺寸的第二条延伸线起点 B）（又标注出一个尺寸"38"）
  指定第二条延伸线原点或 [放弃(U)/选择(S)]<选择>： （按 Enter 键结束该连续标注）
  选择连续标注： （可另外选择一个基准尺寸同上操作进行基线尺寸标注或按 Enter 键结束命令）

★★说明：

（1）选择"指定第二条延伸线原点或 [放弃(U)/选择(S)]<选择>："提示中的【放弃(U)】和【选择(S)】选项含义与基线尺寸标注命令同类选项相同。

（2）所注连续尺寸数值也只能使用 AutoCAD 内测值，不能更改。

12. 用 tolerance 命令等方法进行形位公差标注

形位公差标注方式确定形位公差的框格及框格内各项内容，并可动态地将其拖动到指定位置。该命令不能标注基准代号。如图 8-50 所示即为形位公差标注。

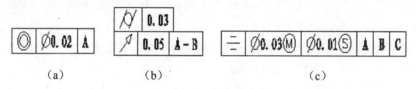

（a）   （b）   （c）

图 8-50 形位公差标注示例

操作步骤如下：

命令：tolerance

弹出【形位公差】对话框，单击【符号】按钮，弹出【特征符号】对话框，如图 8-51 所示，从中选择所需符号。同理，在【形位公差】对话框中输入或选定所需各项。

输入如图 8-52 所示的内容，效果如图 8-50（a）所示。

图 8-51 【特征符号】对话框

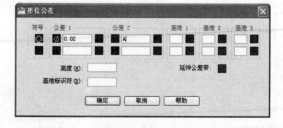

图 8-52 【形位公差】对话框输入示例 1

输入如图 8-53 所示的内容，效果如图 8-50（b）所示。

输入如图 8-54 所示的内容，效果如图 8-50（c）所示。

13. 用 dimcenter 命令等方法绘制圆心标记

该命令用来绘制圆心标记。圆心标记有 3 种形式，即无标记、中心线标记和十字标记，其形式应首先在尺寸标注样式中设定。如图 8-55 所示为在各圆的圆心上绘制的标记。

| 图 8-53　【形位公差】对话框输入示例 2 | 图 8-54　【形位公差】对话框输入示例 3 |

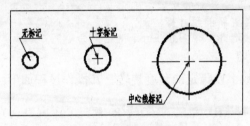

图 8-55　3 种圆心标记示例

操作步骤如下：

命令：dimcenter
选择圆或圆弧：　（直接选择圆或圆弧）

选择后即完成操作。

8.5　尺寸标注的修改

当尺寸标注不尽如人意时，可以使用 AutoCAD 提供的尺寸标注修改功能来进一步完善尺寸标注。

8.5.1　用 dimedit 命令编辑尺寸标注

该命令用来编辑尺寸标注。

1. 输入命令

方法一：单击【标注】工具栏中的【编辑标注】按钮 。
方法二：在命令行输入 dimedit。

2. 命令的操作

命令：dimedit
输入编辑标注类型　[默认(H)/新建(N)/旋转(R)/倾斜(O)](默认)：　（选择要编辑的类型）

各选项含义及操作过程如下。

（1）【默认(H)】选项

该选项是默认选项，用于将所选尺寸标注回退到未编辑前的状况。其操作过程如下：

命令：dimedit
输入编辑标注类型 [默认(H)/新建(N)/旋转(R)/倾斜(O)] （默认）：↙
选择对象： （选择需回退的尺寸）
选择对象： （可继续选择，也可按 Enter 键结束命令）

（2）【新建(N)】选项

该选项将新输入的文字加入到尺寸标注中。其操作过程如下：

命令：dimedit
输入编辑标注类型 [默认(H)/新建(N)/旋转(R)/倾斜(O)] （默认）：n↙
出现多行文字编辑器，输入新的文字→确定
选择对象： （选择需更新的尺寸标注）
选择对象： （可继续选择，也可按 Enter 键结束命令）

（3）【旋转(R)】选项

该选项将所选尺寸数字以指定的角度旋转。其操作过程如下：

命令：dimedit
输入编辑标注类型 [默认(H)/新建(N)/旋转(R)/倾斜(O)] （默认）：r↙
指定标注文字的角度： （输入尺寸数字的旋转角度）
选择对象： （选择尺寸数字需旋转的尺寸标注）
选择对象： （可继续选择，也可按 Enter 键结束命令）

（4）【倾斜(O)】选项

该选项将所选取尺寸的延伸线以指定的角度倾斜，主要用于轴测图的尺寸标注，如图 8-56 所示。

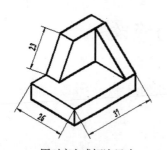

用对齐方式标注尺寸

（a）倾斜前

尺寸 26 的倾斜角度为 30°，文字样式设置倾斜 30°
尺寸 37 及 23 的倾斜角度为-30°，文字样式设置倾斜-30°

（b）倾斜后

图 8-56 【倾斜】选项示例

其操作过程如下：

命令：dimedit
输入编辑标注类型 [默认(H)/新建(N)/旋转(R)/倾斜(O)] （默认）：O↙
选择对象： （选择需倾斜的尺寸标注）
选择对象： （可继续选择，也可按 Enter 键结束命令）
输入倾斜角度（按 Enter 键表示无）： （输入旋转后延伸线的倾斜角度↙）
命令：

8.5.2　用 dimtedit 命令调整尺寸数字的位置

该命令专门用来调整尺寸数字的放置位置。当标注的尺寸数字的位置不合适时，不必修改或更换标注样式，用此命令就可方便地移动尺寸数字到所需的位置。dimtedit 命令是标注尺寸中常用的编辑命令。

1．输入命令

方法一：单击【标注】工具栏中的【编辑标注文字】按钮 。

方法二：选择【标注】→【对齐文字】命令。

方法三：在命令行输入 dimtedit。

2．命令的操作

命令: dimtedit
指定第一条引线点或 [设置(S)]<设置>: s✓
选择标注: （选择需要编辑的尺寸标注）
指定标注文字的新位置或 [左(L)/右(R)/中心(C)/默认(H)/角度(A)]: （此时可动态地拖动所选尺寸进行修改，也可对选项进行编辑）

各选项含义如下。

❑　【左(L)】选项：将尺寸数字移到尺寸线左边。

❑　【右(R)】选项：将尺寸数字移到尺寸线右边。

❑　【中心(C)】选项：将尺寸数字移到尺寸线正中。

❑　【默认(H)】选项：回退到编辑前的尺寸标注状态。

❑　【角度(A)】选项：将尺寸数字旋转到指定的角度。

8.5.3　用 dimupdate 更新标注

该命令可使已有的尺寸标注样式与当前尺寸标注样式一致。

1．输入命令

方法一：单击【标注】工具栏中的【标注更新】按钮 。

方法二：选择【标注】→【更新】命令。

方法三：在命令行输入 dimupdate。

2．命令的操作

命令: dimupdate
选择对象: （选择需要更新为当前标注样式的尺寸标注）
选择对象: （可继续选择或按 Enter 键结束命令）

8.5.4 用 properties 命令全方位修改尺寸标注

要全方位地修改一个尺寸标注，应使用 properties 命令（即对象特性）。该命令不仅能修改所选尺寸标注的颜色、图层、线型，还可修改尺寸数字的内容、重新编辑尺寸数字、重新选择尺寸标注样式、修改尺寸标注样式内容，操作方法与前面几个命令相同。

输入命令有以下几种方法。

方法一：单击【标准】工具栏中的【对象特性】按钮 🔲 。

方法二：选择【标注】→【更新】命令。

方法三：在命令行输入 properties。

8.6　尺寸标注应用实例

8.6.1　尺寸标注应用于机械图

如图 8-57 所示为机械图中的主轴，尺寸标注操作步骤如下。

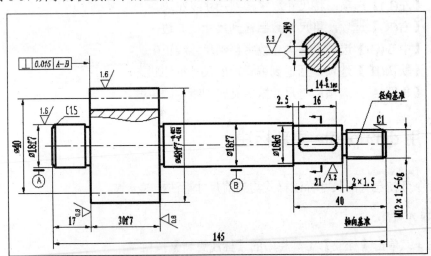

图 8-57　机械图应用实例

（1）用相关命令标注图中线性尺寸，如图 8-58 所示。

① 将【线性标注】尺寸标注样式置为当前。

② 用 dimlinear（线性）及 dimcontinue（连续）两个命令标注图中不包含"ϕ"的线性尺寸。

③ 将【线性直径标注】尺寸标注样式置为当前。

④ 用 dimlinear（线性尺寸）命令标注图中包含"ϕ"的线性尺寸。

⑤ 将【公差】尺寸标注样式置为当前。

⑥ 用 dimlinear（线性尺寸）命令标注图中包含"公差"的线性尺寸。

⑦ 用 properties（对象特性）命令按要求修改各选项。

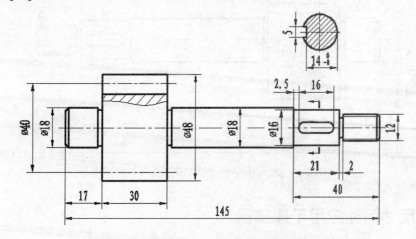

（a）用"对象特性"工具修改前的尺寸标注

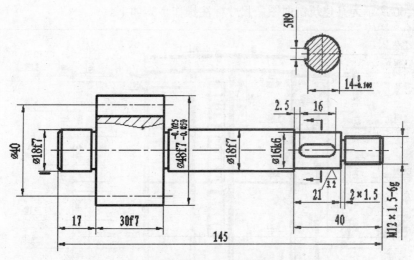

（b）用"对象特性"工具修改后的尺寸标注

图 8-58　机械图中有关"线性尺寸"的标注

（2）用相关命令标注图中公差及文字，如图 8-59 所示。

① 将【线性标注】尺寸标注样式置为当前。

② 用 leader（快速引线）命令标注图中的文字及倒角尺寸。

③ 将【线性标注】尺寸标注样式置为当前。

④ 用 tolerance（公差）命令标注图中的形位公差。

（3）利用外部块插入图中粗糙度。

（4）用有关绘图工具画出基准代号。

（5）完成全图标注。

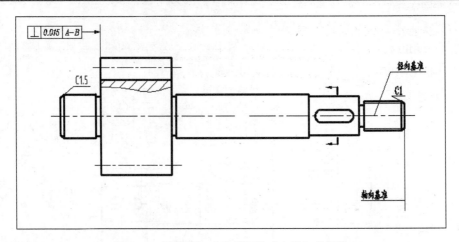

图 8-59   机械图中"公差"及"文字"的标注

8.6.2   尺寸标注应用于建筑图

如图 8-60 所示为某建筑剖面图。尺寸标注操作步骤如下。

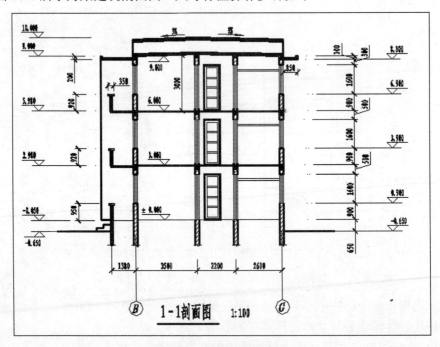

图 8-60   建筑图应用示例

（1）用相关命令标注图中线性尺寸，如图 8-61 所示。

① 将【建筑标注】尺寸标注样式置为当前，并修改该样式【调整】选项卡中的【使用全局比例】为 100。

② 用 dimlinear（线性）及 dimcontinue（连续）两个命令分别标注图中所有线性尺寸。

③ 用 dimtedit（编辑标注文字）命令调整尺寸数字为理想状态。

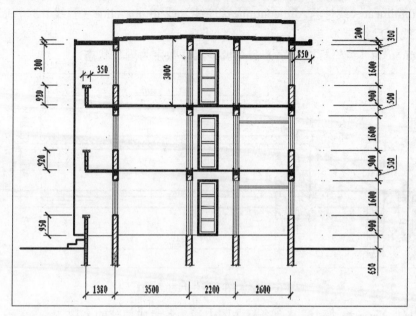

图 8-61　建筑图中线性尺寸的标注

（2）利用外部块插入图中的标高数值、轴线编号及房顶坡度（箭头）并签上文字。

（3）完成全图标注。

8.6.3　尺寸标注应用于道路桥梁图

例 8-1　如图 8-62 所示为某涵洞的半纵剖面图。尺寸标注操作步骤如下。

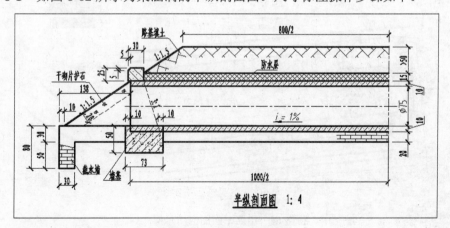

图 8-62　涵洞图应用示例

（1）用相关命令标注图中线性尺寸，如图 8-63 所示。

① 将【建筑标注】尺寸标注样式置为当前，并修改该样式【调整】选项卡中的【使用

全局比例】为 4。

② 用 dimlinear（线性）、dimcontinue（连续）或 dimbaseline（基线）3 个命令分别标注图中所有线性尺寸。

③ 用 dimtedit（编辑标注文字）命令调整尺寸数字为理想状态。

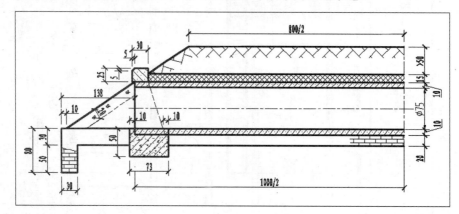

图 8-63 涵洞图"线性尺寸"的标注

（2）用 leader（快速引线）命令标注图中涵洞各组成部分的名称。

（3）用多段线绘制流水方向（箭头）。

（4）用单行文字输入各坡度大小及图形名称和比例。

（5）完成全图标注。

例 8-2 如图 8-64 所示为某道路平面图。尺寸标注操作步骤如下。

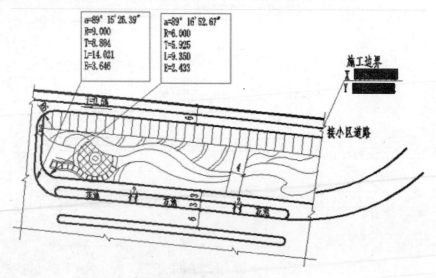

图 8-64 道路平面图应用示例

（1）用相关命令标注图中线性尺寸，如图 8-64 所示。

① 将【建筑标注】尺寸标注样式置为当前。

② 用 dimlinear（线性）、dimcontinue（连续）两个命令分别标注图中所有线性尺寸。

③ 用 dimradius（半径）命令标注半径尺寸 R6。

④ 用 leader（快速引线）命令标注图中的与两段平曲线有关的参数及施工边界的坐标。

⑤ 用 dimtedit（编辑标注文字）命令调整尺寸数字为理想状态。

（2）用多段线绘制流水方向（箭头）并修改为半箭头。

（3）用单行文字输入各坡度大小及有关文字。

（4）完成全图标注。

8.6.4　尺寸标注应用于园林图

如图 8-65 所示为某路绿化大样图。尺寸标注操作步骤如下。

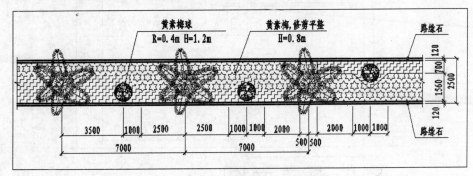

图 8-65　绿化大样图

（1）用相关命令标注图中线性尺寸，如图 8-65 所示。

① 将【建筑标注】尺寸标注样式置为当前，并修改该样式【调整】选项卡中的【使用全局比例】为 100。

② 用 dimlinear（线性）、dimcontinue（连续）两个命令分别标注图中所有线性尺寸。

③ 用 leader（快速引线）命令标注图中的绿化树名称及其高程数字，以及"路缘石"名称。

④ 用 dimtedit（编辑标注文字）命令调整尺寸数字为理想状态。

（2）完成全图标注。

8.7　小　　结

尺寸是工程图中不可缺少的一项内容，本章主要介绍了创建标注样式和标注尺寸的方法，重点介绍机械、土木专业如何根据技术制图标准和各行业制图标准创建适合本行业的尺寸标注样式的方法。通过学习本章的知识，读者应首先掌握制图标准并创建所需要的标注样式，然后熟练掌握尺寸标注的方法与技巧，使尺寸标注符合国家标准要求。

8.8 上机练习与习题

1. 打开第 5 章绘制的如图 8-66 所示的图形文件，完成其中的尺寸标注。

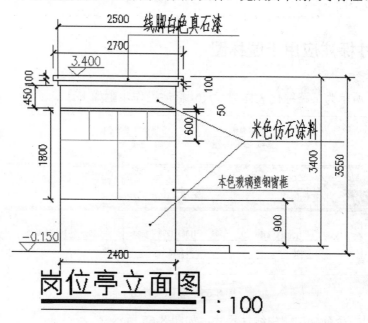

图 8-66   某单位大门入口处岗位亭立面图

2. 打开第 5 章绘制的如图 8-67 所示的道路立体交叉图并标注尺寸。

3. 自定图幅和比例绘制如图 8-68 所示的房屋建筑平面图并标注尺寸。

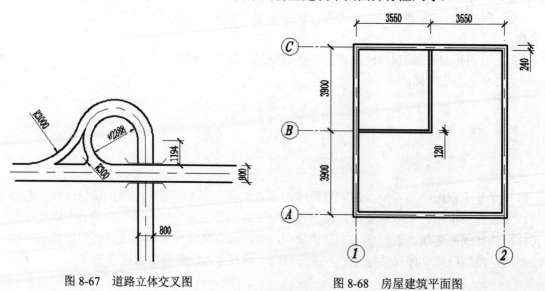

图 8-67   道路立体交叉图   图 8-68   房屋建筑平面图

4．自定图幅和比例绘制如图 8-69 所示组合体的三视图并标注尺寸。

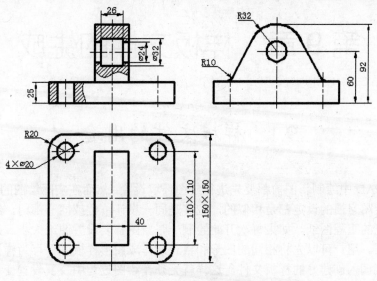

图 8-69　组合体的三视图

5．自定图幅和比例绘制如图 8-70 所示的小区广场用台阶剖面图并标注尺寸和文字。

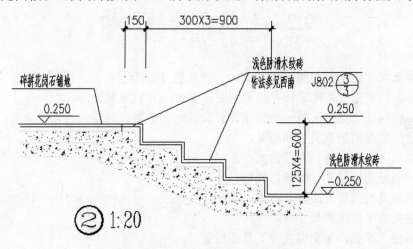

图 8-70　小区广场用台阶剖面图

第9章 样板文件的生成

9.1 样板文件的用途

在 AutoCAD 中绘制新图前都要先进行绘图环境设置,然而在实际绘图的过程中,很多绘图环境和绘图习惯的设定都是相似的,尤其是同一设计单位或同一部门,经常绘制具有相同绘图环境的工程图纸。如果每次开始绘制一张新图都要设置图纸大小、尺寸单位、图框等会很繁琐。用户可以先将相同的图形和格式制作成图形样板并保存为样板文件,在绘制新图时直接调入创建好的样板文件,这样就无须在绘图过程中反复设置变量,省去设定绘图环境的麻烦,减少设计人员的工作量,提高绘图效率,同时也使图纸标准化。

9.2 样板文件的结构

所谓样板文件就是将绘图时要用到的一些设置(如绘图单位、图幅大小、文字样式、标注样式等)预先用文件格式保存起来的图形文件,其后缀名为.dwt。

样板文件包含了对图形的一些初始设置和预定义参数,通常包含以下内容:

- ❑ 绘图数据的单位类型和精度。
- ❑ 绘图区域的范围、图纸的大小。
- ❑ 绘制好的标题栏、图框、徽标。
- ❑ 预定义的图层、线型、线宽、颜色。
- ❑ 定义文字样式和尺寸标志样式。
- ❑ 栅格、捕捉、正交模式等工具的设置。
- ❑ 定义或加载使用的打印样式。
- ❑ 创建所需布局和页面设置。
- ❑ 其他(建立适合设计项目的专业符号库、加载菜单、定制工具栏等)。

9.3 样板文件的设置实例

设置样板文件的方法如下。

方法一:在空白样板上创建自己的样板文件。

方法二：使用后缀名为.dwg 的一般图形文件创建样板文件。

1. 使用方法一创建样板文件

新建一个图形文件，系统将打开【选择样板】对话框，AutoCAD 2010 系统就提供了多个名后缀为.dwt 的样板文件供用户选择，如图 9-1 所示。一般选择 acadiso.dwt（公制空白样式），这是 AutoCAD 2010 系统默认的样式文件。然后根据行业要求设置最基本的绘图环境，如绘图数据的单位类型和精度、文字样式、标注样式、图层、栅格、捕捉、正交模式等工具的设置等；还可以绘制固定图形，如标题栏、图框、徽标，建立专业符号库等。最后以.dwt 文件格式保存图形到指定目录。

图 9-1　【选择样板】对话框

2. 使用方法二创建样板文件

打开一个后缀名为.dwg 的图形文件，删除已有的图形，然后选择【文件】→【另存为】命令，在弹出的对话框中选择文件类型为*.dwt，然后选择保存目录及输入文件名，即可将打开的图形文件的所有设置保存为新的样板文件。

9.3.1　机械类样板文件的设置

创建机械图形样板文件的步骤为：

（1）以 acadiso.dwt 文件为样板建立新图形。

（2）图形单位设置。

选择【格式】→【单位】命令，或在命令行输入 units 命令，打开【图形单位】对话框，如图 9-2 所示。设置【长度】选项区域中的【精度】为 0.00，【角度】选项区域中的【精度】为 0.0，将绘图单位设置为"毫米"，其他设置采用默认设置。

（3）界限（图幅）设置。

选择【格式】→【图形界限】命令，或在命令行输入 limits 命令，在命令窗口中设置图形界限，这里将机械图幅设置为 A3（420×297）（参考 3.3.3 节的例 3-1）。

图 9-2　【图形单位】对话框

（4）绘图辅助设置。

选择【工具】→【草图设置】命令，打开【草图设置】对话框，设置捕捉间距为 0.5mm，栅格间距为 10mm，对象捕捉模式为端点、圆心和交点捕捉，其他选项如极轴角及绘图背景的设置可根据需要参考 3.4 节相关内容，其余采用默认设置，如图 9-3 所示。

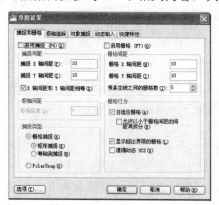
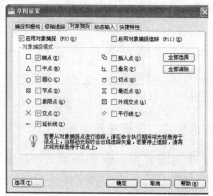

图 9-3　【草图设置】对话框

（5）图层设置。

选择【格式】→【图层】命令，打开【图层特性管理器】对话框，创建如图 9-4 所示的图层（各层的颜色、线宽只供参考）。具体的设置可参考 6.4 节中的例 6-1。

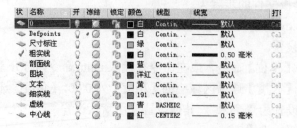

图 9-4　机械绘图主要图层设置

（6）文字样式设置。

选择【格式】→【文字样式】命令，或在命令行输入 style 命令，打开【文字样式】对话框，设置适合机械绘图的文字样式【机械标注文字（用于尺寸标注）和文字样式（用于标题栏及技术说明的文字）】，如图 9-5 所示。具体设置可参考 7.1.1 节进行。

（7）标注样式设置。

选择【格式】→【标注样式】命令，或在命令行输入 style 命令，打开【标注样式管理器】对话框，单击【新建】按钮，在打开的对话框中输入新样式名，如"机械标注"，在【基础样式】下拉列表框中选择 ISO-25，在【用于】下拉列表框中选择"所有标注"，如图 9-6所示，单击【继续】按钮，然后在弹出的【新建标注样式：机械标注】对话框中设置适合机械绘图的标注参数，如图 9-7 所示。具体可参考 8.3 节相关内容。

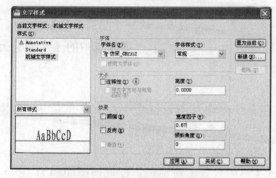

图 9-5　【文字样式】设置

图 9-6　新建标注样式

（8）打印布局设置。

打印布局可根据需要设置在样板文件中，也可以省略不设置，若要设置，则参考 10.2节相关内容。

（9）保存样板文件。

执行【保存】命令，打开【图形另存为】对话框，选择样板文件保存的路径或用默认保存路径，在【文件名】下拉列表框中输入样板文件名，如"机械样板文件"，在【文件类型】下拉列表框中选择"AutoCAD 图形样板（*.dwt）"，单击【保存】按钮，在弹出的【样板选项】对话框中输入对该样板文件的说明文字，单击【确定】按钮即可完成样板文件的设置，如图 9-8 所示。

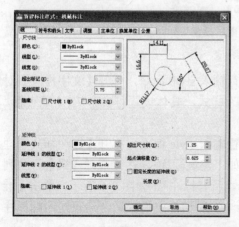

图 9-7　【新建标注样式：机械标注】对话框

图 9-8　【图形另存为】对话框

9.3.2　建筑类样板文件的设置

建筑类样板文件的设置与机械类样板文件的设置相似，故设置步骤及设置过程中所弹出的对话框基本一样，只有具体的设置参数不一样。用户在建建筑图形样板文件时可以对照 9.3.1 节的步骤进行。

（1）以 acadiso.dwt 文件为样板建立新图形。

（2）图形单位设置。

选择【格式】→【单位】命令，或在命令行输入 units 命令，打开【图形单位】对话框，如图 9-2 所示。设置【长度】选项组中的【精度】为 0，【角度】选项区域中的【精度】为 0，将绘图单位设置为"毫米"，其他设置采用默认设置。

（3）图形界限（图幅）设置。

选择【格式】→【图形界限】命令，或在命令行输入 limits 命令，在命令窗口中设置图形界限，这里指建筑图幅设置（42000×29700）（参考 3.3.3 节的例 3-1）。

（4）绘图辅助设置。

选择【工具】→【草图设置】命令，打开【草图设置】对话框，设置捕捉间距为 1mm，栅格间距为 10mm，对象捕捉模式为端点、圆心和交点捕捉，其他选项如极轴角及绘图背景的设置可根据需要参考 3.4 节相关内容，其余采用默认设置。

（5）图层设置。

选择【格式】→【图层】命令，打开【图层特性管理器】对话框，创建如图 9-9 所示的图层（各层的颜色、线宽只供参考）。具体的设置可参考 6.4 节中的例 6-1。

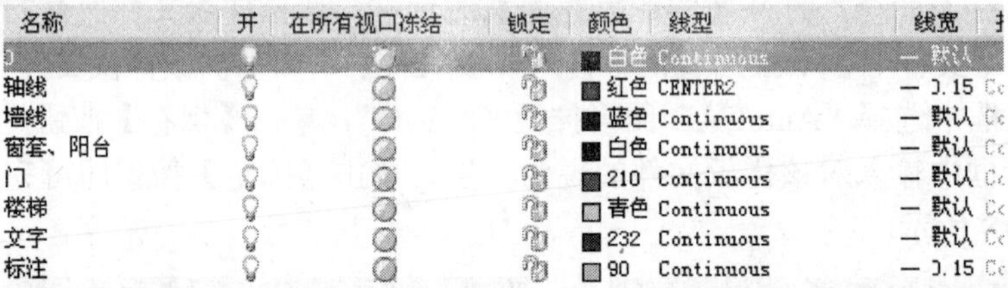

名称	开	在所有视口冻结	锁定	颜色	线型	线宽
0				白色	Continuous	—— 默认
轴线				红色	CENTER2	—— 0.15
墙线				蓝色	Continuous	—— 默认
窗套、阳台				白色	Continuous	—— 默认
门				210	Continuous	—— 默认
楼梯				青色	Continuous	—— 默认
文字				232	Continuous	—— 默认
标注				90	Continuous	—— 0.15

图 9-9　建筑绘图主要图层设置

（6）文字样式设置。

选择【格式】→【文字样式】命令，或在命令行输入 style 命令，打开【文字样式】对话框，设置适合建筑绘图的文字样式，如"工程字"样式，具体设置可参考 7.1.1 节进行。

（7）标注样式设置。

选择【格式】→【标注样式】命令，或在命令行输入 style 命令，打开【标注样式管理器】对话框，单击【新建】按钮，输入新样式名，如"建筑标注"，在【基础样式】下拉列表框中选择 ISO-25，在【用于】下拉列表框中选择"所有标注"，如图 9-6 所示，单击【继续】按钮，然后在弹出的【新建标注样式：建筑标注】对话框中设置适合建筑绘图的标注参数，具体可参考 8.3 节相关内容。

（8）打印布局设置。

打印布局可根据需要设置在样板文件中，也可以省略不设置，若要设置，则参考 10.2 节相关内容。

（9）保存样式文件。

执行【保存】命令，打开【图形另存为】对话框，选择样板文件保存的路径或用默认保存路径，在【文件名】文本框中输入样板文件名，如"建筑样板文件"，在【文件类型】下拉列表框中选择"AutoCAD 图形样板（*.dwt）"，单击【保存】按钮即可完成样板文件的设置。

9.3.3　样板文件的调用

AutoCAD 2010 为用户提供了一批样板文件以适应各种绘图需要，用户可选择【工具】→【选项】→【文件】命令查看样板文件存放的位置，这些文件存放在 Template 文件夹中。当用户建立了自己的样板文件后，即可直接调用样板文件绘制图形。

调用系统样板文件的步骤如下：

（1）选择【文件】→【新建】命令，或单击【标准】工具栏中的【新建】按钮，打开【选择样板】对话框，如图 9-10 所示。

图 9-10　【选择样板】对话框

（2）在【选择样板】对话框中选择所需要的样板文件，单击【打开】按钮，即可调用指定的样板文件。

AutoCAD 2010 的样板文件默认保存在 Template 文件夹中。为了方便查找，用户可以将自己创建的样板文件保存在自定义文件夹下，并将该文件夹设为样板图形文件位置所在的文件夹。方法如下：

选择【工具】→【选项】命令，打开【选项】对话框，选择【文件】选项卡，在列表框中选定【样板设置】下的【样板图形文件位置】后，单击【浏览】按钮，选择自定义的文件夹即可。

9.4　小　　结

本章介绍了样板文件的用途与结构，以及样板文件的调用，并结合实际应用对机械类和建筑类的样板文件的设置与调用进行了详细介绍。

9.5　上机练习与习题

1. 为你的自由创作设置一个尽显个性与风格的样板文件。
2. 利用你的个性化的样板文件创建一幅以"10年后的我的……"为主题的图形。

第10章 图形输出

在 AutoCAD 中完成绘图后,常常需要将图形输出。图形输出是 AutoCAD 的一个重要环节,包括——打印(打印机、绘图仪)出图、生成电子图形、导入到其他软件(3ds max、Photoshop)等。最重要的是打印出图,即在打印机、绘图仪等设备上打印出绘制的图形,因为无论是设计单位还是生产单位都是以图纸作为组织生产和交流的依据,AutoCAD 可以在模型空间中直接打印图形,也可以在创建布局后打印布局出图。

10.1 模型空间与图纸空间

AutoCAD 有两个工作空间,即模型空间和图纸空间。模型空间主要用于设计绘图,而图纸空间主要用于打印输出。

1. 模型空间

模型空间中的"模型"是指 AutoCAD 中用绘制与编辑命令生成的代表现实世界物体的对象;而模型空间是建立模型时所处的 AutoCAD 环境,是用户用于完成绘图和设计工作的工作空间。用户可以在模型空间按实际尺寸 1:1 绘制物体的视图模型,以完成二维或者三维造型,并且根据用户需求用多个二维或三维视图来表达物体,同时配有必要的尺寸标注和注释等图形对象。如图 10-1 所示即为模型空间。

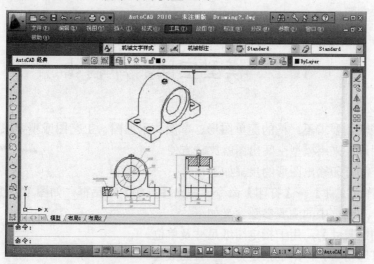

图 10-1 模型空间

2. 图纸空间

图纸空间的"图纸"与真实的图纸相对应。通常在模型空间绘制好图形后，将图形以一定的比例放置在图纸空间中。在图纸空间中不能进行绘图，但可以标注尺寸和文字。在图纸空间中可以把模型对象不同方位的显示视图按合适的比例在图纸上表示出来，还可以定义图纸的大小、生成图框和标题栏。模型空间中的三维对象在图纸空间中是用二维平面上的投影来表示的，因此它是一个二维环境。

图纸空间实际上提供了模型的多个"快照"，AutoCAD 提供布局作为图纸空间的工作环境。一个布局代表一张可以使用各种比例显示一个或多个模型视图的图纸，如图 10-2（a）和图 10-2（b）所示。

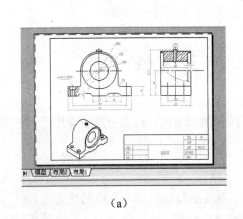
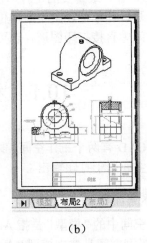

（a）　　　　　　　　　　　　　　　　（b）

图 10-2　图纸空间

在一个图形文件中模型空间是唯一的，而布局可以设置多个。这样就可以用多张图纸多侧面地反映同一个实体或图形对象。用户可以通过单击绘图窗口底部的 模型 和 图纸 按钮来切换两个工作空间。

10.2　模型空间打印输出

对于一些输出要求不严格的简单图形、草图、示意图、工艺图或不要求从多个方位、多次输出的图形，采用模型空间出图就比较方便。

从模型空间打印输出图形的步骤如下：

（1）选择【文件】→【打印】命令，弹出【打印】对话框，如图 10-3 所示。

【打印】对话框中的主要参数含义如下。

❑　【图纸尺寸】：用于指定图纸尺寸及单位。

❑　【打印份数】：用于指定打印纸张的数量。

❑　【打印范围】：可设定图形的打印区域，有如下几种打印区域：【图形界限】——打印图形界限内的全部图形；【显示】——打印当前绘图区中显示的对象；【窗口】——此选项要求在绘图区中指定一个区域，打印该区域中的图形对象，如图 10-4 所示。

图 10-3 【打印】对话框　　　　　图 10-4 【打印范围】选项设置

❑ 【打印比例】：可选择出图时的比例，如 1:2、1:100 等，也可选中【布满图纸】复选框，系统在打印时将自动缩放图形，以充满所选定的图纸。用户也可选择【自定义】选项，然后在下方的文本框中输入相应的打印比例。

❑ 【打印偏移】：用户可以在【X】和【Y】文本框中输入数据，以指定相对于可打印区域左下角的偏移量。若选中【居中打印】复选框，则图形以居中对齐方式打印到图纸上。

在此例中，将打印机的名称设置为已经安装好的打印机型号，在【图纸尺寸】下拉列表框中选择 A4，设置【打印比例】为"布满图纸"，其余参数保持默认值。

（2）单击【预览】按钮，即可看到打印预览效果，如图 10-5 所示。

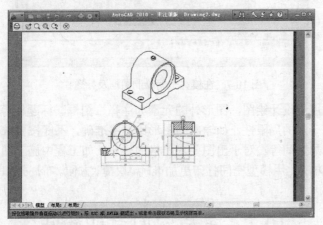

图 10-5 打印预览

（3）由打印预览可知，预览图并没有完全充满整张图纸。按 Enter 键返回【打印】对话框，选择【打印范围】下拉列表框中的【窗口】选项，系统回到模型空间，在绘图区域内选取打印的图形范围，回到【打印】对话框。单击【预览】按钮，完成重生成图形后的打印预览效果如图 10-6 所示。此时，所绘图形已经布满了整张图纸。

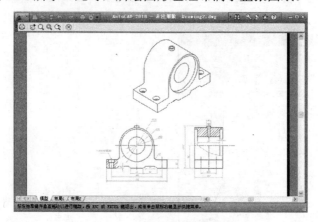

图 10-6　调整后的预览效果

按 Enter 键返回【打印】对话框，再根据实际需要设置好其他参数后，单击【确定】按钮即可打印输出图形。

输出时若要求有图框和标题栏，则可以在布局空间或者模型空间绘制出图框和标题栏，再用上述方法输出（窗口范围选择图框的左上角和右下角），如图 10-7 所示。

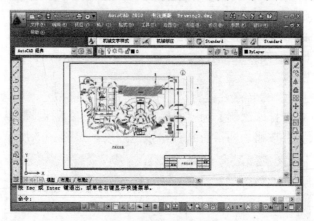

图 10-7　在模型空间绘制图框及标题栏

模型空间一般用于设计绘图，图形外的元素如注释、图框、标题栏等在图纸空间设置。在模型空间出图有一定的局限性，如输出的图形比例不准确，不能按要求在一张图形上输出图形的多个视图布局空间等。对于出图要求严格的行业，如工程中施工图、机械零件加工图等，用布局打印的方法比用模型空间打印更加准确、快捷、方便。布局打印的比例始终是 1:1。

10.3　布局空间打印输出

在模型空间中，只能实现单个视图出图，要想实现多个视图出图，必须使用图纸空间即布局。而且布局空间出图与模型空间出图相比的一个优势在于不必要进行繁琐的参数设置。

10.3.1　了解布局和视口

1.　布局

布局相当于图纸空间环境，一个布局就是一张图纸，它提供预置的打印页面设置。在布局中，可以创建和定位视口，并生成图框、标题栏等。利用布局可以在一张图纸上方便快捷地创建多个视口来显示不同的视图，而且每个视图都可以有不同的显示缩放比例，如图 10-8 所示。

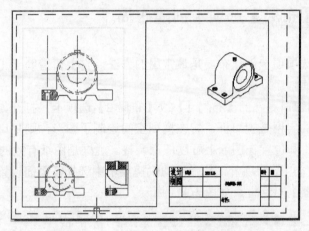

图 10-8　一张图纸上 3 个视口显示图形

要想在布局空间打印出图，首先要创建布局。创建布局包含如下内容：页面设置、绘制图框、插入标题栏、创建视口、设置视口中的图形比例、添加注解等。常用的创建布局的方法如下。

方法一：通过【布局】选项卡创建布局。

方法二：利用布局向导创建布局。

方法三：使用布局样板创建布局。

2.　视口

所谓视口，是建立在布局上的浮动视口，是从图纸空间观察、修改在模型空间建立的模型的窗口。每个浮动视口相当于一个摄像机，而建立浮动视口，是在布局上组织图形输出的重要手段。浮动视口的特点如下：

❑　浮动视口本身是图纸空间的 AutoCAD 实体，可以被编辑（删除、移动等），视口实体可在某个图层中创建，必要时可关闭或者冻结此图层，此时并不影响其他视口的显示。

❑　图纸空间中，在每个浮动视口都显示坐标系坐标。

❑　一个图中可以建立任意多个浮动视口，浮动视口之间可以相互重叠，但视口太多会影响图形的清晰度。

❑ 无论在图纸空间绘制什么，都不会影响在模型空间中设置的图形。在图纸空间绘制的对象只在图纸空间有效，一旦转换到模型空间就没有了。

创建视口的方法是在【视口】工具栏（如图 10-9 所示）中单击相应的图标按钮，然后在布局图纸的相应位置绘制出视口。打开【视口】工具栏的方法与打开其他工具栏一样，在此省略说明。

图 10-9　【视口】工具栏

10.3.2　通过【布局】选项卡创建布局

通过【布局】选项项卡创建布局是最常用的方法，它主要借助于【页面设置管理器】对话框创建布局。其创建过程如下：

（1）选择绘图窗口底部的【布局 1】或【布局 2】选项卡，打开如图 10-10 所示的图纸布局界面。中间的实框是视口框，若在模型空间绘制了图形，则视口就显示模型空间中的图形，视口的大小和位置在图纸上可以任意调整。虚框是图纸有效的打印范围。

（2）右击【布局 1】选项卡，从弹出的快捷菜单中选择【页面设置管理器】命令，打开【页面设置管理器】对话框，如图 10-11 所示。

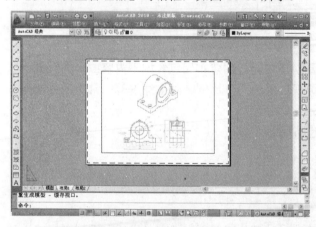

图 10-10　布局界面　　　　　　　　图 10-11　【页面设置管理器】对话框

（3）单击【修改】按钮，打开【页面设置-模型】对话框，如图 10-12 所示。在【页面设置-模型】对话框中设置相应的参数：在【打印机/绘图仪】选项区域的【名称】下拉列表框中选择已安装好的打印机；在【打印样式表（笔指定）】选项区域的下拉列表框中选择 momochrome.ctb，该打印样式表示打印出纯黑白图；在【图纸尺寸】下拉列表框中选择所选打印机能支持的图纸大小，如 A3 或 A4 等；在【图形方向】选项区域中选中【横向】或【纵向】单选按钮，其他选项采用默认值。单击【确定】按钮，关闭【页面设置-模型】对话框，窗口上将出现如图 10-13 所示的单一视口的布局。

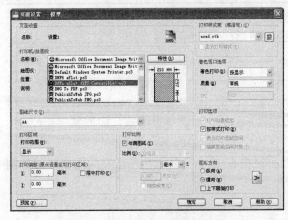

图 10-12　【页面设置-模型】对话框

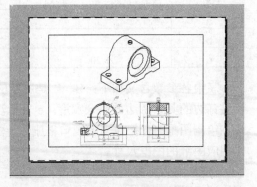

图 10-13　单一视口的布局

★★提示：如果用户在设置布局时所用的计算机上没有安装打印机，则在【名称】下拉列表框中选择 DWF6 ePlot.pc3（电子打印方式）即可。

（4）绘制符合制图标准的图框。

按工程绘图标准，图框格式分为留装订边（图 10-14 所示）和不留装订边（如图 10-15 所示）两种，但同一种产品的图样只能采用一种格式。表 10-1 列出了各图框与图纸的尺寸格式。

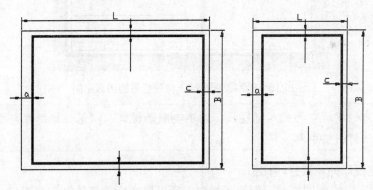

图 10-14　留有装订边的图框格式

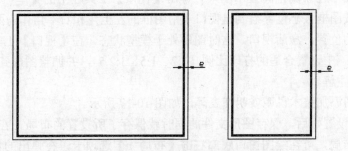

图 10-15　不留装订边的图框格式

表10-1　图框与图纸的尺寸格式

图纸大小	A0	A1	A2	A3	A4	A5
B×L	841×1189	594×841	420×594	297×420	210×297	148×210
a	25					
b	10					
c	20		10			

表中各参数含义如下：B、L 是图纸的宽度和长度，a 表示留给装订边的宽度；c 表示有装订边的其余 3 边的留余宽度；e 表示没有装订边时各边的留余宽度。

绘制图框时，把原来的视口框删除，然后根据表 10-1 的要求在图纸空间用粗实线绘制出相应图纸的图框尺寸。

（5）插入标题栏块。

插入在第 7 章中已绘制的相应的标题栏块，输入各属性值，如图 10-16 所示。

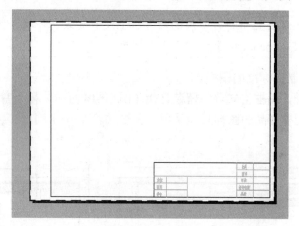

图 10-16　绘制图框和插入标题栏后的图纸空间

★★提示：若先创建视口再插入标题栏，则不要激活视口，以保证标题栏与图幅尺寸相一致。标题栏在任何图幅中都一样。

（6）创建视口并设置打印比例。

在步骤（4）中绘制图框时已删除了视口，所以现在应重新绘制布局视口，以便在模型空间中绘制的图形在布局空间显示出来。单击【视口】工具栏中的【单一视口】按钮，在布局图纸上按图框大小位置绘制出视口（用图框的左上角和右下角作为两个画图角点）。双击视口所在的位置，激活视口，这时图形处于模型状态，在【视口】工具栏右边的文本框中设置合适的打印比例（1:2、1:5、1:2.5），并调整图形到合适的位置。

（7）添加注解。

在图纸空间添加技术说明或明细表等，如图 10-17 所示。

（8）布局设置好后，保存图形文件的同时就保存了所设置的布局。若要新建、删除、插入、重命名布局，可在绘图窗口底部右击【布局 n】选项卡，在弹出的快捷菜单中选择相应的命令即可，如图 10-18 所示。

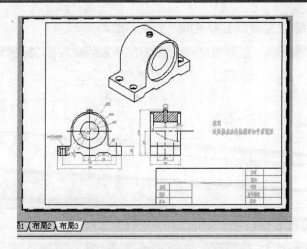

图 10-17　通过【布局】选项卡创建的布局　　　　　图 10-18　【布局】选项卡快捷菜单

10.3.3　利用布局向导创建布局

初学者可以通过布局向导来快速创建符合要求的布局。使用布局向导创建过程如下：

（1）选择【插入】→【布局】→【创建布局向导】命令，系统弹出【创建布局-开始】对话框，如图 10-19 所示。

（2）在【输入新布局的名称】文本框中输入布局的名称"布局 4"，然后单击【下一步】按钮，出现【创建布局-打印机】对话框，如图 10-20 所示。

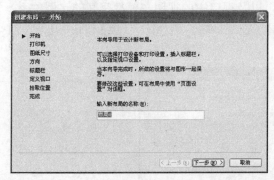

图 10-19　【创建布局-开始】对话框　　　　　　图 10-20　【创建布局-打印机】对话框

（3）为新布局选择一种已配置好的打印设备，如 Lexmark Z600 Series，然后单击【下一步】按钮，出现【创建布局-图纸尺寸】对话框，如图 10-21 所示。

（4）选择布局使用的图纸尺寸，如 A4 纸，再选择图形单位，如"毫米"，然后单击【下一步】按钮，出现【创建布局-方向】对话框，如图 10-22 所示。

（5）确定图形在图纸上的方向，如选中【横向】单选按钮，单击【下一步】按钮，出现【创建布局-标题栏】对话框，如图 10-23 所示。

（6）选择图纸的边框和标题栏的大小和样式，如选择 Architectural Title Block.dwg，单击【下一步】按钮，出现【创建布局-定义视口】对话框，如图 10-24 所示。

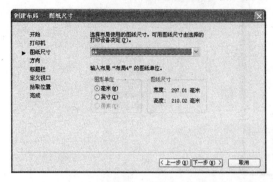

图 10-21　【创建布局-图纸尺寸】对话框　　　图 10-22　【创建布局-方向】对话框

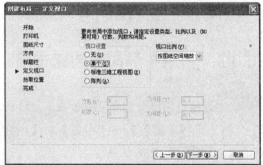

图 10-23　【创建布局-标题栏】对话框　　　图 10-24　【创建布局-定义视口】对话框

（7）设置新建布局中视口的个数和形式，以及视口中的视图与模型空间的比例关系，如 1:100，即把模型空间中的图形缩小 100 倍显示在视口中。单击【下一步】按钮，出现【创建布局-拾取位置】对话框，如图 10-25 所示。

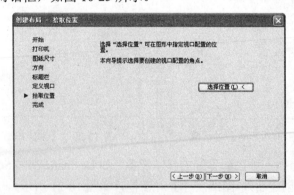

图 10-25　【创建布局-拾取位置】对话框

（8）单击【选择位置】按钮，切换到绘图窗口，并通过指定两个对角点来指定视口的大小和位置，如图 10-26 所示。

（9）单击【下一步】按钮，出现【创建布局-完成】对话框，单击【完成】按钮，则所创建的布局出现在屏幕上，如图 10-27 所示。

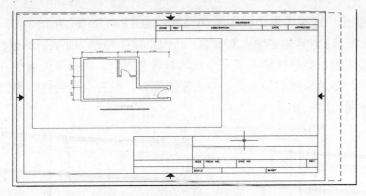

图 10-26 选择视口的位置和大小

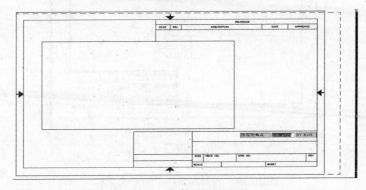

图 10-27 完成创建后的视口

10.3.4 利用布局样板创建布局

布局样板是指.dwg 或.dwt 文件中的布局,系统提供的布局样板是预先定义好的布局(包含图框和标题栏)。由于系统提供的样板大部分不符合中国的国家标准,若非特别需要,一般不使用系统提供的布局样板。下面简单介绍利用布局样板创建布局的方法,其创建过程如下:

(1)选择【插入】→【布局】→【来自样板的布局】命令,系统弹出【从文件选择样板】对话框,如图 10-28 所示。

图 10-28 【从文件选择样板】对话框

（2）在列表框中选择布局样板文件 Gb-a3-Named Plot Styles.dwt，单击【打开】按钮，在弹出的【插入布局】对话框中输入布局名称（或用默认名称"Gb A3 标题栏"），单击【确定】按钮，在绘图窗口底部就插入了一个新的布局选项卡。选择该选项卡，将看到一个具有图框、标题栏、多边形视口的布局；双击激活视口，设置合适的打印比例及调整图形到合适的位置，如图 10-29 所示。

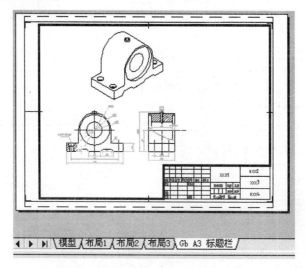

图 10-29　利用布局样板创建的布局

10.3.5　实际应用中的布局样例

机械设计布局样例如图 10-29 所示。

例 10-1　建筑（墙、柱配筋详图）布局样例。图 10-30 所示为布局全图，图 10-31 所示为布局框架，图 10-32 和图 10-33 所示为布局框架的局部放大效果图。

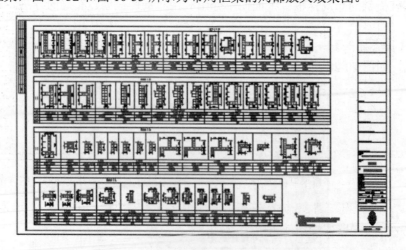

图 10-30　某建筑（墙、柱配筋）布局详图

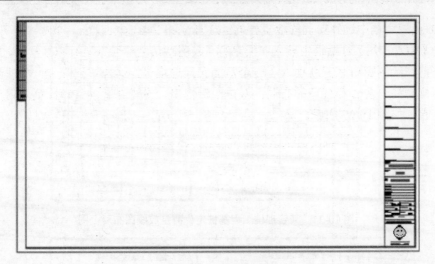

图 10-31　布局框架图

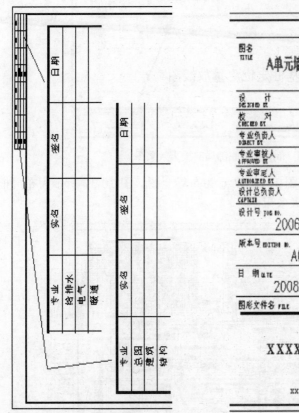

图 10-32　布局框架左上角局部放大图　　　　图 10-33　布局框架右下角局部放大图

例 10-2　某管理楼工程基桩定位测量放线图布局输出图样。图 10-34 所示为布局全图，图 10-35 所示为布局框架局部放大效果图。

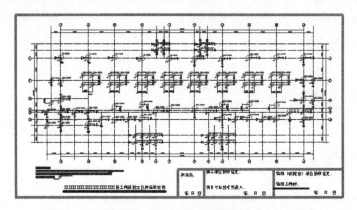

图 10-34　某管理楼工程基桩定位测量放线图布局全图

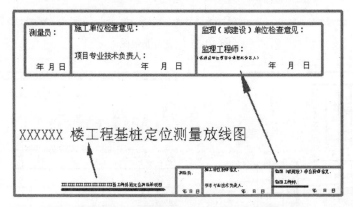

图 10-35　布局框架底部局部放大效果图

例 10-3　园林设计布局实例。图 10-36 所示为布局全图，图 10-37 所示为布局框架，图 10-38 所示为布局框架的局部放大效果图。

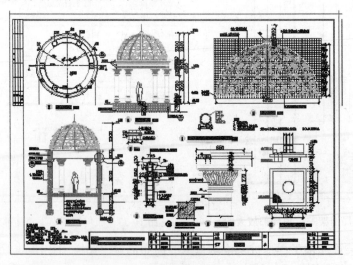

图 10-36　某小区园林设计布局全图

例 10-4　道路设计布局实例。图 10-39 所示为布局全图，图 10-40 所示为布局框架，

图 10-41 所示为布局框架的局部放大效果图。

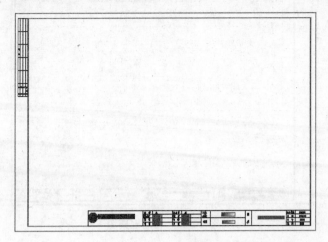

图 10-37　布局框架图

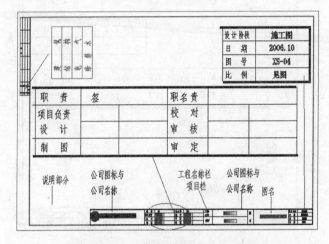

图 10-38　布局框架的局部放大效果图

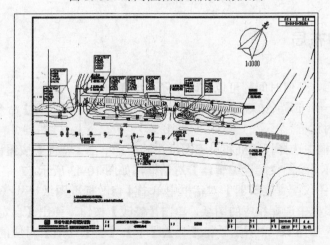

图 10-39　道路设计布局全图

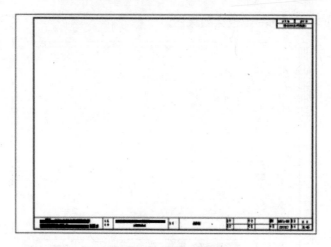

图 10-40　布局框架图

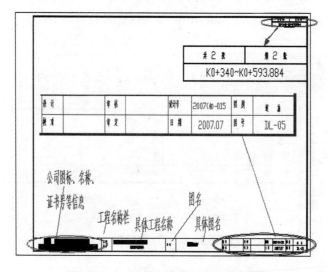

图 10-41　布局框架的局部放大效果图

10.3.6　打印布局

创建好布局后，任何时间都可以打印布局，步骤如下：

（1）单击某一个布局（如 Gb A3 标题栏），选择【文件】→【打印】命令，弹出如图 10-42 所示的【打印】对话框。

（2）在对话框中选择打印机和设置图纸尺寸后，单击【特性】按钮调整打印区域（虚框）的大小，打开【绘图仪配置编辑器】对话框，如图 10-43 所示。

（3）在【绘图仪配置编辑器】对话框中单击【修改标准图纸尺寸（可打印区域）】选项，在下面的列表框中选择相应的图纸，单击【修改】按钮，弹出【自定义图纸尺寸-可打印区域】对话框，如图 10-44 所示。将【上】、【下】、【左】、【右】对应的边界值设置为 0，使打印区域与图纸大小一致。单击【下一步】按钮回到【打印】对话框。

图 10-42　【打印】对话框

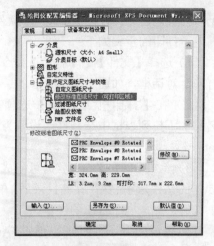

图 10-43　【绘图仪配置编辑器】对话框

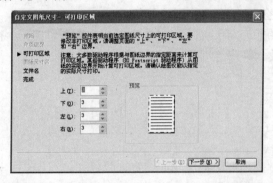

图 10-44　【自定义图纸尺寸-可打印区域】对话框

（4）将图形发送到打印机或绘图仪之前，一般需要生成打印图形的预览。在【打印】对话框中单击【预览】按钮，系统预览将显示图形在打印时的确切外观，包括线宽、填充图案和其他打印样式选项。

（5）预览结束后，按 Enter 键回到【打印】对话框，单击【确定】按钮，即可从打印机或绘图仪上输出满意的图形。

10.4　电子打印

传统输出方法是将图形打印到纸介质上，以便浏览和交流，但这也存在容易损坏、保密性差等问题。AutoCAD 提供了另外一种图形输出方式——电子打印，可将图形打印成一个 DWF 文件，用特定的浏览器进行浏览。

DWF 文件格式为共享设计数据提供了一种简单、安全的方法，可以将它视为设计数据包的容器，它包含了在可供打印的图形集中发布的各种设计信息。DWF 是一种开放的格式，可由多种不同的设计应用程序发布。它同时又是一种紧凑的、可以快速共享和查看的格式。使用 Autodesk DWF Composer 或免费的 Autodesk DWF Viewer 软件都可以查看 DWF 文件，而无须拥有创建此文件的 AutoCAD 软件。

电子打印的步骤如下：

（1）选择【文件】→【打印】命令，打开【打印】对话框，如图 10-45 所示。

（2）在【打印机/绘图仪】选项区域的【名称】下拉列表框中选择打印设备为 DWF6 ePlot.pc3。

（3）单击【确定】按钮，即可生成后缀名为.dwf 的文件，确定文件存储目录后，单击【保存】按钮，完成电子打印的操作。

打印完成的电子图纸可以通过 Autodesk DWF Viewer 进行浏览。在安装 AutoCAD 时，Autodesk DWF Viewer 会被自动安装到计算机

图 10-45　【打印】对话框

中。直接双击 DWF 文件就可以用 Autodesk DWF Viewer 来浏览图形，并且可以像在 AutoCAD 中一样对图形进行缩放、平移等浏览，也可以将其打印出来。

10.5　打 印 样 式

打印样式可以通过确定打印特性（如线宽、颜色和填充样式）来控制对象或布局的打印方式。打印样式表中收集了多组打印样式。打印样式表有两种类型，即颜色相关打印样式表和命名打印样式表。颜色相关打印样式表根据对象的颜色设置样式。命名打印样式表可以指定给对象，与对象的颜色无关。当图形使用颜色相关打印样式表时，不能为单个对象或图层指定打印样式。要为单个对象指定打印样式特性，可修改该对象或图层的颜色。颜色相关打印样式表存储在 Plot Styles 文件夹中，其扩展名为.ctb。命名打印样式表使用直接指定给图层或对象的打印样式，扩展名为.stb。使用这些打印样式表可以使图形中的每个对象以不同的颜色打印，而与对象本身的颜色无关。

1.　创建打印样式

创建打开的方法如下。

方法一：选择【文件】→【打印样式管理器】命令。

方法二：在命令行输入命令 stylesmanager。

输入命令后，将显示打印样式管理器，如图 10-46 所示。双击【添加打印样式表向导】图标，可以添加打印样式表；双击某个打印样式表图标，可以配置该打印样式。

2.　设置新图形打印样式表类型

具体步骤如下：

（1）选择【工具】→【选项】命令。

（2）在【选项】对话框的【打印和发布】选项卡中单击【打印样式表设置】按钮，打开【打印样式表设置】对话框，如图 10-47 所示。

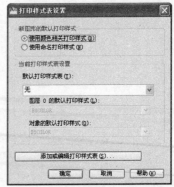

图 10-46　打印样式管理器　　　　　　图 10-47　设置新图形打印样式表

（3）在【打印样式表设置】对话框中，选中【使用颜色相关打印样式】或【使用命名打印样式】单选按钮。

（4）（可选）在【默认打印样式表】列表框中选择默认打印样式表。

（5）（可选）如果选中【使用命名打印样式】单选按钮，则要选择指定给图层和新对象的打印样式。

（6）单击【确定】按钮。

★★提示：设置新图形的打印样式表类型不会影响现有图形。

3. 修改对象的打印样式

注意，仅当图形使用命名打印样式表时才可以修改对象的打印样式。如果图形使用颜色相关打印样式表，则修改对象的颜色可以改变其打印外观。

具体步骤如下：

（1）选择一个或多个要修改其打印样式的对象。

（2）在绘图区域中选中某个对象后单击鼠标右键，在弹出的快捷菜单中选择【特性】命令。

（3）打开【特性】选项板，从可用打印样式列表中选择打印样式，如图 10-48 所示。【打印样式】区中列出的打印样式是对象正在使用的以及当前布局附着的打印样式表中的打印样式。

（4）要从其他打印样式表中选择打印样式，可选择【其他】选项，打开【选择打印样式】对话框，可以将其他打印样式表附着于当前布局并从该打印样式表中选择打印样式。

（5）要编辑当前打印样式表，可单击【编辑器】按钮。

（6）设置完成后单击【确定】按钮。

在【特性】选项板中所做的任何修改都将立即生效。如果修改附着到当前布局的打印样式表，模型空间和图纸空间都将受到影响。

图 10-48　修改对象的打印样式

10.6　小　　结

本章对打印输出的方法进行了介绍，读者首先应该了解布局、页面设置、打印样式等基本概念，然后学习 3 种创建布局的方法，并在此过程中对打印参数进行设置；或者直接利用【页面设置管理器】对话框设置打印参数，然后在打印输出过程中选择相应的设置控制打印输出的属性，得到满意的图纸。

10.7　上机练习与习题

1. 为你的自由创作作品设置两个不同的布局格式并将其打印输出。
2. 要实现如图 10-49 所示的输出效果，在布局和视口上应做怎样的设置？

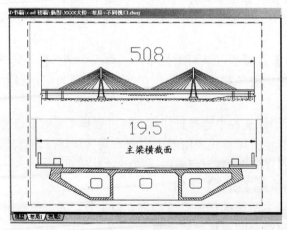

图 10-49　布局效果

第 11 章 专业图绘制实例

11.1 机械图实例

例 11-1 绘制如图 11-1 所示的吊耳。图 11-1（a）所示为剖面图，图 11-1（b）所示为前视图，图 11-1（c）所示为俯视图。

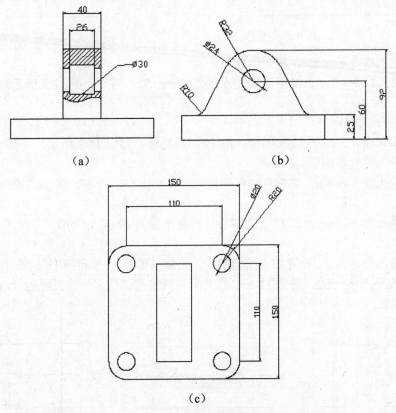

图 11-1 吊耳三视图

绘图要点：本例可以采用辅助线绘图，方便三视图图形的定位以及它们之间进行尺寸参考。

绘制步骤：

1）环境设置如下。

（1）设置单位为 mm。

（2）输入命令 limits，设置图形界面为 400×300。

（3）输入命令 zoom，使用参数 A 选项进行全部图形的缩放。

（4）输入命令 layer，设置如下几个图层，即剖面图、前视图、DIM、俯视图，具体参数依用户需求而定。

2）进入【前视图】图层，绘制吊耳的前视图，如图 11-2 所示。

（1）输入命令 rectang，在绘图区右上方创建 150×25 的矩形，如图 11-3 所示。

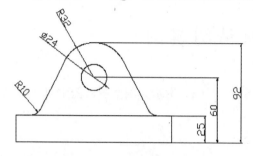

图 11-2　吊耳的前视图

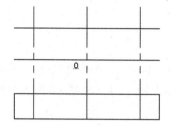

图 11-3　绘制矩形和直线

（2）输入命令 explode，将矩形分解。

（3）输入命令 offset，将矩形底线分别上偏 60、92，得到如图 11-3 所示矩形上方的两条横线。

（4）进入虚线图层。

（5）输入命令 line，过底线中点向上绘制垂直线，如图 11-3 所示。

（6）进入前视图图层。

（7）输入命令 offset，将垂直线向左和向右各偏移 55，得到如图 11-3 所示垂直线两侧的两条竖线。

（8）输入命令 circle，以 O 点为圆心，绘制半径为 12 和 32 的两个同心圆，如图 11-4 所示。

（9）输入命令 line，设置切点捕捉模式，绘制出如图 11-5 和图 11-6 所示的两条切线。

（10）输入命令 trim，对图 11-6 中的大圆与斜线相切后多余的弧线进行修剪，得到如图 11-7 的效果。

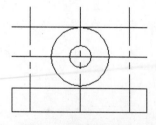

图 11-4　绘制同心圆

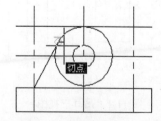

图 11-5　切线绘制过程

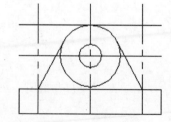

图 11-6　切线效果

（11）输入命令 circle 或者单击【绘图】工具栏中的⊘按钮，以"相切、相切、半径"方式在矩形上方水平线和图中左斜线上随便定两个切点，输入半径为 10 来绘制辅助圆，如图 11-8 所示。

（12）输入命令 trim，对图 11-8 中的辅助圆与斜线相切后多余的线进行修剪，得到如

图 11-9 所示的效果。

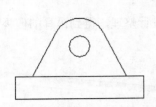
图 11-7　修剪大圆之后的效果

图 11-8　绘制辅助圆

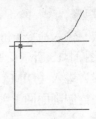
图 11-9　修剪辅助圆之后的效果

（13）用同第（12）步一样的方法处理右边对应位置，得到吊耳的前视图，效果如图 11-10 所示。

（14）进入【DIM】图层，进行尺寸标注即可（步骤略）。

3）绘制俯视图，如图 11-11 所示。

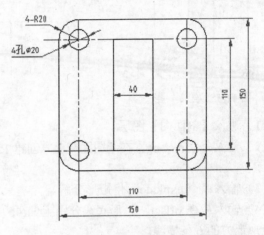

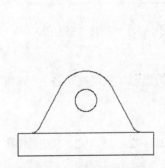
图 11-10　吊耳的前视图

图 11-11　吊耳的俯视图

（1）进入【俯视图】图层。

（2）输入命令 rectang，在绘图区左下方创建 150×150、半径为 20 的圆角矩形，如图 11-12 所示，实现长对正。

（3）输入命令 line，过矩形的中心绘制两条正交线。

（4）输入命令 offset，将水平线向上和向下各偏移 55，将垂直线向左和向右各偏移 20 和 55，如图 11-13 所示。

（5）输入命令 circle，分别以辅助线在矩形的 4 个角处的交点（最外围的 4 个交点）为圆心绘制半径为 20 的圆，如图 11-14 所示。

图 11-12　绘制圆角矩形

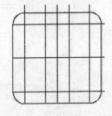
图 11-13　绘制辅助线

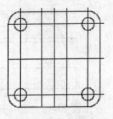
图 11-14　绘制圆

（6）输入命令 rectang，根据图 11-15 所示的效果以辅助线的交点为对角点绘制 40×150 的直角矩形。

（7）输入命令 trim、erase，将绘制了直角矩形的图形进行整理，得到吊耳的俯视图，效果如图 11-15 所示。

（8）进入【DIM】图层，进行尺寸标注即可（步骤略）。

4）绘制剖面图，如图 11-16 所示。

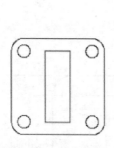

图 11-15　绘制矩形

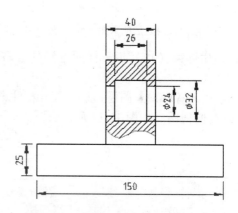

图 11-16　例 11-1 中吊耳的剖面图

（1）进入【剖面图】图层。

（2）输入命令 rectang，在绘图区左上方创建 150×25 的矩形（实现高平齐），如图 11-17 所示。

（3）输入命令 explode，将矩形分解。

（4）输入命令 offset，矩形底线分别上偏 45、48、60、72、75、92，得出如图 11-17 所示矩形上方的 6 条横线。

（5）输入命令 line，过底线中点向上绘制垂直线。

（6）输入命令 offset，将垂直线左右各偏移 20、13，得到如图 11-17 所示垂直线两侧的 4 条竖线。

（7）输入命令 trim，以图 11-18 中的虚线为修剪边对图 11-18 进行修剪，得到如图 11-19 所示的修剪效果。

（8）输入命令 trim，根据图 11-20 所示的效果对图 11-19 进行修剪，并用 erase 命令进行整理。

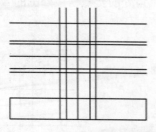

图 11-17　绘制矩形及偏移线

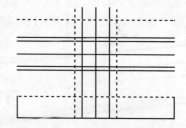

图 11-18　修剪辅助线

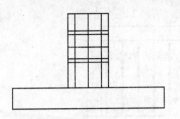

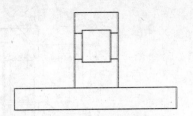

图 11-19　修剪效果 1　　　　　　　图 11-20　修剪效果 2

（9）输入命令 spline，用样条曲线绘制填充范围，如图 11-21 所示。

（10）输入命令 bhatch，以图 11-22 中的虚线围成的范围作为图案填充范围，具体参数设置如图 11-23 所示，效果如图 11-24 所示，完成吊耳剖面图的绘制。

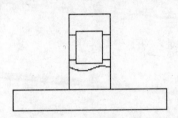

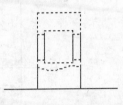

图 11-21　绘制样条曲线　　　　　　　图 11-22　图案填充范围

图 11-23　图案填充参数设置

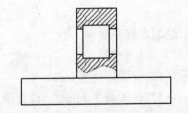

图 11-24　图案填充效果

（11）进入【DIM】图层，进行尺寸标注（步骤略）。

5）完成吊耳的绘制。

至此，即完成了吊耳的绘制。

例 11-2　绘制常用于道路上的"单悬臂式标志"结构图（如图 11-25 所示）中的底座法兰盘，如图 11-26 所示。

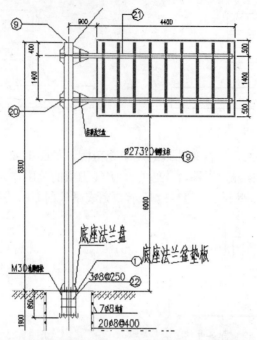

图 11-25　道路上的"单悬臂式标志"结构图

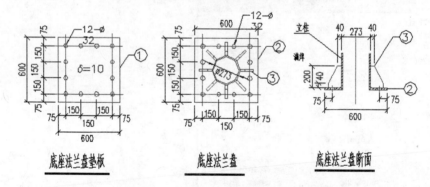

图 11-26　底座法兰盘及其垫板和断面图

绘制步骤：

1）环境设置。

（1）设置单位为 mm。

（2）输入命令 limits，设置图形界限为 400×300。

（3）输入命令 zoom，以参数 A 进行图形的全部缩放。

（4）输入命令 layer，设置如下几个图层，即中实线、中心线、DIM、临时，具体参数自定。

2）绘制底座法兰盘垫板，如图 11-27 所示。

（1）进入【中实线】图层。

（2）输入命令 line，绘制一个边长为 600 的正方形，如图 11-28 所示。

（3）输入命令 explode，将正方形分解。

（4）输入命令 offset，将正方形边线向内偏移 75，向外偏移 25，如图 11-28 所示。

（5）进入【中心线】图层。

（6）输入命令 line，临摹由正方形边线向内偏移 75 而得到的 4 条直线，使其成为中心线。

（7）输入命令 extend，延长临摹出来的 4 条中心线，使之与由正方形边线向外偏移出来的 4 条线相交，如图 11-28 所示。

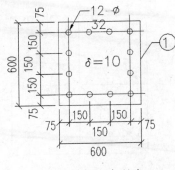

底座法兰盘垫板

图 11-27　底座法兰盘垫板

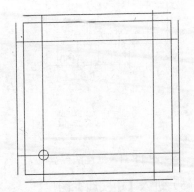

图 11-28　底座法兰盘的绘制过程

（8）进入【中实线】图层。

（9）输入命令 circle，根据图 11-28 所示的效果绘制半径为 32 的圆。

（10）输入命令 array，按图 11-27 所示的效果将圆按 4 行 4 列的矩形阵列复制，参数设置如图 11-29 所示。

（11）输入命令 erase，删除阵列出来的第 2 行、第 3 行的第 2 列、第 3 列的圆以及多余的辅助线，如图 11-30 所示。

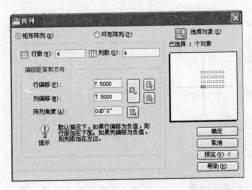

图 11-29　对圆进行矩形阵列复制的参数设置

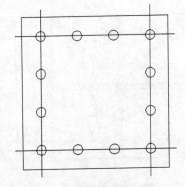

图 11-30　阵列复制整理效果

（12）进入【DIM】图层，对图中主要尺寸进行标注（过程略），得到底座法兰盘垫板图，如图 11-27 所示。

3）绘制底座法兰盘，如图 11-31 所示。

（1）输入命令 copy，复制前面已经绘制好的底座法兰盘垫板。

（2）输入命令 erase，删除标注部分。

（3）进入【临时】图层。

（4）输入命令 line，连接正方形的对角线及中线，如图 11-32 所示。

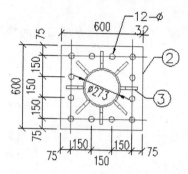

图 11-31　底座法兰盘

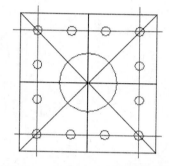

图 11-32　在垫板上绘制直线和圆

（5）进入【中实线】图层。

（6）输入命令 circle，以对角线的中点为圆心、253 为半径画圆，如图 11-32 所示。

（7）输入命令 offset，将圆向外偏移 10，对角线及中心线分别向两边偏移 10，偏移后的效果如图 11-33 所示。

（8）进入【临时】图层。

（9）输入命令 line，分别过外圆与中线及对角线的交点作圆的切线，效果如图 11-34 所示。

（10）输入命令 offset，将切线分别向外偏移 40 和 126，偏移后的效果如图 11-35 所示。

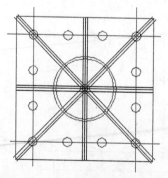

图 11-33　对象偏移效果

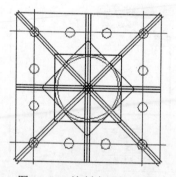

图 11-34　绘制大圆的切线

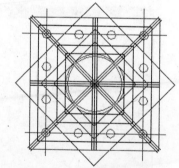

图 11-35　对切线进行偏移

（11）输入命令 trim，以图 11-36 中的虚线为修剪边进行修剪，修剪后效果如图 11-37 所示。

（12）输入命令 trim，以图 11-38 中的虚线为修剪边进行修剪，修剪后效果如图 11-39 所示。

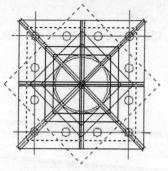
图 11-36 修剪边示意图 1

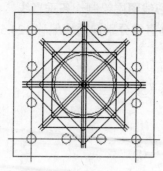
图 11-37 修剪效果 1

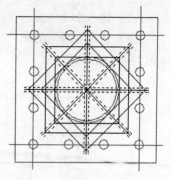
图 11-38 修剪边示意图 2

（13）输入命令 trim，以图 11-40 中的虚线为修剪边进行修剪，修剪后效果如图 11-41 所示。

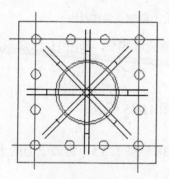
图 11-39 修剪效果 2

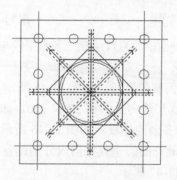
图 11-40 修剪边示意图 3

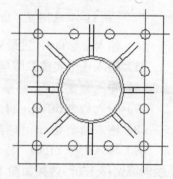
图 11-41 修剪效果 3

（14）输入命令 line，根据图 11-42 所示的效果绘制直线段。

（15）进入【中实线】图层。

（16）输入命令 line，临摹临时图层的对象，效果如图 11-43 所示。

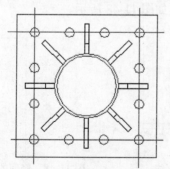
图 11-42 修剪边示意图 3

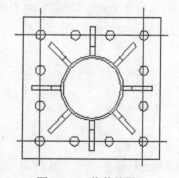
图 11-43 修剪效果 4

（17）进入【DIM】图层，对图中主要尺寸进行标注（过程略），如图 11-31 所示。

（18）完成底座法兰盘的绘制。

4）绘制底座法兰盘断面，如图 11-44 所示。

（1）进入【中心线】图层。

（2）输入命令 line，在中心线图层绘制一条垂直线。

（3）输入命令 offset，将垂直线分别向两边偏移 124.5、136.5、209、225、241、300，如图 11-45 所示。

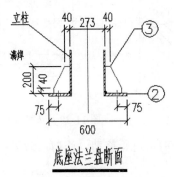

图 11-44　底座法兰盘断面

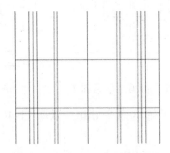

图 11-45　绘制及偏移直线

（4）输入命令 line，过最外面的垂直线绘制一条水平线与垂直线相交，如图 11-45 所示。

（5）进入【中实线】图层。

（6）输入命令 line，临摹偏移的直线，如图 11-45 所示。

（7）输入命令 offset，将水平线向上偏移 20 和 220，如图 11-45 所示。

（8）输入命令 trim，修剪多余的线段，如图 11-46 所示。

（9）输入命令 offset，将最外面的垂直线向内分别偏移 38.5 和 123.5，将最上面的水平线向下偏移 160，效果如图 11-47 所示。

（10）进入【中心线】图层。

（11）输入命令 line，连接交点，并在上端合适位置（不需要精确）绘制一水平线，如图 11-47 所示。

（12）输入命令 trim，对图 11-47 进行修剪，效果如图 11-48 所示。

（13）输入命令 erase，删除修剪不掉的线段，如图 11-48 所示。

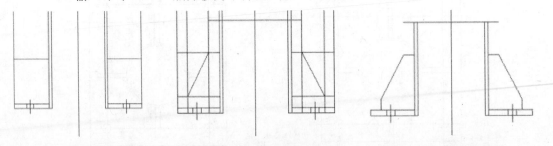

图 11-46　对直线进行修剪　　　　图 11-47　偏移及绘制直线　　　　图 11-48　修剪的效果

（14）输入命令 circle，根据图 11-49（a）所示的效果以 10 为半径绘制圆。

（15）输入命令 trim，修剪多余的线。

（16）输入命令 bhatch，填充 1/4 圆，效果如图 11-49（b）所示。

（17）进入【DIM】图层，对图中主要尺寸进行标注（过程略），效果如图 11-44 所示。

（18）完成底座法兰盘断面的绘制。

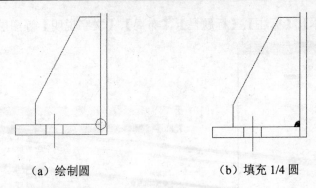

（a）绘制圆　　　　　　　　　（b）填充 1/4 圆

图 11-49　绘制圆及填充图解

5）完成底座法兰盘的绘制。

至此，即完成了底座该兰盘的绘制。

11.2　建筑图实例

例 11-3　绘制如图 11-50 所示的某民族宾馆的立面图。

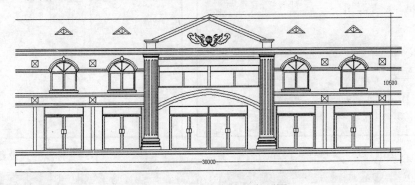

图 11-50　某民族宾馆的立面图

本图可大概分为如下几个部分完成：环境设置（图形范围、单位制、图层），绘制排气口、气窗及花样，绘制门和窗，绘制罗马柱，绘制房子的轮廓以及利用前面的模块图来组建总的完成图。

绘制步骤：

1）环境设置。

（1）输入命令 units，弹出【图形单位】对话框，按如图 11-51 所示进行设置。

（2）输入命令 limits，设置图形界限对角点坐标为左下角点坐标（0，0），右上角点坐标（40000，30000）。

（3）输入命令 zoom，执行视图全部缩放（选择【全部】选项），即可在屏幕上显示刚设置的图幅全貌。

（4）输入命令 layer，进行图层设置，建立【中心线】、【排气口和气窗】、【门】、【窗】、

【罗马柱】、【主体】、【标注】、【标题栏】、【布局】、【文字说明】等图层，如图 11-52 所示。

图 11-51　【图形单位】对话框　　　　　　　　图 11-52　图层设置

（5）输入命令 style。以常规宋体创建名为 w-stangard 的文字样式，如图 11-53 所示。

（6）输入命令 dimstyle，创建名为 WISO-25 的标注样式，主要参数设置如图 11-54~图 11-58 所示。

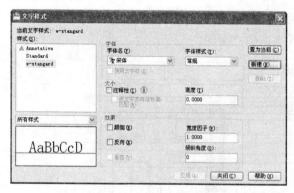

图 11-53　文字样式设置　　　　　　　　　　　图 11-54　标注样式设置 1

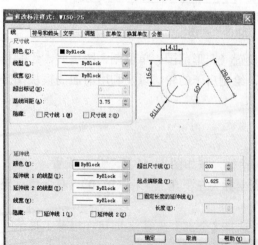

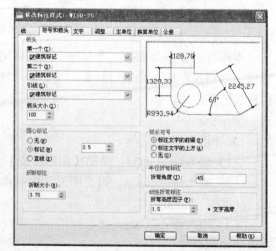

图 11-55　标注样式设置 2　　　　　　　　　　图 11-56　标注样式设置 3

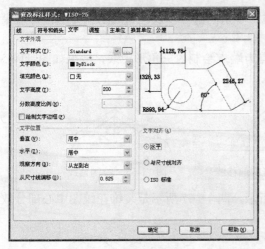

图 11-57　标注样式设置 4

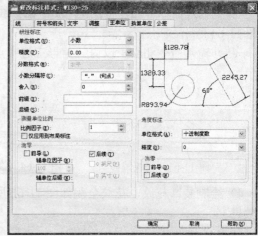

图 11-58　标注样式设置 5

2）绘制排气口，如图 11-59 所示。

（1）进入【排气口和气窗】图层。

（2）输入命令 rectang，在绘图区左上方绘制 500×500 的正方形，如图 11-59 所示。

```
命令：_rectang
指定第一个角点或：（在屏幕上拾取一个点作为气窗的左下角点）
指定另一个角点或 [面积(A)/尺寸(D)/旋转(R)]: @500,500
```

（3）输入命令 line，绘制正方形的对角线，效果如图 11-59 所示。

3）绘制通风窗，如图 11-60 所示。

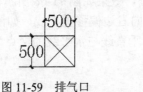

图 11-59　排气口

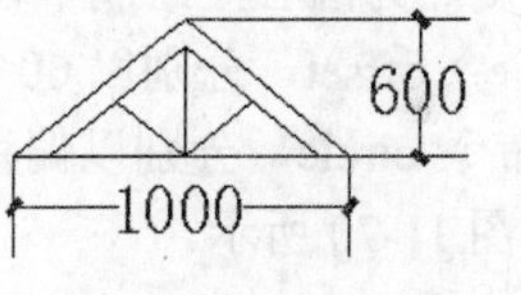

图 11-60　通风气窗

（1）选择【工具】→【草图设置】命令，设置对象捕捉模式为中点和端点模式。

（2）输入命令 line，在绘图区排气口下方，绘制 1000（长）×600（高）的等腰三角形，效果如图 11-61 所示。

① 输入命令 line，打开正交模式，绘制长度为 1000 的水平线。

② 输入命令 line，以第①步生成的水平线的中点为起点向上绘制长度为 600 的垂直线，效果如图 11-62 所示。

③ 输入命令 line，关闭正交模式，分别连接垂直线上端点与水平线的两个端点，绘制出等腰三角形的腰，如图 11-62 所示。

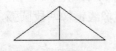

图 11-61　等腰三角形

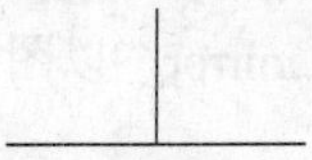

图 11-62　绘制正交线

（3）输入命令 offset，将等腰三角形的腰向内偏移 50，效果如图 11-63 所示。

（4）输入命令 trim，将图 11-63 中偏移线上多余的部分以及垂直线上端修剪掉，效果如图 11-64 所示。

（5）输入命令 line，以内三角形三边中点为端点绘制内三角形中线，效果如图 11-65 所示。

  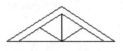

图 11-63　直线偏移　　　　图 11-64　修剪偏移线　　　　图 11-65　绘制直线

4）绘制装饰花纹，花纹全貌如图 11-66 所示，图 11-67 所示是装饰花纹图中心部分放大效果。

 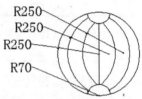

图 11-66　装饰花纹　　　　　　　　图 11-67　装饰花纹图中心部分放大效果

（1）进入【装饰花纹】图层。

（2）输入命令 line，在屏幕上适当的位置绘制两条正交直线。

（3）输入命令 circle，以两线交点为圆心绘制直径为 500 的圆，分别以刚才绘制出来的圆与垂直线的交点为圆心，绘制半径为 70 的小圆，效果如图 11-68 所示。

（4）输入命令 offset，分别以 60 和 90 的距离向右边偏移垂直线，如图 11-69 所示。

（5）输入命令 circle，分别以偏移出来的两条垂直线与水平线的交点为圆心绘制直径为 500 的圆，如图 11-70 所示。

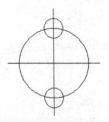 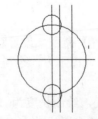 

图 11-68　绘制圆　　　　　图 11-69　直线偏移　　　　　图 11-70　绘制圆

（6）输入命令 trim，以最先绘制的直径为 500 的圆以及两个小圆为剪切边界对图 11-70 进行修剪，效果如图 11-71 所示。

（7）输入命令 erase，删除多余的线段，效果如图 11-72 所示。

（8）输入命令 mirror，以图 11-68 中的垂直线为镜像线镜像两段圆弧，效果如图 11-73 所示。

（9）输入命令 spline，在球体的下方绘制装饰花纹，如图 11-74 所示（步骤略）。

（10）输入命令 mirror，以图 11-74 中的垂直线为镜像线镜像前面绘制的花纹，生成完整的装饰花纹，如图 11-66 所示。

5）绘制玻璃门，如图 11-75 所示。

图 11-71 修剪效果 1　　图 11-72 修剪效果 2　　图 11-73 镜像效果

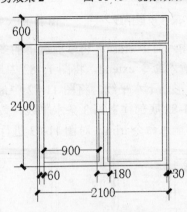

图 11-74 绘制装饰花纹　　　　　图 11-75 例 11-3 玻璃门

（1）进入【门】图层。

（2）输入命令 rectang，在绘图区中适当的位置绘制 2100×2400 和 2100×600 的矩形，如图 11-76 所示。

（3）输入命令 offset，将小矩形向内偏移 30 生成上窗，大矩形向内偏移 30 和 90，效果如图 11-77 所示。

（4）输入命令 explode，将由大矩形偏移出来的两个矩形分解。

（5）输入命令 line，绘制由大矩形偏移 40 而生成的矩形的中线，效果如图 11-78 所示。

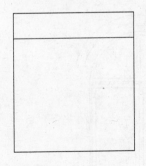 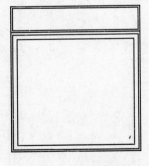 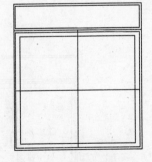

图 11-76 绘制矩形　　　　图 11-77 偏移矩形　　　　图 11-78 绘制矩形中线

（6）输入命令 offset，将矩形的垂直中线向左右各偏移 60 和 90，将矩形的水平中线向上偏移 150，向下偏移 150 和 1140，效果如图 11-79 所示。

（7）输入命令 trim，以图 11-80 所示的虚线为剪切边修剪出门的轮廓以及门的拉手，效果如图 11-81 所示。

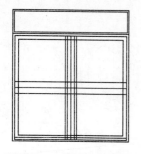
图 11-79　偏移矩形中线

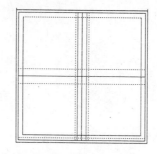
图 11-80　剪切边示意图

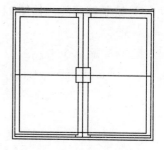
图 11-81　修剪效果

（8）输入命令 erase，将修剪剩下的多余线段删除，效果如图 11-82 所示。

（9）输入命令 extend，将图 11-82 中最左边第二条长垂直线和最右边第二条长垂直线延伸到大矩形的下水平线，将图 11-82 中最左边第 3 条长垂直线和最右边第 3 条长垂直线延伸到图 11-82 底部往上第 3 条水平线，效果如图 11-83 所示。

（10）输入命令 trim，对图 11-83 进行修剪，效果如图 11-84 所示。

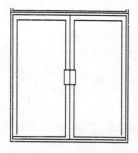
图 11-82　整理后的效果

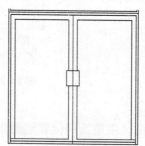
图 11-83　延长直线

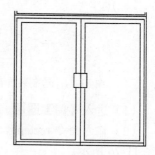
图 11-84　修剪后的效果

（11）输入命令 erase，删除多余的直线段（图 11-84 底部往上第二条水平线），效果如图 11-85 所示。

6）绘制窗户，如图 11-86 所示。

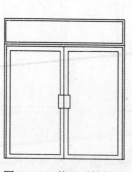
图 11-85　整理后的效果

图 11-86　例 11-3 中窗户

（1）进入【窗】图层。

（2）输入命令 rectang，绘制大小为 1320×100 的矩形。

（3）输入命令 explode，将矩形分解。

（4）输入命令 offset，将矩形左边垂直线向右偏移 40，效果如图 11-87 所示。

（5）输入命令 rectang，以偏移出来的垂直线的上端点为第一个对角点向上绘制大小为 1400×100 的矩形，效果如图 11-88 所示。

图 11-87　绘制矩形 1　　　　　　　　　　图 11-88　绘制矩形 2

（6）输入命令 erase，删除偏移线，效果如图 11-89 所示。

（7）输入命令 explode，将矩形分解。

（8）输入命令 offset，将矩形左边垂直线向左偏移 100，效果如图 11-90 所示。

图 11-89　删除偏移线后的效果　　　　　　图 11-90　偏移垂直线

（9）输入命令 rectang，以第（8）步偏移出来的垂直线的上端点为第一个对角点向上绘制大小为 1200×1200 的矩形，如图 11-91 所示。

（10）输入命令 erase，删除偏移线，效果如图 11-91 所示。

（11）输入命令 offset，将大小为 1200×1200 的矩形向内偏移 25 和 75，效果 11-92 所示。

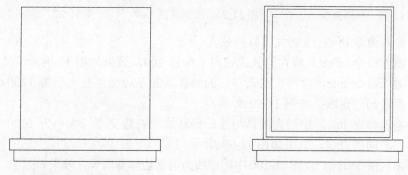

图 11-91　绘制矩形　　　　　　　　　　　图 11-92　偏移矩形

（12）输入命令 line，绘制由大小为 1200×1200 的矩形向内偏移 25 所生成的矩形的垂直中线。

（13）输入命令 offset，对第（12）步绘制生成的直线（垂直中线）分别向左右偏移 50，效果如图 11-93 所示。

（14）输入命令 trim 修剪直线，效果如图 11-94 所示。

（15）输入命令 explode，分解大小为 1200×1200 的矩形。

（16）输入命令 offset，将大小为 1200×1200 的矩形的上水平线向上偏移 40、600 和 700 生成 3 条水平线，效果如图 11-95 所示。

（17）输入命令 arc，以 1200×1200 的矩形的上水平线的左端点、右端点以及由 1200×1200 的矩形的上水平线向上偏移 600 所生成的水平线的中点绘制圆弧，效果如图 11-96 所示。

（18）输入命令 offset，将圆弧向内偏移 40、向外偏移 100 和 200，效果如图 11-97 所示。

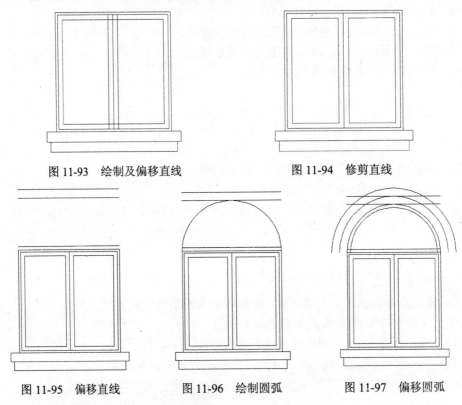

图 11-93　绘制及偏移直线　　　　　　　图 11-94　修剪直线

图 11-95　偏移直线　　　　图 11-96　绘制圆弧　　　　图 11-97　偏移圆弧

（19）输入命令 line，绘制大圆弧的弦。

（20）输入命令 offset，将大圆弧的弦向上偏移 200，效果如图 11-98 所示。

（21）输入命令 line，绘制大圆弧与弦的偏移线的左边交点与大小为 1200×1200 的矩形的左上角点之间的直线，如图 11-99 所示。

（22）输入命令 line，绘制大圆弧与弦的偏移线的右边交点与大小为 1200×1200 的矩形的右上角点之间的直线，效果如图 11-99 所示。

（23）输入命令 trim，以图 11-100 中的虚线为剪切边修剪圆弧，效果如图 11-101 所示。

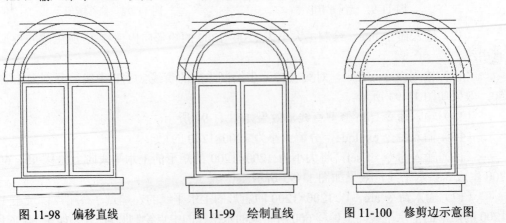

图 11-98　偏移直线　　　　　图 11-99　绘制直线　　　　图 11-100　修剪边示意图

（24）输入命令 erase 删除辅助线，效果如图 11-102 所示。

（25）输入命令 ddptype 设置点的样式，参数设置如图 11-103 所示。

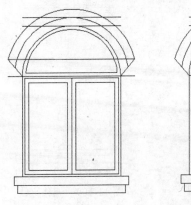

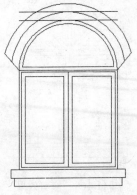

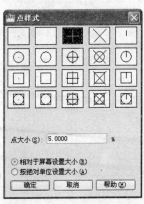

图 11-101　修剪效果　　　　图 11-102　整理后的图形　　　　图 11-103　点样式设置

（26）输入命令 divide，分别将最里面的两段圆弧定数等分为 4 份，效果如图 11-104 所示。

（27）输入命令 osnap，设置对象捕捉模式为端点、交点和节点模式。

（28）输入命令 line，绘制外围等分点与圆弧中心的连线，效果如图 11-105 所示。

（29）输入命令 offset，分别将外围等分点与圆弧中心的连线向左右两边偏移 20，效果如图 11-106 所示。

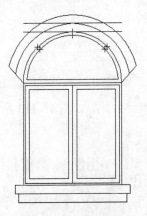

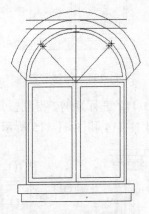

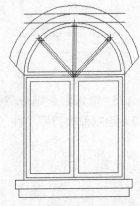

图 11-104　绘制等分点　　　　图 11-105　绘制直线　　　　图 11-106　偏移直线

（30）输入命令 trim，以图 11-107 中的虚线为剪切边修剪窗体上部，效果如图 11-108 所示。

（31）输入命令 offset，分别将图 11-104 中最上边的水平线向下偏移 30、向上偏移 200，效果如图 11-109 所示。

（32）输入命令 line，过圆弧的中点绘制垂直线，效果如图 11-110 所示。

（33）输入命令 offset，分别将第（32）步绘制的垂直线向左右两边偏移 70 和 100，它们与水平偏移线相交得到 A、B、C、D 4 个交点，效果如图 11-111 所示。

（34）输入命令 line，绘制 AC 和 BD 直线，效果如图 11-112 所示。

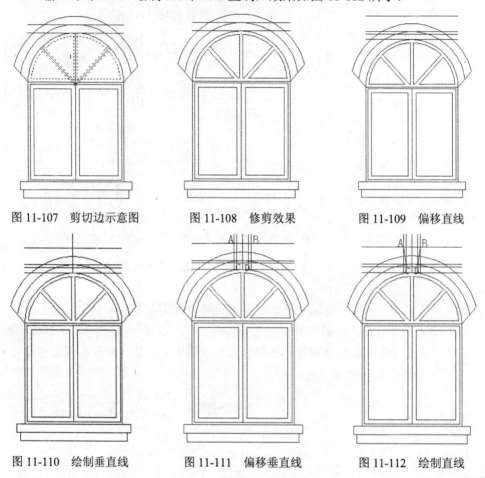

图 11-107　剪切边示意图　　　图 11-108　修剪效果　　　图 11-109　偏移直线

图 11-110　绘制垂直线　　　图 11-111　偏移垂直线　　　图 11-112　绘制直线

（35）输入命令 trim，对图 11-112 进行修剪，得到窗户的最终效果，如图 11-113 所示。

7）绘制前大门罗马柱，如图 11-114 和图 11-115 所示。

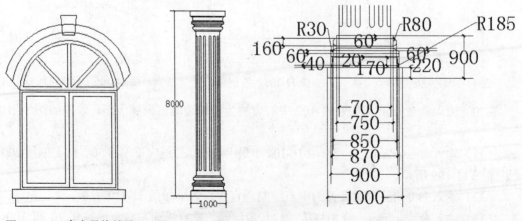

图 11-113　窗户最终效果　　　图 11-114　罗马柱　　　图 11-115　罗马柱底部放大效果

（1）在绘图区适当位置绘制 1000×220 的矩形。

（2）输入命令 line，过矩形底部水平线向上绘制垂直线，效果如图 11-116 所示。

（3）输入命令 explode，将矩形分解。

（4）输入命令 offset，将矩形上水平线分别上偏移 40、125、210、230、290、350、410、460、620、680，如图 11-117 所示。

（5）输入命令 offset，将垂直线分别往左右两边偏移 350、375、425、435、450、500（垂直偏移线只有 5 条，没有 6 条），效果如图 11-117 所示。

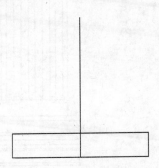

图 11-116　绘制直线和矩形

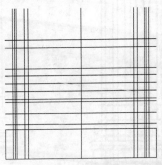

图 11-117　偏移直线

（6）输入命令 trim 修剪图形，效果如图 11-118 所示。

（7）输入命令 erase 整理图形，效果如图 11-118 所示。

（8）输入命令 arc，按照图 11-115 中相应的半径绘制罗马柱底部圆弧，效果如图 11-119 所示。

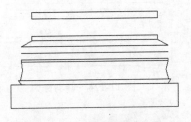

图 11-118　修剪及整理效果

图 11-119　绘制圆弧

（9）输入命令 offset，将罗马柱底座顶线向上偏移 220 和 3100，如图 11-120 所示。

（10）输入命令 line，过罗马柱底线的中点绘制垂直线作为补助线。

（11）输入命令 offset，将第（2）步绘制的垂直线分别向左右各偏移 60、120、200、250、320、350，如图 11-120 所示。

（12）修剪多余线段，如图 11-121 所示。

（13）输入命令 circle，用两点画圆法绘制小圆，如图 111-122 和图 111-123 所示。

（14）输入命令 trim，对第（13）步生成的圆进行修剪，效果如图 11-124 所示。

（15）输入命令 mirror，用镜像方法生成罗马柱的上半部分，如图 11-114 所示。

8）绘制宾馆正面建筑平面图框架。

过程略。

图 11-120　绘制及偏移直线　　　　图 11-121　修剪效果　　　　图 11-122　绘制圆

图 11-123　罗马柱底部局部放大效果　　　　图 11-124　修剪圆弧

11.3　道路桥梁图实例

例 11-4　绘制某城市某道路改造设计图，改造效果如图 11-125 所示，原始道路如图 11-126 所示。本例不要求绘制"街头绿地"范围内的详细设计。

绘制步骤：

1）导入【地形】图层和【旧道路】图层，如图 11-126 所示（一般来说，这些图层上用的是地理坐标，若没有此项数据，可参考第 5 章中的例 5-26 模拟生成）。

2）导入【建筑红线】图层作为施工界线，如图 11-127 所示（说明：若没有此项数据，可参考第 5 章中的例 5-26 模拟生成）。

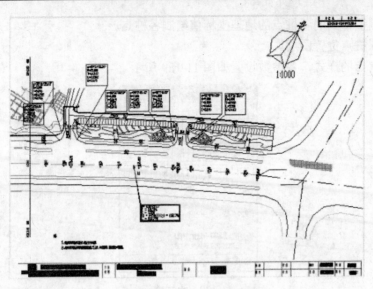

图 11-125 道路改造图设计

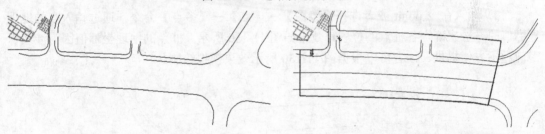

图 11-126 原始道路　　　　　　　　　图 11-127 带道路红线的道路图

3）环境设置。

（1）输入命令 units，设置单位为"米"，精度为 0.000。

（2）输入命令 limits，图形界限按地形图范围设置。

（3）创建图层，如图 11-128 所示。

状	名称	开	冻结	锁定	颜色	线型	线宽	打印样式	打
	标注2--绿化改造道路				■ 10	CONTIN...	—— 默认	Color_10	
	标注3--pp-dl-bzhd				■ 白	CONTIN...	—— 默认	Color_7	
	侧分车道+人行道绿化带				■ 75	CONTIN...	—— 默认	Color_75	
	道路1				■ 白	CONTIN...	—— 默认	Color_7	
	道路2				■ 白	CONTIN...	—— 默认	Color_7	
	地形				■ 8	CONTIN...	—— 默认	Color_8	
	横截面图层1				■ 10	CONTINOUS	—— 默认	Color_10	
	横截面图层2（绿化）				■ 10	CONTINOUS	—— 默认	Color_10	
	横截面图层3（标注）				■ 10	CONTINOUS	—— 默认	Color_10	
	建筑				■ 10	CENTER	■ 0...	Color_10	
	建筑红线--施工界线				□ 10	CONTIN...	□ 1.	Color_10	
	建筑框				■ 133	CONTIN...	—— 默认	Color_133	
	街头绿地				■ 10	CONTINOUS	—— 默认	Color_10	
	模拟旧道路1				■ 26	CONTINOUS	—— 默认	Color_26	
	其它中心线				■ 蓝	CENTER	—— 默认	Color_5	
	人				■ 白	CONTIN...	—— 默认	Color_7	
	天充-绿地				■ 绿	CONTIN...	—— 默认	Color_3	
	新测点				■ 红	CONTIN...	—— 默认	Color_1	
	轴线--辅助中心线				■ 139	CONTIN...	—— 默认	Color_139	
	轴线--主干路的中心线				■ 160	CONTIN...	—— 默认	Color_160	
	桩点位置				■ 白	CONTIN...	—— 默认	Color_7	
	桩号名称--SZ-ZH-DIM				■ 白	CONTIN...	—— 默认	Color_7	

图 11-128 图层特征对话框

4）根据测量得到的各桩点的地理坐标值绘制各桩点。

（1）进入桩点位置图层。

（2）设置点的样式，各参数设置如图 11-129 所示。

图 11-129　点样式设置

（3）输入命令 point 或者选择【绘图】→【点】→【多点】命令，通过输入点的地理坐标值的方法来确定各桩点的位置，效果如图 11-130 所示。桩点的地理坐标值因为涉及保密问题不方便提供，读者可以根据图 11-130 所示效果模拟绘制。

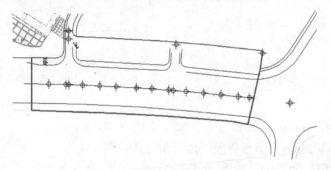

图 11-130　基桩坐标输入效果

5）绘制道路中心线。

（1）进入【轴线——主干路的中心线】图层。

（2）输入命令 line 或者选择【绘图】→【直线】命令，过相应的桩点绘制主干道中心线（横向，下方）。

（3）进入【其他中心线】图层。

（4）输入命令 line 或者选择【绘图】→【直线】命令，过相应的桩点绘制连接小区的通道中心线（横向，上方）以及支路中心线（纵向），效果如图 11-131 所示。

6）绘制桩点编号。

（1）进入文字图层。

（2）输入命令 mtext，选用标准字体绘制桩点编号（水平文字），参数设置如图 11-132 所示（在 AutoCAD 经典界面）。

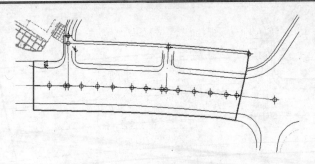

图 11-131 绘制道路中心线

图 11-132 基桩点坐标用文字格式

（3）输入命令 rotate，将第（2）步绘制的文字逆时针旋转 90°放置到相应的桩点附近，效果如图 11-133 所示。

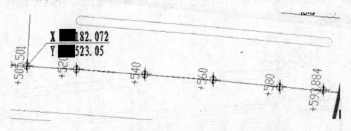

图 11-133 基桩点坐标文字旋转放置效果图

7）绘制"街头绿地"边界（具体设计部分可以省略）。

（1）进入【街头绿地】图层。

（2）输入命令 offset，将连接小区通道的中心线向下偏移 3，效果如图 11-134 所示。

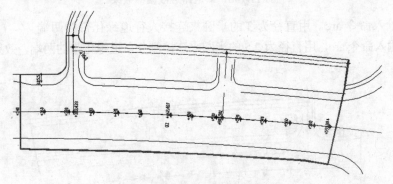

图 11-134 道路中心线偏移效果

（3）输入命令 pline 或者选择【绘图】→【多段线】命令，按照原来旧的道路内侧边界线与第（2）步偏移出来的中心线所围成的边界，用线宽为 0.5 的多段线（交替使用直线和圆弧参数）绘制如图 11-135 所示的"街头绿地"边界，效果如图 11-135 所示。

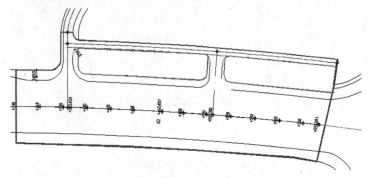

图 11-135　用 0.5 宽的多段线绘制道路旁"街头绿地"边界

（4）输入命令 erase，删除第（2）和第（3）步偏移出来的中心线。

8）绘制人行道绿化带和侧分车道绿化带轮廓。

（1）输入命令 offset，将原来旧的道路中靠近主干道中心线的两个直线部分分别向上偏移 3，向下偏移 6 和 8.5，效果如图 11-136 所示。

（2）输入命令 offset，将原来旧的道路中主干道南侧道路边界线分别向上偏移 6 和 8.5，效果如图 11-136 所示。

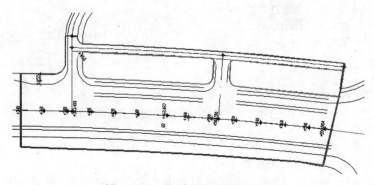

图 11-136　旧道路边线偏移效果

（3）输入命令 arc，用直径为 3 的半圆来连接人行道绿化带的两端。

（4）输入命令 arc，用直径为 2.5 的半圆来连接侧分车道绿化带的两端，效果如图 11-137 所示。

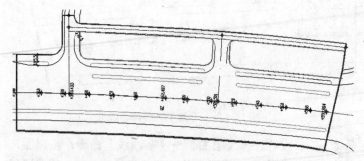

图 11-137　绘制侧分车道绿化带两端的圆弧

（5）进入【侧分车道+人行道绿化带】图层（上述各步骤主要工作是对原始道路边界

进行偏移，所以工作图层为道路图层，为了方便编辑要进入到【侧分车道+人行道绿化带】图层对绿化带边界进行重新临摹）。

（6）输入命令 pline 或者选择【绘图】→【多段线】命令，对步骤（1）~（4）步所绘制出来的绿化带边界进行重新临摹。

（7）输入命令 erase，删除在道路图层中绘制的绿化带边界。

（8）绘制人行道绿化带（花池）中的分离部分。

① 输入命令 line，过主干道左右两段人行道绿化带（花池）的左端的圆弧端点绘制直线段，效果如图 11-138 所示。

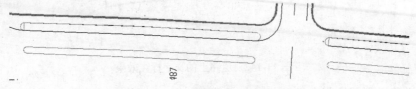

图 11-138　绿化带的边界线处理

② 输入命令 offset，分别将第①步绘制出来的直线段向右偏移 30、32、60、62，效果如图 11-139 所示。

图 11-139　偏移直线

③ 输入命令 extend，将第②步偏移出来的直线段延长到人行道绿化带（花池）的外侧，效果如图 11-140 所示。

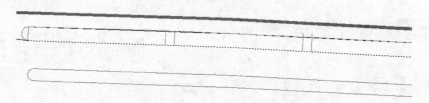

图 11-140　延长直线

④ 输入命令 trim，修剪掉人行道绿化带（花池）的内侧部分，生成绿化带中间的横向通道，效果如图 11-141 所示。

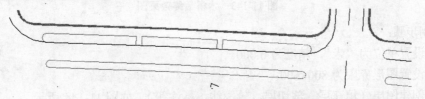

图 11-141　绘制好的绿化带中间的横向通道

9）绘制"花池"等文字部分（参考步骤6)），效果如图 11-142 所示。

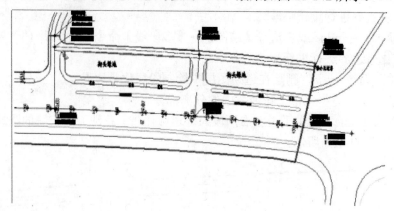

图 11-142　道路上的文字标注效果

10）道路平面图绘制完成。

例 11-5　创建如图 11-143 所示的木桥平面图、木桥侧立面图及木桥正侧立面图，本例按 1:100 的比例绘图。

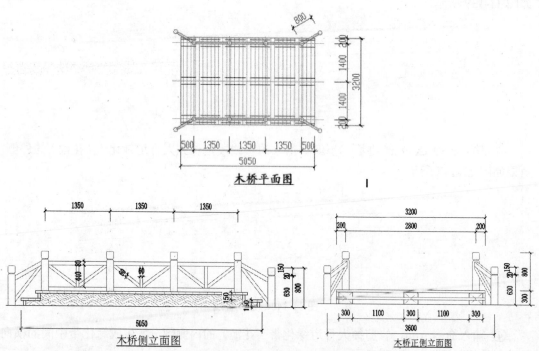

图 11-143　木桥最终效果图

绘制步骤：

1）设置单位为"米"，精度为 0.000。

2）设置图形界限为 800×600。

3）创建图层（填充层、剖切层、轮廓线、标注等），如图 11-144 所示。

4）修改标注样式，使其适合出图比例为 1:100 的标注样式。步骤如下：

（1）输入命令 dimstyle，打开【标注样式管理器】对话框，单击【修改】按钮，如图 11-145 所示。

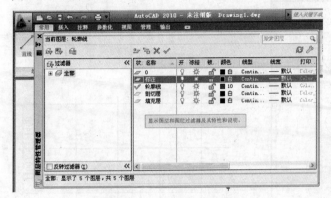 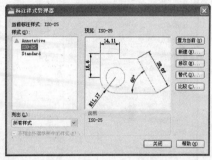

图 11-144　图层特性管理器　　　　　　　图 11-145　标注样式管理器

（2）选择【线】选项卡，将【基线间距】设置为 375，【起点偏移量】设置为 400，如图 11-146 所示。

（3）选择【符号和箭头】选项卡，将【箭头】设置为"建筑标记"，并将【箭头大小】设置为 100，如图 11-147 所示。

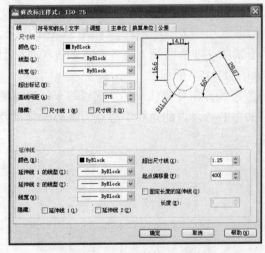 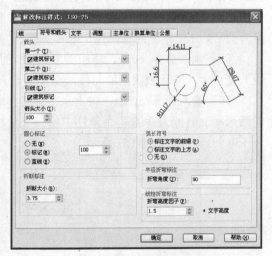

图 11-146　修改直线属性　　　　　　　　图 11-147　修改箭头属性

（4）选择【文字】选项卡，将【文字高度】设置为 250，【从尺寸线偏移】设置为 0.625，如图 11-148 所示。

（5）其他选项默认，单击【确定】按钮。

5）绘制木桥水平面，进入【轮廓线】图层，绘制定位轴线。

（1）输入命令 line，绘制水平直线，长度大于桥长。

（2）输入命令 offset，两次向下偏移水平线，偏移距离为 1400 和 2800。

（3）输入命令 line，在水平线的左部垂直绘制任意直线，长度大于桥宽。

（4）输入命令 offset，3 次向右偏移垂直线，偏移距离为 1350、2700 和 4050。

（5）输入命令 dimlinear，连续标出轴间尺寸，如图 11-149 所示。

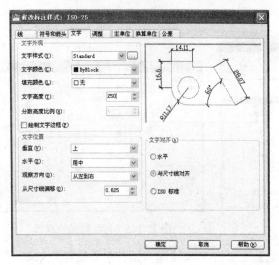

图 11-148　修改文字属性

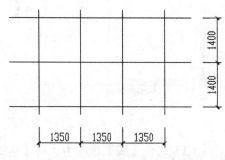

图 11-149　绘制轴线并标注轴线距离

（6）输入命令 offset，再向外偏移出桥面，将上下水平线分别向外偏移 200，左右垂直线分别向外偏移 500，并用线性标注标出尺寸，如图 11-150 所示。

（7）输入命令 circle，以上水平轴线（非桥面线）与右边垂直轴线（非桥面线）的交点为圆心，分别绘制出直径为 150 和 1600 的两个圆（小圆为圆形栏杆），如图 11-151 所示。

（8）输入命令 copy，将小圆复制到上水平轴线（非桥面线）与各垂直轴线（非桥面线）交点上，并让小圆圆心与轴线交点重合，如图 11-151 所示。

（9）输入命令 offset，将上水平轴线（非桥面线）向外偏移 400，该线与半径为 800 的圆形相交处即为桥的 4 个角柱中的一个角柱的中心点，以此角柱中心点为圆心绘制直径为 150 的圆，如图 11-151 所示。

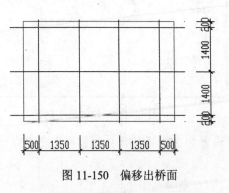

图 11-150　偏移出桥面

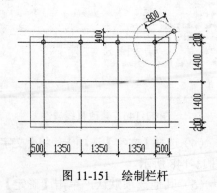

图 11-151　绘制栏杆

（10）输入命令 mirror，复制出两个角柱，如图 11-152（a）所示。

（11）输入命令 offset，利用轴线偏移出栏杆，轴线分别向两侧偏移 40，如图 11-152（b）所示。

（12）输入命令 trim，将多余线条剪掉，如图 11-152（b）所示。

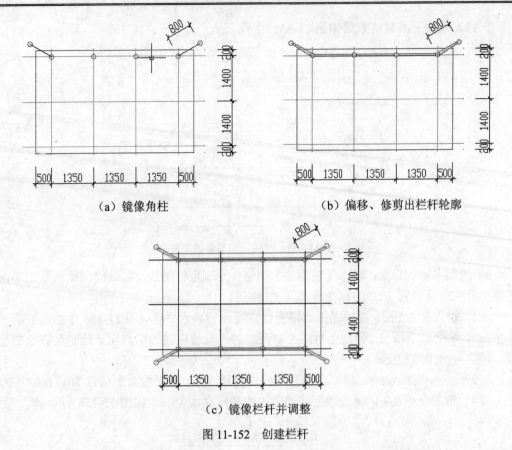

（a）镜像角柱　　　　　　　　　　（b）偏移、修剪出栏杆轮廓

（c）镜像栏杆并调整

图 11-152　创建栏杆

（13）输入命令 mirror，镜像出另外一边栏杆，如图 11-152（c）所示。

（14）隐藏【轮廓线】图层，如图 11-153 所示。

（15）输入命令 boundary，单击【拾取点】按钮，点取桥面矩形内部，创建填充材质用的闭合多段线。

（16）输入命令 bhatch，单击【添加选择对象】按钮，点取闭合多段线进行填充，设置填充类型为"用户定义"，填充图案为 ANSI31，图案角度为 90，间距为 150，单击【确定】按钮，效果如图 11-154 所示。

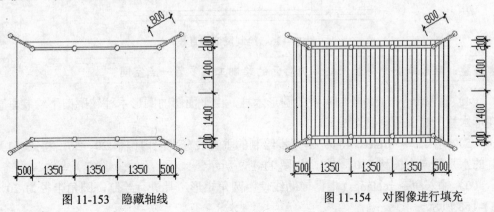

图 11-153　隐藏轴线　　　　　　　　　　图 11-154　对图像进行填充

（17）木桥平面最终效果如图 11-155 所示。

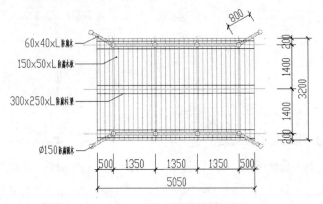

图 11-155　木桥平面最终效果图

6）绘制木桥侧立面。进入【轮廓线】图层，绘制定位轴线，此处绘图比例是 1:50，参考本例开头部分设置 1:50 的标注样式（过程略）。

（1）输入命令 line，在桥面下方适当位置绘制一条水平线（图 11-156 中的最下面一条水平线），长度长于桥长；分别由桥面左右两边的垂直边缘线的端点向下绘制足够长的垂直线，使之与水平线相交。

（2）输入命令 offset，将两条垂直线向内偏移 300，水平线向上偏移 50、100、900。

（3）输入命令 line，根据辅助线绘制出木桥侧立面轮廓，如图 11-156 所示。

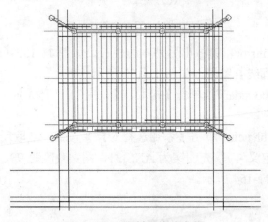

图 11-156　绘制及偏移直线

★★注意：延长线要画得长一些，为后面的绘制工作多留一点空间。

（4）输入命令 line，绘制木桥的圆形木柱，由平面图的圆形木柱轮廓向下绘制垂直线（圆形木柱所在圆的垂直切线）。

（5）输入命令 offset，将第（4）步绘制的垂直线分别向内偏移 20、55，将第（1）步绘制的水平线向上偏移 730、750，如图 11-157 所示。

（6）输入命令 rectang，根据辅助线使用圆角矩形工具进行绘制，圆角半径为 20，如图 11-158 所示。

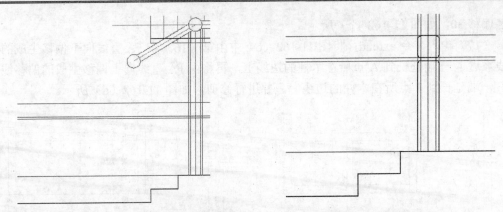

图 11-157　圆柱侧立面柱子的绘制局部放大图　　　　图 11-158　栏杆木柱的绘制

（7）输入命令 line，将木桥平面图中各木柱中心线用直线进行延长，使其与木桥平面图下方的水平线相交，这些交点即为木桥侧立图上的木柱位置。

（8）输入命令 line，以第（7）步确定的木柱位置为基点复制已绘制好的木柱，如图 11-159 所示。

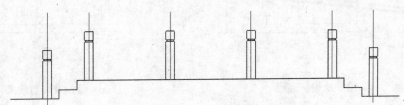

图 11-159　复制圆形木柱

（9）输入命令 offset，将图 11-159 中的长水平线向上偏移 380、820、900。

（10）输入命令 trim，对偏移出来的水平线进行修剪，如图 11-160 所示。

（11）输入命令 line，绘制栏杆，如图 11-160 所示。

（12）输入命令 offset，栏杆支撑柱分别向两侧偏移 18，如图 11-161 所示。

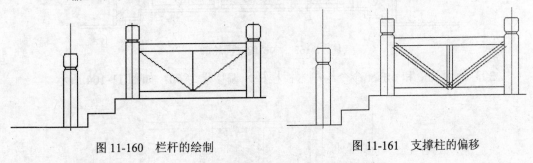

图 11-160　栏杆的绘制　　　　　　　　图 11-161　支撑柱的偏移

（13）输入命令 trim，修剪栏杆支撑柱，如图 11-162 所示。

（14）输入命令 line，过图 11-162（a）中的 C 和 E 点绘制水平线。

（15）将图 11-162（a）中最下面的水平线分别向上偏移 120、510 和 600，如图 11-162（b）所示。

（16）输入命令 line，绘制 BD、FG 和 FA 3 条直线，输入命令 offset 将 FA 直线上、

下各偏移 30，如图 11-162（c）所示。

（17）输入命令 extend，将图 11-162（c）中由第（16）步 FA 直线向下偏移生成的偏移线靠近 A 一端延长到 A 点所在木柱的边线上，再将由 FA 直线向上偏移生成的偏移线靠近 F 一端延长到 F 点所在木柱的边线上，并进行修剪，如图 11-162（d）所示。

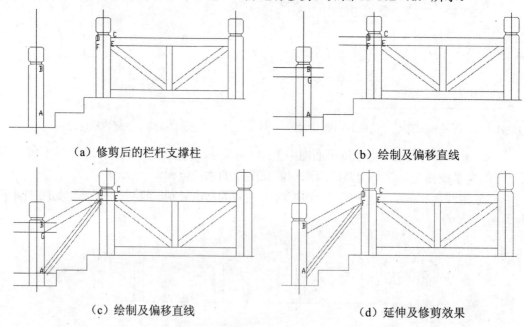

（a）修剪后的栏杆支撑柱　　　　　　　　　　（b）绘制及偏移直线

（c）绘制及偏移直线　　　　　　　　　　（d）延伸及修剪效果

图 11-162　绘制栏杆

（18）输入命令 mirror，通过镜像完成栏杆的绘制。

（19）输入命令 offset，将桥平面木板向下偏移 50，如图 11-163 所示。

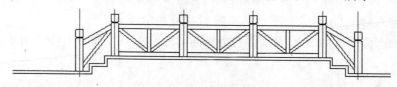

图 11-163　木桥侧立面轮廓

（20）使用 line 和 offset 命令绘制木板楼梯，偏移量为 50，如图 11-164 所示。

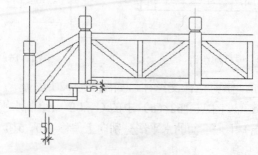

图 11-164　楼梯的绘制

（21）使用 bhatch 命令对木桥平面木板进行填充，将木桥侧立面标注上主要尺寸，如图 11-165 所示。

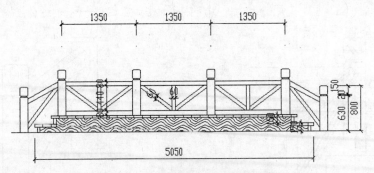

图 11-165　木桥侧立面最终效果图

（22）木桥侧立面图绘制完成。

7）绘制木桥正立面图。进入【轮廓线】图层，绘制定位轴线。

（1）将木桥平面图中木桥的左右轮廓线延长，过延长线交点作一条水平线。

（2）将水平线向上偏移 150、300，如图 11-166（a）所示。

（3）输入命令 line，根据辅助线绘制出木桥侧立面轮廓，如图 11-166（a）所示。

（4）绘制木桥栏杆柱，如图 11-166（b）所示。

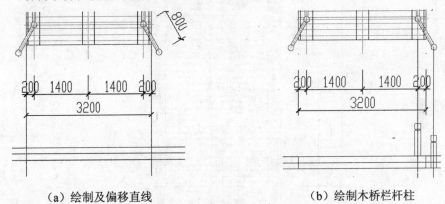

（a）绘制及偏移直线　　　　　　　（b）绘制木桥栏杆柱

图 11-166　木桥正立面轮廓

（5）将木桥侧立面图中柱子的线进行延长，根据延长线绘制栏杆，如图 11-167 所示。

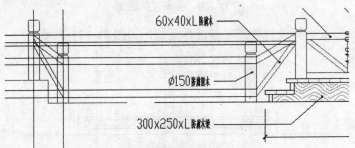

图 11-167　木桥正立面图栏杆绘制

（6）输入命令 offset，对图 11-168 中的栏杆进行偏移（偏移量分别为 30）。

（7）输入命令 line，对辅助线进行连接，如图 11-169 所示。

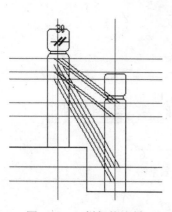

图 11-168　栏杆的绘制

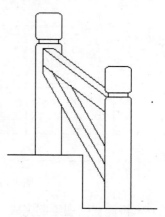

图 11-169　连接辅助线

（8）将木桥平面图中的桥面中心线延长，并使用 line 命令在辅助线相交处绘制出一个斜坡推车道，如图 11-170 所示。

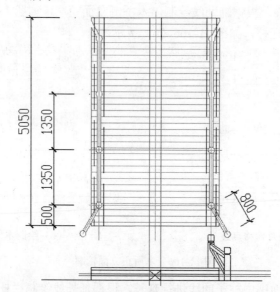

图 11-170　推车道的绘制

（9）将绘制好的栏杆及斜坡推车道进行复制，如图 11-171 所示。

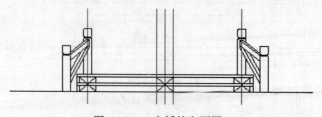

图 11-171　木桥的立面图

（10）给木桥立面图加上标注，最终效果如图 11-143 左下图所示。

11.4 园林图实例

例 11-6 绘制如图 11-172 所示的某公园大门立面图。

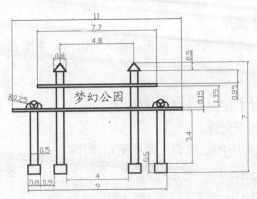

图 11-172 某公园大门立面图

绘图要点：可以以米为单位设置 20×15 的图框；创建图框、辅助线、实体、标注、说明等图层；使用辅助线来定位。本例使用到【矩形】、【直线】、【镜像】等命令和【正交】、【对象捕捉】工具。

绘图步骤：

1）环境设置。

（1）创建图形文件。选择【工具】→【新建】命令，在打开的对话框中单击【打开】按钮旁边的三角符合选择【无样板打开-公制（M）】选项。

（2）设置绘图单位。选择【格式】→【单位】命令，将图形单位设为"米"，精度设为 0.000。

（3）设置绘图区域。按物体大小将图形界限（图幅）设为 20×15，并选择【视图】→【缩放】→【全部】命令显示绘图区域。

（4）设置绘图辅助工具及参数。选择【工具】→【草图设置】命令，在打开的对话框中选择【捕捉和栅格】选项卡，设置栅格间距和捕捉间距为 0.0001，并选中【启用捕捉】复选框；在【对象捕捉】选项卡中选中【端点】、【交点】复选框，在状态栏中打开【正交模式】、【对象捕捉】、【对象捕捉追踪】工具，如图 11-173 所示。

（5）创建实体层（线宽 0.3，蓝色）等图层。选择【格式】→【图层】命令，在打开的对话框中单击 ⚯ 按钮，进行输入图层名称、修改线宽等设置，然后单击【关闭】按钮，效果如图 11-174 所示。

（6）设置线宽显示。选择【格式】→【线宽】命令，在弹出的对话框中选中【显示线宽】复选框，并单击【确定】按钮。

图 11-173　草图设置　　　　　　　　图 11-174　创建图层

2）绘制图框。

（1）进入【图框】图层。

（2）单击【绘图】工具栏中的▱按钮，输入（0，0）并按 Enter 键，再输入（20，15）并按 Enter 键。

3）绘制辅助线。

（1）进入【辅助线】图层，打开正交模式。

（2）绘制足够长的正交线。

单击【绘图】工具栏中的╱按钮，命令窗口操作：

> 命令：_line 指定第一点：　（在距离原点一小段距离处拾取一点，假设为 M 点）
> 指定下一点或 [放弃(U)]：　8✓（在垂直方向向上输入 8）
> 指定下一点或 [放弃(U)]：　✓　　（按 Enter 键结束命令）

单击【绘图】工具栏中的╱按钮，命令窗口操作：

> 命令：_line 指定第一点：　（拾取 M 点）
> 指定下一点或 [放弃(U)]：　15✓　（在水平方向向右输入 15）
> 指定下一点或 [放弃(U)]：

（3）偏移复制辅助线。将第（2）步生成的水平线向上偏移 0.6、4、5.5、6.5、7，将垂直线向右偏移 1、1.15、1.65、2.7、2.85、3.5、5.5。

单击【修改】工具栏中的▱按钮，命令窗口操作：

> 命令：_offset
> 指定偏移距离或 [通过(T)/删除(E)/图层(L)]：　0.6 ✓（输入 0.6 并按 Enter 键）
> 选择要偏移的对象，或 [退出(E)/放弃(U)] <退出>：（选择第（2）步生成的水平线）
> 指定要偏移的那一侧上的点，或 [退出(E)/多个(M)/放弃(U)] <退出>：（在水平线上方拾取一点）
> 选择要偏移的对象，或 [退出(E)/放弃(U)] <退出>：✓（按 Enter 键结束命令）

重复以上偏移复制过程，效果如图 11-175 所示，其中 A、B、C、D 点是辅助线的交点。

4）绘制门柱等实体。

（1）进入【实体层】图层。

（2）用矩形绘制门柱的基座。单击【绘图】工具栏中的▱按钮，命令窗口操作：

> 命令：_rectang
> 指定第一个角点或 [倒角(C)/标高(E)/圆角(F)/厚度(T)/宽度(W)]：（取图 11-175 中的 A 点）
> 指定另一个角点或 [面积(A)/尺寸(D)/旋转(R)]：　@0.8,-0.6✓（输入（@0.8,-0.6），按 Enter 键）

按同样的方法在图 11-176 的 C 点处绘制第二根柱子的基座。

（3）用矩形绘制门柱。单击【绘图】工具栏中的▱按钮，命令窗口操作：

命令：_rectang

指定第一个角点或 [倒角(C)/标高(E)/圆角(F)/厚度(T)/宽度(W)]：（取图 11-175 中的 B 点）

指定另一个角点或 [面积(A)/尺寸(D)/旋转(R)]：@0.5,3.4↙（输入（@0.5,3.4），按 Enter 键）

按同样的方法在图 11-176 中的 D 点处绘制第二根柱子，其另一个对角点坐标是（0.5,6.4），效果如图 11-176 所示。

（4）用矩形绘制横梁。单击【绘图】工具栏中的□按钮，命令窗口操作：

命令：_rectang

指定第一个角点或 [倒角(C)/标高(E)/圆角(F)/厚度(T)/宽度(W)]：（取图 11-175 中的 E 点）

指定另一个角点或 [面积(A)/尺寸(D)/旋转(R)]：@6,0.15↙（输入（@6,0.15），按 Enter 键）

按同样的方法在图 11-177 的 F 点处绘制第二根横梁，其另一个对角点坐标是（5,0.15），效果如图 11-177 所示。

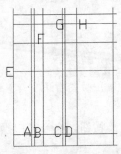
图 11-175　绘制辅助线

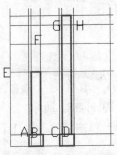
图 11-176　绘制门柱

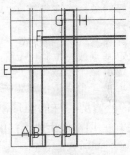
图 11-177　绘制横梁

（5）绘制门柱的尖顶。单击【绘图】工具栏中的／按钮，命令窗口操作：

命令：_line 指定第一点：　（拾取 G 点）

指定下一点或 [放弃(U)]：　（拾取第二根柱子上端中点）

指定下一点或 [放弃(U)]：　（拾取 H 点）

指定下一点或 [放弃(U)]：　（拾取 G 点）

指定下一点或 [放弃(U)]：　↙（按 Enter 键结束命令）

效果如图 11-178 所示。

（6）修剪整理。单击【修改】工具栏中的／按钮，命令窗口操作：

命令：_trim

选择剪切边…

选择对象或 <全部选择>：　（选择尖顶的边、横梁及 KJ 辅助线作为剪切边）

选择对象：↙　（按 Enter 键结束剪切边的选择）

选择要修剪的对象，或按住 Shift 键选择要延伸的对象，或

[栏选(F)/窗交(C)/投影(P)/边(E)/删除(R)/放弃(U)]：（按图 11-179 所示的效果选择剪切对象）

选择要修剪的对象，或按住 Shift 键选择要延伸的对象，或

[栏选(F)/窗交(C)/投影(P)/边(E)/删除(R)/放弃(U)]：↙（按 Enter 键结束命令）

删除尖顶附件多余的线段，效果如图 11-179 所示。

（7）绘制门柱的圆顶，效果如图 11-180 所示。单击【绘图】工具栏中的◎按钮，命令窗口操作：

命令：_circle 指定圆的圆心或 [三点(3P)/两点(2P)/相切、相切、半径(T)]：　T↙　（输入 T）

指定对象与圆的第一个切点：　（移动鼠标至 F 点所在的垂直线，拾取第一个切点）

指定对象与圆的第二个切点：（移动鼠标至长横梁上水平边，拾取第二个切点）
指定圆的半径 <12.4306>： 0.25✓ （输入半径 0.25）

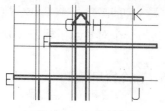

图 11-178　绘制尖顶

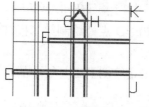

图 11-179　修剪整理

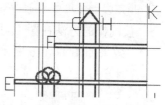

图 11-180　绘制门柱的圆顶

（8）继续绘制门柱的圆顶，效果如图 11-180 所示。单击【修改】工具栏中的按钮，命令窗口操作：

命令：_copy
选择对象：（选择第（7）步绘制的圆）
选择对象：✓
当前设置：复制模式 = 多个
指定基点或 [位移(D)/模式(O)] <位移>：（选择圆与长横梁上水平边交点）
指定第二个点或 [退出(E)/放弃(U)] <退出>：（选择左边门柱与长横梁左边交点）
指定第二个点或 [退出(E)/放弃(U)] <退出>：（选择左边门柱与长横梁右边交点）

（9）修剪门柱的圆顶，效果如图 11-181 所示（步骤略）。

（10）用镜像生成大门的另一半。单击【修改】工具栏中的按钮，命令窗口操作：

命令：_mirror
选择对象：指定对角点：（选择实体对象）
选择对象：✓（按 Enter 键结束选择）
指定镜像线的第一点：指定镜像线的第二点：（依次拾取 K 和 J 点）
要删除源对象吗？[是(Y)/否(N)] <N>：✓（按 Enter 键结束命令）

效果如图 11-182 所示。

（11）绘制公园名称。单击【绘图】工具栏中的 A 按钮，命令窗口操作：

命令：_mtext 当前文字样式："Standard" 文字高度：0.6 注释性：否
指定第一角点：（按图 11-183 所示效果选择"梦"字左上角点）
指定对角点或 [高度(H)/对正(J)/行距(L)/旋转(R)/样式(S)/宽度(W)/栏(C)]：（按图 11-183 所示效果选择"园"字右下角点，调整文字高度为 0.6，字体为楷体，输入公园名称即可）

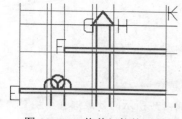

图 11-181　修剪门柱的圆顶

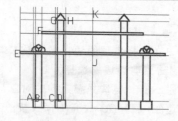

图 11-182　镜像效果

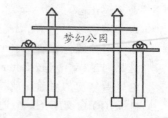

图 11-183　绘制文字

5）尺寸标注。

（1）关闭【辅助线】图层，进入【标注层】图层。

（2）定义标注样式。选择【格式】→【标注样式】命令，设置文字高度为 0.2，箭头大小为 0.1，其他所有数据均在 0.01 到 0.06 之间。

（3）标注。具体过程略，效果如图 11-172 所示。

6）完成绘制某公园厦门立面图。

例 11-7　某住宅小区总平面设计图的绘制，设计图如图 11-184 所示。

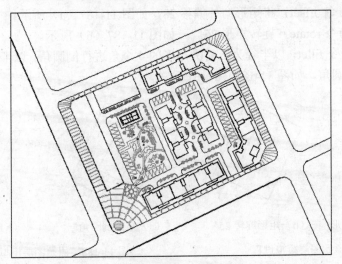

图 11-184　某住宅小区总平面设计图

绘制步骤：

1）环境设置。

（1）设置单位为 m。

（2）建立图框、建筑、小品等图层。

2）绘制图框。

（1）进入【图框】图层。

（2）输入命令 rectang，绘制出图形的外框，长为 240、宽为 180，如图 11-185 所示。

3）导入原始图层，包含道路住宅以及园林设计边界，如图 11-186 所示。

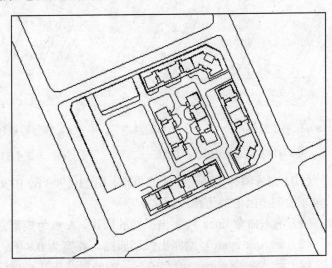

图 11-185　绘图图框　　　　　　　　　　　图 11-186　园林设计原始图层

在没有这些原始图层的情况下可用如下方法模拟园林主要设计：

（1）输入命令 rectang，绘制长为 31、宽为 55 的矩形。

（2）输入命令 offset，将矩形向外偏移 28，如图 11-187（a）所示。

（3）输入命令 rotate，旋转矩形 25°，如图 11-187（b）所示。

（4）输入命令 fillet，以半径为 6 对大矩形的 4 个角进行倒圆角，以半径为 3 对小矩形的 4 个角进行倒圆角，如图 11-188（a）所示。

 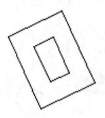 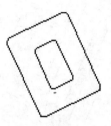 

（a）绘制和偏移矩形　　（b）矩形旋转 25°　　　　　（a）矩形倒圆角　　　　（b）矩形边线偏移

图 11-187　原始图层模拟过程一　　　　　　　　图 11-188　原始图层模拟过程二

（5）输入命令 explode，分解大矩形分解。

（6）输入命令 offset，将大矩形的左边线向内偏移 9、22、30，将大矩形的下边线向上偏移 3.3、20、33，如图 11-188（b）所示。

（7）输入命令 extend，将由大矩形的左边线向内偏移 30 而得的偏移线向下延伸到由大矩形下边线向上偏移 3.3 而得的偏移线，如图 11-189（a）所示。

（8）输入命令 trim，根据图 11-189（b）所示的效果对图 11-189（a）进行修剪，效果如图 11-189（b）所示。

（9）输入命令 erase，对图形进行整理，效果如图 11-190（a）所示。

  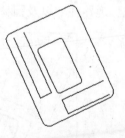 

（a）偏移线延伸　　　（b）修剪偏移线　　　　　（a）修剪后整理效果　　（b）园林主要设计区示意

图 11-189　原始图层模拟过程三　　　　　　　　图 11-190　原始图层模拟过程四

（10）完成园林主要设计区的模拟，图 11-190（b）中文字的位置即为园林主要设计区。

4）绘制小区内的道路及园路。

（1）输入命令 line，绘制出折线的园路，A 点为矩形左边线的中点，折线路宽为 1 米。

（2）输入命令 arc，绘制出弧形园路，路宽为 0.8 米。

（3）输入命令 pline，绘制出石头的外形，依次画出汀步，如图 11-191 所示。

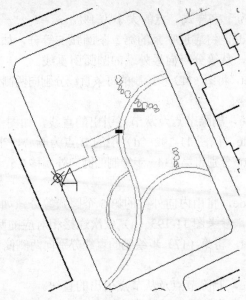

图 11-191　主要设计区道路的绘制

5）绘制小区的铺装（步骤略）。

6）绘制入口广场。

（1）输入命令 line，绘制出转角的角平分线，如图 11-192（a）所示。

（2）输入命令 circle，以转角圆弧的圆心为圆心绘制半径为 3 的圆，如图 11-192（a）所示。

（3）输入命令 offset，将圆向外偏移 0.5，得到喷泉的外沿。

（4）输入命令 bhatch，填充喷泉，效果如图 11-192（a）所示。

（5）输入命令 line，从道路边线作一条垂直于角平分线的直线，如图 11-192（a）所示。

（6）输入命令 extend，延伸至另一条道路边线。

（7）输入命令 arc，以大矩形的左边线与下边线延长线的交点为圆心，按图 11-192（a）所示的效果绘制圆弧。

（8）输入命令 offset，将圆弧向外偏移 0.5、4.5、8.5、9、13、17、17.5、21.5、25.5、26，效果如图 11-192（b）所示。

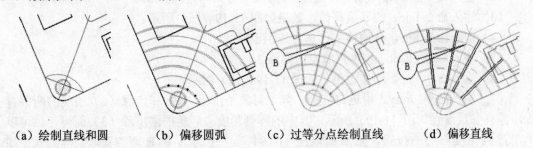

（a）绘制直线和圆　　　（b）偏移圆弧　　　（c）过等分点绘制直线　　　（d）偏移直线

图 11-192　入口广场的绘制过程一

（9）设置点的样式为十字样式，点的大小为 1%。

（10）输入命令 divide，将靠近喷泉的第二条圆弧 5 等分，如图 11-192（b）所示。

（11）输入命令 line，从等分点向最外端的圆弧引垂线。

（12）输入命令 offset，将第（11）步绘制的每条直线分别向两侧偏移 0.25，如图 11-192（b）和图 11-192（c）所示。

（13）输入命令 erase，删除节点及从节点引出的直线，如图 11-192（a）所示。

（14）输入命令 circle，以图 11-192（d）中的 B 点为圆心，半径为 1.5 绘制圆。

（15）输入命令 offset，分别将第（14）步绘制的圆向外偏移 0.5、2.5 和 3，如图 11-193（a）所示。

（16）输入命令 divide，将由内向外数的第 3 个圆八等分，如图 11-193（a）所示。

（17）输入命令 line，参考图 11-193（a）依次连接相对应的两个节点绘制直线。

（18）输入命令 offset，将第（17）步绘制的直线分别向两侧偏移 0.12，如图 11-193（a）所示。

（19）输入命令 erase，删除节点及从节点引出的直线。

（20）输入命令 trim，修剪圆内以及建筑物内多余的圆弧，完成入口广场的绘制，如图 11-193（b）所示。

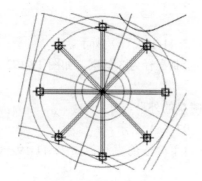
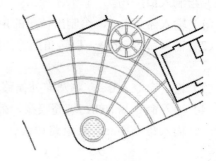

（a）绘制及偏移圆和直线（局部放大）　　　　　　　（b）入口广场完成图

图 11-193　入口广场的绘制过程二

7）绘制小区停车位。

（1）进入【停车位】图层。

（2）输入命令 offset，将小区内道路（直线部分）向内偏移 6。

（3）输入命令 line，临摹偏移线，效果如图 11-194（a）所示。

（4）输入命令 line，从偏移线作垂直线到道路线。

（5）输入命令 offset，将垂直线向内偏移 3。

（6）输入命令 line，连接对角，如图 11-194（b）所示。

（7）输入命令 array，沿道路阵列，阵列对象是步骤（5）和步骤（6）绘制的两条直线，阵列参数设置如图 11-195 所示，其中的阵列角度 25 是根据步骤（3）而得，也可以单击阵列角度右边的按钮，然后拾取图 11-194（a）中的 A 和 B 两点获取，阵列效果如图 11-194（c）所示。

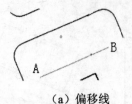 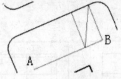

（a）偏移线　　　　　　　（b）绘制直线　　　　　　　（c）阵列效果

图 11-194　小区停车位绘制过程

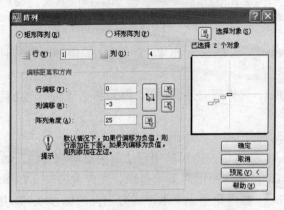

图 11-195　阵列参数设置

8）绘制花架。

（1）图形绘制过程可参考第 5 章的例子。

（2）旋转花架使其与路平行。

① 输入命令 copy 复制路边线，与花架长边交于 A 点，如图 11-196（a）所示。

② 输入命令 rotate，全选花架，指定花架与路边线的交点为基点，输入参数 r，再指定基点，沿花架的长边任选一点，然后选定路边线上任一点，完成花架的旋转，如图 11-196（b）所示。

③ 输入命令 move，移动花架至合适的位置，如图 11-196（b）所示。

9）绘制张拉膜（在【小品】图层绘制，步骤略），如图 11-197 所示。

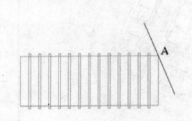 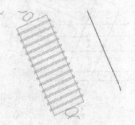 

（a）复制路边线　　　　　（b）旋转花架

图 11-196　花架位置调整过程图解　　　　　　　图 11-197　张拉膜

10）绘制儿童娱乐设施（在【小品】图层绘制，步骤略）。

11）绘制休息桌凳（在【小品】图层绘制，参考第 5 章相应的例子）。

12）绘制如图 11-198（d）所示的羽毛球场。

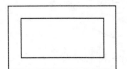
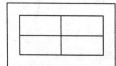
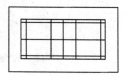
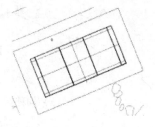

（a）绘制并偏移矩形　　（b）绘制内矩形中线　　（c）偏移内矩形连线　　（d）旋转并移动羽毛球场图形

图 11-198　羽毛球场绘制过程图解

（1）输入命令 rectang，绘制长为 13.4、宽为 6.1 的矩形，得到羽毛球场实际轮廓，如图 11-198（a）所示。

（2）输入命令 offset，将矩形向外偏移 2，得到羽毛球场场地边缘线，如图 11-198（a）所示。

（3）输入命令 explode，将大内矩形分解。

（4）输入命令 line，分别过内矩形的相对边的中点绘制直线，如图 11-198（b）所示。

（5）输入命令 offset，将内矩形两条垂直线分别向内偏移 0.75 和 4.72。

（6）输入命令 offset，将内矩形上下水平线分别向内偏移 0.46，如图 11-198（c）所示。

（7）输入命令 rotate，旋转球场，使其与路边线平行。

（8）输入命令 move，将球场移动到合适的位置，如图 11-198（d）所示。

13）植物的绘制（参考第 4、5 章的相应例子，步骤略）。

14）插入植物，按图 11-199 所示的效果依次插入植物块，步骤略。

15）文字的标注，步骤略，效果如图 11-200 所示。

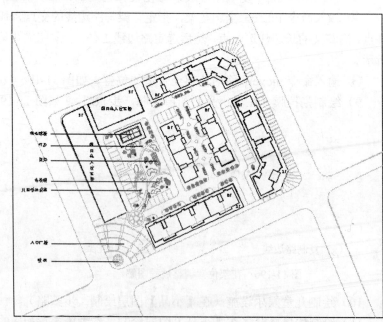

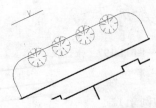

图 11-199　插入植物块

图 11-200　文字标注效果

16）完成该小区园林设计图的绘制。

11.5　家具图实例

例 11-8　绘制如图 11-201 所示的梳妆台的立面图。

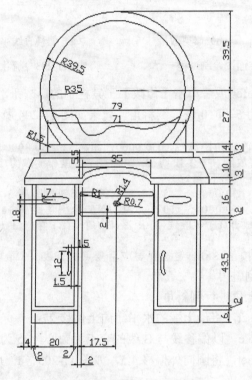

图 11-201　梳妆台的立面图

（1）输入命令 units，设置单位为 cm。

（2）输入命令 limits，设置图形界限为 297×210。

（3）输入命令 line，在屏幕下方绘制两条正交的水平线（A）和垂直线（B）。

（4）输入命令 offset，将 A 线（水平线）向上偏移 6、8、51.5、61.5、64.5、83.5、86.5、90.5，将 B 线（垂直线）向两侧分别偏移 17.5、19.5、21.5、41.5、43.5、47.5，如图 11-202（a）所示。

（5）输入命令 trim，对图 11-202（a）进行修剪，效果如图 11-202（b）所示。

（6）输入命令 offset，将 C 垂直线和 D 垂直线分别向内偏移 8、12，如图 11-203（a）所示。

（7）输入命令 trim，对图 11-203（a）进行修剪。

（8）输入命令 fillet，将图 11-203（a）中 E 点所在角和 F 点所在角以 1.5 为半径进行倒圆角，效果如图 11-203（b）所示。

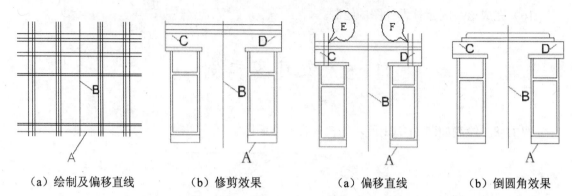

|（a）绘制及偏移直线 | （b）修剪效果 | （a）偏移直线 | （b）倒圆角效果 |

图 11-202　梳妆台的立面图绘制过程一　　　　　图 11-203　梳妆台的立面图绘制过程二

（9）输入命令 chamfer 或者单击【修改】工具栏中的 按钮，对梳妆台面的左上角和右上角以倒角距离分别为 5 和 10 进行倒斜角，效果如图 11-204 所示。命令操作如下：

　　命令：_chamfer
　　（"修剪"模式）　当前倒角距离 1 = 30.0000，距离 2 = 50.0000
　　选择第一条直线或 [放弃(U)/多段线(P)/距离(D)/角度(A)/修剪(T)/方式(E)/多个(M)]：　d
（输入参数 d 并按 Enter 键，以便指定）
　　指定第一个倒角距离 <30.0000>：　5　　（输入第一个倒角距离 5，按 Enter 键）
　　指定第二个倒角距离 <5.0000>：　10　　（输入第二个倒角距离 10，按 Enter 键）
　　选择第一条直线或 [放弃(U)/多段线(P)/距离(D)/角度(A)/修剪(T)/方式(E)/多个(M)]：　（拾取台面上水平线）
　　选择第二条直线，或按住 Shift 键选择要应用角点的直线：（拾取台面左边的垂直线）

　　完成桌面左上角的倒斜角。

　　用同样的方法对右上角进行倒斜角。

（10）输入命令 offset，将最上端的水平线向上偏移 27。

（11）输入命令 circle，以偏移线与 B 线的交点为圆心，35 为半径绘制圆。

（12）输入命令 offset，将圆向外偏移 4.5，如图 11-205（a）所示。

| | （a）绘制并偏移圆 | （b）修剪圆 |

图 11-204　倒斜角效果　　　　图 11-205　梳妆台的立面图绘制过程三

（13）输入命令 trim，对图 11-205（a）进行修剪，效果如图 11-205（b）所示。

（14）输入命令 spline，在圆的底部绘制任意曲线，如图 11-206 所示。

（15）输入命令 line，连接 E、F 两点绘制直线。

（16）输入命令 ellipse，以 EF 连线与 B 线的交点为中心，长轴为 17.5，短轴为 5 绘制椭圆。

（17）输入命令 move，向上移动椭圆 0.5，如图 11-207 所示。

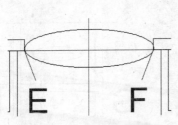

图 11-206　绘制样条曲线

图 11-207　绘制椭圆

（18）输入命令 copy，向上复制椭圆，距离为 3，如图 11-208 所示。

（19）输入命令 trim，修剪多余的线段。

（20）输入命令 extend，延长水平线与椭圆相交。

（21）输入命令 erase，删除多余的线，如图 11-209 所示。

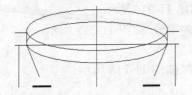

图 11-208　移动椭圆

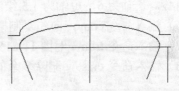

图 11-209　修剪整理椭圆

（22）输入命令 offset，将图 11-207 中的 EF 线向下偏移 4、6、14、16，将 B 线分别向两侧偏移 18，如图 11-210 所示。

（23）输入命令 extend，延长水平线与垂直线相交，如图 11-210 所示。

（24）输入命令 fillet，将图 11-209 中的 4 个角以 1.5 为半径进行倒圆角，如图 11-211 所示。

（25）输入命令 line，分别绘制第（24）步通过倒圆角生成的圆弧的切线，效果如图 11-211 所示。

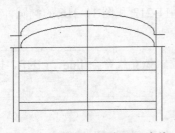

图 11-210　偏移 EF 线和 B 直线

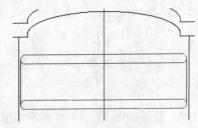

图 11-211　倒圆角

（26）输入命令 erase，删除多余直线，效果如图 11-211 所示。

（27）输入命令 line，连接两切线的中点。

（28）输入命令 circle，以连线与 B 线的交点为圆心，半径为 0.7 和 1.4 绘制圆，如图 11-212 所示。

（29）输入命令 erase，删除连线，如图 11-211 所示。

（30）输入命令 line，连接 G 线和 H 线的中点。

（31）输入命令 ellipse，以连线与 B 线的交点为中心，长轴为 7，短轴为 1.8 绘制椭圆，如图 11-213 所示。

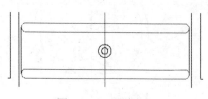

图 11-212 绘制圆   图 11-213 绘制（上方抽屉的拉手）椭圆

（32）输入命令 trim，修剪多余的线段，如图 11-213 所示。

（33）输入命令 line，以 I 线和 J 线的中点为端点绘制直线。

（34）输入命令 offset，将 J 线向左偏移 3。

（35）输入命令 ellipse，以 I 线和 J 线的中点的连线以及第（34）步偏移出来的直线的交点为中心，长轴为 6，短轴为 1.5 绘制椭圆，如图 11-214 所示。

（36）输入命令 copy，向左复制椭圆，距离为 1.5，如图 11-215 所示。

（37）输入命令 trim，对图 11-215 进行修剪。

（38）输入命令 erase，删除多余的线段，效果如图 11-216 所示。

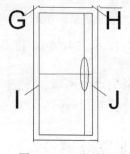 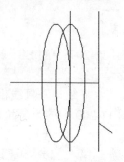 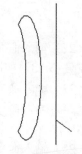

图 11-214 绘制椭圆   图 11-215 复制椭圆   图 11-216 修剪椭圆

（39）输入命令 mirror，以 B 线为镜像线镜像图 11-213 和图 11-216 的椭圆，完成化妆台的绘制，如图 11-217 所示。

★★提示：在命令行输入命令时，命令不区分大小写，如直线命令 line、LINE、Line 的执行效果是一样的。

例 11-9 绘制如图 11-218 所示的地板拼花图案。

绘图要点：本例使用到【正多边形】、【圆】、【直线】、【圆弧】等命令。

绘图步骤：

（1）设置绘图单位和绘图区域。选择【格式】→【单位】命令，将图形单位设为"毫米"，精度设为 0。选择【格式】→【图形界限】命令，将图纸尺寸（图幅）设为 A4 纸（4200，2970），并选择【视图】→【缩放】→【全部】命令显示绘图区域。

（2）设置绘图辅助工具。选择【工具】→【草图设置】命令，在【对象捕捉】选项卡中选中【端点】、【交点】复选框，在状态栏中打开【正交】、【对象捕捉】、【对象追踪】工具。

（3）设置如图 11-219 所示的图层，把【轮廓线】图层设为当前层。

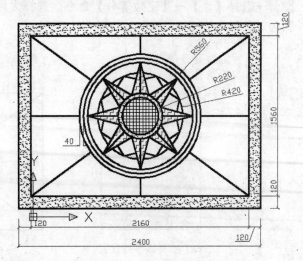

图 11-217　对之前生成的抽屉门的拉手进行镜像　　　　图 11-218　"地板拼花图"图样

状	名称	开	冻结	锁..	颜色	线型	线宽
✔	0	♀	☼	🔓	■白	Contin...	—— 默认
⊿	轮廓线	♀	☼	🔓	■白	Contin...	—— 0.35 毫米
⊿	填充层	♀	☼	🔓	■洋红	Contin...	—— 默认

图 11-219　图层设置

（4）绘制矩形图形。命令窗口操作：

命令：_rectang
指定第一个角点或 [倒角(C)/标高(E)/圆角(F)/厚度(T)/宽度(W)]：（拾取矩形左下角点）
指定另一个角点或 [面积(A)/尺寸(D)/旋转(R)]：@2160,1560 （输入矩形右上角点的坐标值）

（5）输入命令 line，并利用"端点"、"圆心""、中点"、"象限点"等捕捉点快速绘制矩形的中线及对角线，如图 11-220（a）所示。

（6）以中心点为圆心绘制半径为 560 的圆，利用命令 offset 将此圆向外、向内各偏移40，如图 11-220（b）所示。命令窗口操作：

命令：_circle 指定圆的圆心或 [三点(3P)/两点(2P)/切点、切点、半径(T)]：（以中心点为圆心）
指定圆的半径或 [直径(D)] <60>：560↙

（7）输入命令 trim，以外圆为剪边，剪掉多余的线，如图 11-220（c）所示。

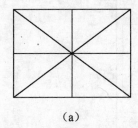

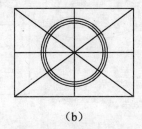

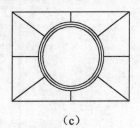

（a）　　　　　　　　　　（b）　　　　　　　　　　（c）

图 11-220　"地板拼花图"绘制图解一

（8）用同样的方法绘制半径为 220 的圆并向内偏移 40。

（9）选择【格式】→【点样式】命令，按如图 11-221（a）所示设置点样式；选择【绘图】→选择【点】→【定数等分】命令，选择大内圆为对象等分为 8，选择半径为 221 的圆为对象等分为 16，如图 11-221（b）所示。

```
命令：_divide
选择要定数等分的对象：
输入线段数目或 [块(B)]: 8
```

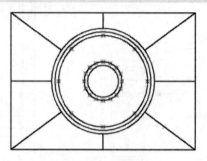

（a）点样式参数设置　　　　　　　（b）等分效果

图 11-221　"地板拼花图"绘制图解二

（10）输入命令 line，连接相应的象限点，如图 11-222（a）所示。

（11）输入命令 array，按如图 11-223 所示设置阵列参数，选中【环形阵列】单选按钮，以圆心为中心点，项目数为 8 个，选择第（10）步绘制的 3 条直线为对象进行阵列，效果如图 11-222（b）所示。

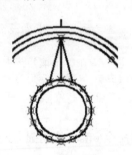
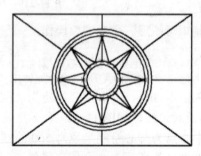

（a）绘制直线　　　　　　　　（b）阵列效果

图 11-222　"地板拼花图"绘制图解三

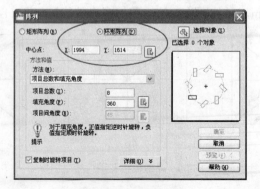

图 11-223　参数设置

（12）以中心点为圆心绘制半径为 420 的圆，并使用命令 trim 进行修剪，如图 11-224（a）所示。

（13）输入命令 line，利用各弧线和直线的中点连接相应的线，如图 11-224（b）所示（也可以连接一个，然后用阵列填充）。

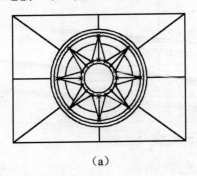
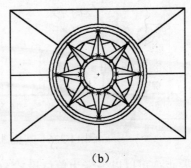

（a）　　　　　　　　　　　　　（b）

图 11-224　"地板拼花图"绘制图解四

（14）输入命令 offset，将矩形向外偏移 120。选择【格式】→【点样式】命令，将点样式设为无。

（15）图案填充，效果如图 11-225 所示。选择【绘图】→【图案填充】命令，在弹出的【图案填充和渐变色】对话框中选择【图案填充】选项卡，两矩形间的图案填充参数设置如下：类型为 "预定义"，图案名称为 AR—SAND，【边界】选择 "添加：选择对象" 按钮选择两矩形的边；中心圆的图案填充参数如下：类型为 "预定义"，图案名称为 net，【边界】选择 "添加：拾取点" 按钮；其余的【图案】类型为 "预定义"，图案名称为 zigzag，【边界】选择 "添加：拾取点"。

图 11-225　图案填充效果图

11.6　电气实例图

例 11-10　绘制某品牌立式温热饮水机电气原理图，如图 11-226 所示。

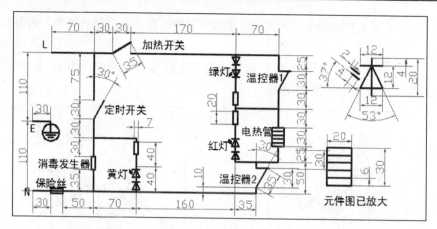

图 11-226　某品牌立式温热饮水机电气原理图

绘图要点：可以以毫米为单位设置 800×600 的图形界限；先将电热管、二极管、保护接地（参考前面章节）等元件图单独绘制出来，再绘制主体电路；红绿灯可以通过镜像生成其中一个；可设置保险丝与电阻、温控器与开关大致尺寸相同；创建至少 3 个图层。

绘图步骤：

1）环境设置。

（1）创建图形文件。选择【文件】→【新建】命令，在打开的对话框中单击【打开】按钮旁边的三角符号，选择【无样板打开-公制（M）】选项。

（2）设置绘图单位。选择【格式】→【单位】命令，设置图形单位为"毫米"。

（3）设置绘图区域。选择【格式】→【图形界限】命令，分别输入（0，0）和（800，600），设置图形界限为 800×600，并选择【视图】→【缩放】→【全部】命令显示绘图区域。

（4）设置绘图辅助工具及参数。选择【工具】→【草图设置】命令，选择【对象捕捉】选项卡，选中【启用对象捕捉】、【启用对象捕捉追踪】、【端点】、【中点】、【交点】复选框，在状态栏中打开【正交模式】、【对象捕捉】、【对象捕捉追踪】工具。

（5）创建【实体】（蓝色，线宽 0.3，实线）、【文字】（黑色）、【标注】（绿色）图层。

（6）设置线宽显示。选择【格式】→【线宽】命令，选中【显示线宽】复选框，单击【确定】按钮。

2）绘制二极管，如图 11-227（d）和图 11-227（e）所示。

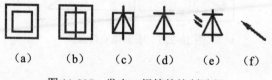

（a）　　（b）　　（c）　　（d）　　（e）　　（f）

图 11-227　发光二极管的绘制过程

（1）进入【实体】图层。

（2）单击【绘图】工具栏中的 □ 按钮，在正交模式下绘制 20×20 的矩形。

```
命令：_rectang
指定第一个角点或 [倒角(C)/标高(E)/圆角(F)/厚度(T)/宽度(W)]：（在屏幕上拾取一点）
指定另一个角点或 [面积(A)/尺寸(D)/旋转(R)]: @20,20（输入（@20，20），按 Enter 键）
```

（3）单击【修改】工具栏中的 ⬚ 按钮，将矩形向内偏移 4 生成 12×12 的矩形，效果如图 11-227（a）所示。

```
命令：_offset
当前设置：删除源=否　图层=源　OFFSETGAPTYPE=0
指定偏移距离或 [通过(T)/删除(E)/图层(L)] <通过>：　4（输入 4，按 Enter 键）
选择要偏移的对象，或 [退出(E)/放弃(U)] <退出>：（选择矩形）
指定要偏移的那一侧上的点，或 [退出(E)/多个(M)/放弃(U)] <退出>：（拾取矩形内一点）
选择要偏移的对象，或 [退出(E)/放弃(U)] <退出>：✓　（按 Enter 键结束命令）
```

（4）单击【修改】工具栏中的 ⬚ 按钮，分解小矩形。

```
命令：_explode
选择对象：找到 1 个（选择矩形）
选择对象：✓　（按 Enter 键结束命令）
```

（5）单击【绘图】工具栏中的 ⬚ 按钮，绘制直线，效果如图 11-227（b）所示。

```
命令：_line 指定第一点：（拾取大矩形上边界中点）
指定下一点或 [放弃(U)]：（拾取大矩形下边界中点）
指定下一点或 [放弃(U)]：✓　（按 Enter 键结束命令）
```

参考图 11-227（b）绘制另外两条直线。

（6）单击【修改】工具栏中的 ⬚ 按钮，参考图 11-227（c）和图 11-227（d）删除多余的线段，完成普通二极管的绘制，效果如图 11-227（d）所示。

```
命令：_erase
选择对象：找到 1 个（选择大矩形）
选择对象：找到 1 个，总计 2 个（选择小矩形左边线）
选择对象：找到 1 个，总计 3 个（选择小矩形右边线）
选择对象：✓　（按 Enter 键结束命令）
```

（7）关闭正交模式，单击【绘图】工具栏中的 ⬚ 按钮，按图 11-227（f）所示绘制光线标志。

```
命令：_pline
指定起点：（在图 11-227（e）中的相关位置拾取一点）
当前线宽为 0.0000
指定下一个点或 [圆弧(A)/半宽(H)/长度(L)/放弃(U)/宽度(W)]：@4<143（输入 4<143）
指定下一点或 [圆弧(A)/闭合(C)/半宽(H)/长度(L)/放弃(U)/宽度(W)]：w（输入参数 w）
指定起点宽度 <0.0000>：1（输入箭头起点宽度 1，按 Enter 键）
指定端点宽度 <1.0000>：0（输入箭头起点宽度 0，按 Enter 键）
指定下一点或 [圆弧(A)/闭合(C)/半宽(H)/长度(L)/放弃(U)/宽度(W)]：@2<143（输入 2<143）
指定下一点或 [圆弧(A)/闭合(C)/半宽(H)/长度(L)/放弃(U)/宽度(W)]：（按 Enter 键结束命令）
```

依此方法绘制或复制生成另一光线标示符，完成二极管的绘制，效果如图 11-227（e）所示。

3）参考图 11-226 所示尺寸绘制电热管。

（1）打开正交模式。

（2）单击【绘图】工具栏中的 ⬚ 按钮，在屏幕上拾取一点绘制 20×30 的矩形。

（3）单击【修改】工具栏中的 ⬚ 按钮，分解矩形。

（4）单击【修改】工具栏中的 ⬚ 按钮，按如下提示进行偏移操作：

```
命令：_offset
当前设置：删除源=否　图层=源　OFFSETGAPTYPE=0
指定偏移距离或 [通过(T)/删除(E)/图层(L)] <4.0000>：6（输入偏移距离）
```

选择要偏移的对象，或 [退出(E)/放弃(U)] <退出>：（选择矩形上水平线）
指定要偏移的那一侧上的点，或 [退出(E)/多个(M)/放弃(U)] <退出>：（在下方拾取点）
......

依次选择最新偏移出来的水平线，并在其下方拾取一点来完成另外 3 条偏移线的绘制，效果如图 11-226 相关部分。

（5）完成电热管的绘制。

4）绘制电路图框架及保险丝。

（1）按图 11-228（a）所示绘制 300×220、70×170、70×85 3 个矩形。

★★提示：由右上角往左下角绘制矩形时，第二个对角点的坐标应为负值。

（2）按图 11-228（b）所示绘制 70×220 的矩形，放在左边。

（3）绘制直线。参考图 11-228（b），由 M 点向左绘制长度为 30 的水平线。

（4）分解所有的矩形。

（5）绘制保险丝（也叫熔断器）。单击【绘图】工具栏中的□按钮，在图 11-228（b）中的 M 点绘制矩形。

命令：_rectang
指定第一个角点或 [倒角(C)/标高(E)/圆角(F)/厚度(T)/宽度(W)]：（鼠标在图 11-228（b）中左下角水平线与矩形的交点处稍做停留，然后沿垂直方向向下移动，输入保险丝的半宽 3.5，按 Enter 键）
指定另一个角点或 [面积(A)/尺寸(D)/旋转(R)]：@20,7（输入（@20，7），按 Enter 键）

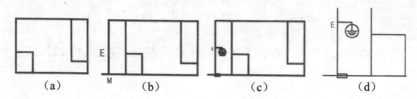

图 11-228　绘制电路图框架及保险丝

（6）绘制保护接地符号。在步骤（2）绘制的 70×220 的矩形的左垂直边的中点处（即 E 处）绘制一条长为 50 的水平线，在水平线的另一端绘制或插入或粘贴前面章节绘制的保护接地符号，效果如图 11-228（c）和图 11-228（d）所示。

（7）删除 70×220 的矩形的左垂直边，完成电路图框架及保险丝的绘制。

5）绘制黄灯。

（1）设置点的样式。选择【格式】→【点样式】命令，选取第四种样式，点大小设置为 5%。

（2）选择【绘图】→【点】→【定距等分】命令，绘制等分点，如图 11-229（a）所示。

命令：_measure
选择要定距等分的对象：（在图 11-229（a）所示等分对象的下半部分任一位置拾取一点）
指定线段长度或 [块(B)]：20。（输入等分距离 20）

（3）单击【修改】工具栏中的□按钮，从图 11-229（b）中的 F、G 点处打断直线。

命令：_break 选择对象：（选择 FG 点所在垂直线）
指定第二个打断点 或 [第一点(F)]：f（输入参数 f）
指定第一个打断点：（拾取图 11-229（b）中的 F 点）
指定第二个打断点：（拾取图 11-229（b）中的 G 点）

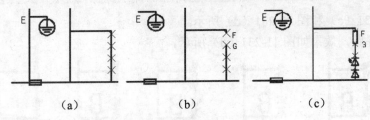

图 11-229　黄灯的绘制过程

（4）单击【修改】工具栏中的 按钮，复制二极管。

命令：_copy
选择对象：指定对角点：找到 9 个（选择二极管）
选择对象：↙（按 Enter 键结束选择）
当前设置：　复制模式 = 多个
指定基点或 [位移(D)/模式(O)] <位移>：指定第二个点或 <使用第一个点作为位移>：(拾取二极管的最下方的端点作为基点)
指定第二个点或 [退出(E)/放弃(U)] <退出>：(选择 G 点所在垂直线的下方端点)

按同样的方法复制发光二极管到二极管的上端，效果如图 11-229（c）所示。

（5）单击【绘图】工具栏中的 按钮，绘制黄灯电阻，效果如图 11-229（c）所示。

命令：_rectang
指定第一个角点或 [倒角(C)/标高(E)/圆角(F)/厚度(T)/宽度(W)]：（将鼠标在图 11-229（b）中的 F 点稍做停留，然后沿水平方向向左移动，输入电阻的半宽 3.5，按 Enter 键）
指定另一个角点或 [面积(A)/尺寸(D)/旋转(R)]：@7,-20（输入（@7，-20），按 Enter 键）

6）绘制红绿灯。

（1）绘制红绿灯之间的直线。以图 11-230（a）中 A 点右边的矩形的垂直边的中点为端点绘制水平线，效果参考图 11-230（b）（步骤略）。

（2）按图 11-230（b）所示的效果删除矩形的垂直边。

（3）单击【修改】工具栏中的 按钮，复制黄灯（含二极管、发光二极管及电阻）到 A 点生成红灯，如图 11-230（c）所示。

（4）单击【修改】工具栏中的 按钮，以 A 点所在水平线为镜像位置镜像出绿灯，效果如图 11-230（d）所示。

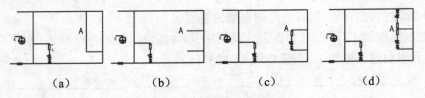

图 11-230　红绿灯的绘制过程

7）温控器 2 的绘制过程。

（1）绘制直线。参考图 11-231（a）和图 121-231（b），从 B 点下方直线中点向下绘制长度为 50 的垂直线。

（2）绘制圆。以第（1）步绘制的垂直线的中点为圆心绘制半径为 15 的圆，效果如图 11-231（b）所示。

（3）修剪。以圆以及相关直线作为修剪边修剪出温控器 2 的空间及其周围多余的线段，效果如图 11-231（c）和图 11-231（d）所示。

（4）删除圆，效果如图 11-231（d）所示。

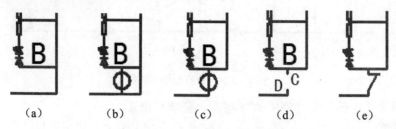

（a）　　（b）　　（c）　　（d）　　（e）

图 11-231　温控器 2 的绘制过程

（5）绘制直线。由图 11-231（c）中的 C 点开始绘制长为 20 的温控器 2 的水平线。

（6）绘制温控器 2 的斜线。由图 11-231（d）中的 D 点开始绘制，提示指定下一点时输入 35<60。

（7）完成温控器 2 的绘制，效果如图 11-231（e）所示。

8）整理电路图框架。在电路图框架上挖出温控器 1、加热开关、定时开关、电热管、消毒发生器所需的空间。

（1）绘制辅助圆。参考图 11-232（a）绘制半径分别是 60、50、30 的 7 个圆。

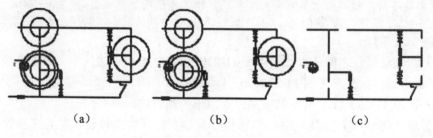

（a）　　　　　（b）　　　　　（c）

图 11-232　电路图框架整理过程

（2）修剪出所需的空间。参考图 11-232（b）和图 11-232（c）进行修剪，修剪结果如图 11-232（c）所示。

（3）删除所有的圆，完成电路图框架的整理。

9）绘制温控器 1。单击【修改】工具栏中的 按钮，复制温控器 2（水平线、斜线）到相应位置以创建温控器 1，效果如图 11-233（a）所示。

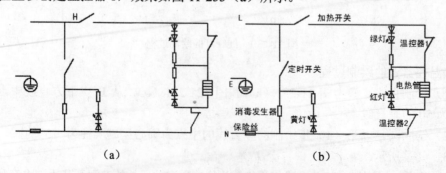

（a）　　　　　　　　　　　（b）

图 11-233　开关、文字等对象绘制效果图

10）绘制消毒发生器。复制黄灯电阻到相应位置以创建消毒发生器，效果如图 11-233（a）所示。

11）绘制电热管。复制之前绘制好的电热管到相应位置，效果如图 11-233（a）所示。

12）单击【绘图】工具栏中的 ✍ 按钮，绘制加热开关，效果如图 11-233（a）所示。

命令：_line 指定第一点：（拾取图 11-233（a）中的 H 点）
指定下一点或 [放弃(U)]: @35<30（输入（@35<30））
指定下一点或 [放弃(U)]: ✍（按 Enter 键结束命令）

13）绘制定时开关。按加热开关的绘制方法完成，效果如图 11-233（a）所示。

14）绘制文字部分，效果如图 11-223（b）所示。读者可以采用楷体，本例为了提高抓图效果采用黑体，文字大小为 12，参数设置如图 11-234 所示。

15）尺寸标注。

（1）设置标注样式。选择【工具】→【标注样式】命令，单击【新建】按钮，输入样式名"电气图标注 001"，以标注样式 ISO-25 为基础，然后按如图 11-235 所示修改各项参数。

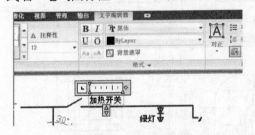

图 11-234　文字参数设置

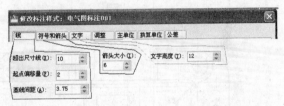

图 11-235　"电气图标注 001"标注样式参数设置

（2）标注定时开关的角度，效果如图 11-236（b）所示。选择【标注】→【角度】命令，或者单击【注释】工具栏中的 ◁角度 按钮，命令窗口操作：

命令：_dimangular
选择圆弧、圆、直线或 <指定顶点>:（选择图 11-236（a）中 T 点左边的斜线）
选择第二条直线：（选择图 11-236（a）中 S 点右边的垂直线）
指定标注弧线位置或 [多行文字(M)/文字(T)/角度(A)/象限点(Q)]:（向上移动鼠标到合适位置后单击）
标注文字 = 30

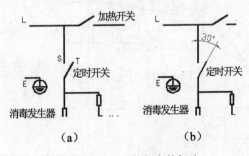

图 11-236　开关角度的标注

（3）其他尺寸标注（略）。

16）某品牌立式温热饮水机电气原理图绘制完成。

11.7 上机练习与习题

1. 自定图幅和比例绘制如图 11-237 所示减速器箱盖的主视图（如图 11-238 所示）和俯视图（如图 11-239 所示），标注尺寸并将其打印输出。

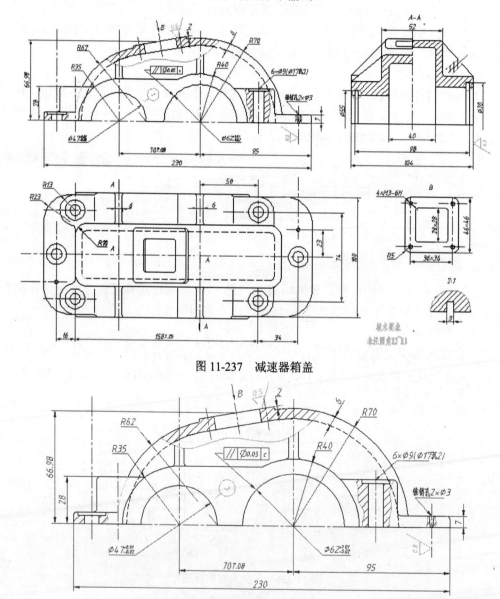

图 11-237 减速器箱盖

图 11-238 减速器箱盖主视图

2. 绘制如图 11-240 所示的楼顶花园平面图，具体尺寸自拟。

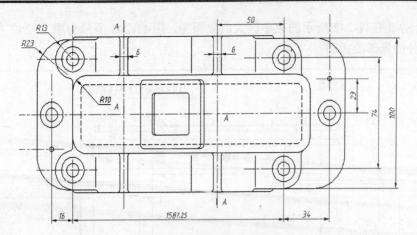

图 11-239　减速器箱盖俯视图

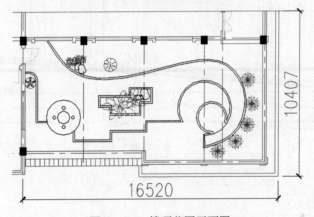

图 11-240　楼顶花园平面图

3. 自定图幅和比例绘制如图 11-241 所示的道路定位图，具体尺寸自拟。

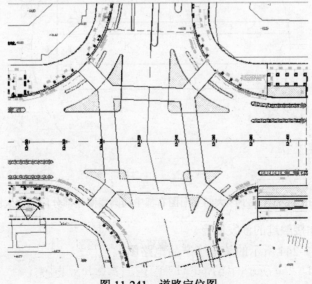

图 11-241　道路定位图

4．绘制如图 11-242 所示的某小区大门立面图。图 11-243 所示为图 11-242 右部中间圆圈圈住部分的局部放大图。

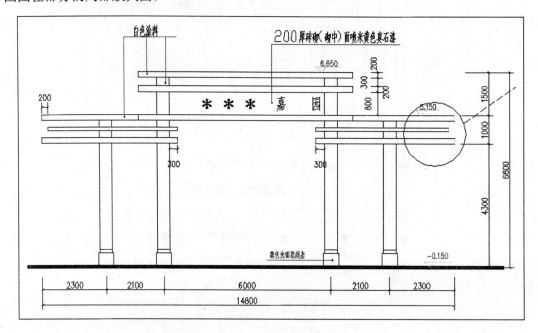

图 11-242　某小区大门立面图

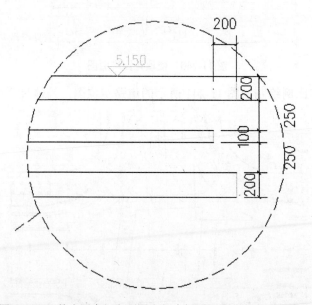

图 11-243　某小区大门立面图右部中间圆圈圈住部分局部放大图

5．绘制一款你接触过的沙发图形。

6．绘制如图 11-244 所示的某电子产品电路图。

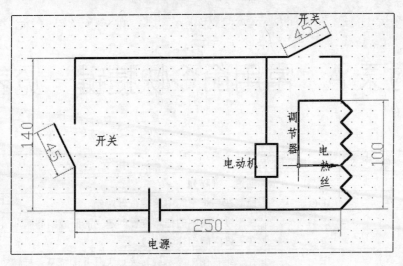

图 11-244　某电子产品电路图

7. 绘制如图 11-245 所示的美国某电子产品局部电路图。

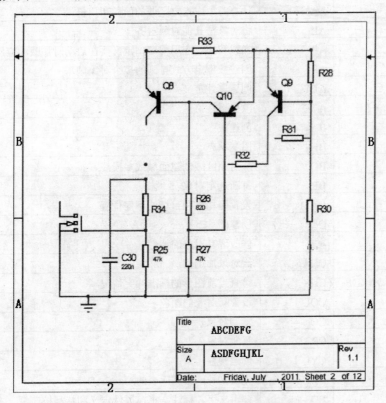

图 11-245　美国某电子产品局部电路图

附录 A　常用命令快捷键一览表

命　令	快　捷　键	中　文　含　义
3DARRAY	3A	创建三维阵列
3DORBIT	3DO	控制在三维空间中旋转查看对象
3DFACE	3F	在三维空间中的任意位置创建三侧面或四侧面
3DPOLY	3P	在三维空间创建多段线
3DROTATE	3R	在三维视图中显示旋转夹点工具并围绕基点旋转对象
ARC	A	创建圆弧
ADCENTER	ADC	管理和插入块、外部参照和填充图案等内容
AREA	AA	计算对象或指定区域的面积和周长
ALIGN	AL	将对象与其他对象对齐
APPLOAD	AP	加载和卸载应用程序，定义要在启动时加载的应用程序
ARRAY	AR	创建按指定方式排列的多个对象副本
ATTDEF	ATT	创建属性定义
ATTEDIT	ATE	改变属性信息
BLOCK	B	创建块
BHATCH	BH	图案填充
BOUNDARY	BO	从封闭区域创建面域或多段线
BREAK	BR	打断选定对象
CAMERA	CAM	设置照相机和目标的不同位置
CIRCLE	C	创建圆
CHANGE	-CH	修改现有对象的特性
CHAMFER	CHA	给对象加倒角
CHECKSTANDARDS	CHK	检查当前图形的标准冲突情况
COLOR	COL	设置新对象的颜色
COPY	CO	复制对象
COPY	CP	复制对象
CYLINDER	CYL	创建圆柱
DBCONNECT	DBC	提供到外部数据库表的AutoCAD接口
DDEDIT	ED	编辑文字、标注文字、属件定义和特征控制框
DIMSTYLE	D	创建和修改标注样式
DIMALIGNED	DAL	创建对齐线性标注
DIMANGULAR	DAN	创建角度标注
DIMBASELINE	DBA	从上一个标注或选定标注的基线处创建标注

命　　令	快　捷　键	中　文　含　义
DDVPOINT	VP	设置三维观察方向
DIMCENTER	DCE	创建圆和圆弧的圆心标记或中心线
DIMCONTINUE	DCO	从上一个标注或选定标注的第二条尺寸界线处创建线性标注、角度标注或坐标标注
DIMDISASSOCIATE	DDA	删除选定标注的关联性
DIMDIAMETER	DDI	创建圆和圆弧的直径标注
DIMEDIT	DED	编辑标注
DIST	DI	测量两点之间的距离和角度
DIVIDE	DIV	将点对象或块沿对象的长度或周长等间隔排列
DIMLINEAR	DLI	创建线性标注
DONUT	DO	绘制填充的圆和环
DIMORDINATE	DOR	创建坐标点标注
DIMOVERRIDE	DOV	替代尺寸标注系统变量
DRAWORDER	DR	修改图像和其他对象的绘图顺序
DIMRADIUS	DRA	创建圆和圆弧的半径标注
DIMREASSOCIATE	DRE	将选定标注与几何对象相关联
DSETTINGS	DS	指定捕捉模式、栅格、极轴追踪和对象捕捉追踪的设置
DIMSTYLE	DST	创建和修改标注样式
DVIEW	DV	定义平行投影或透视图
ERASE	E	从图形中删除对象
ELLIPSE	EL	创建椭圆
EXTEND	EX	延伸对象
EXPLODE	X	将合成对象分解为其部件对象
EXPORT	EXP	以其他文件格式输出
EXTRUDE	EXT	通过沿指定的方向将对象或平面拉伸出指定距离来创建三维实体或曲面
FILLET	F	给对象加圆角
FILTER	FI	创建特性过滤器
GROUP	G	对象编组
HATCH	H	创建非关联图案填充
HATCHEDIT	HE	编辑图案填充
HIDE	HI	重生成三维模型时不显示隐藏线
INSERT	I	插入图形或块
IMAGEADJUST	IAD	控制图像的亮度、对比度和褪色度
MAGEATTACH	IAT	将新的图像附着到当前图形
IMAGECLIP	ICL	为图像对象创建新的剪裁边界
IMAGE	IM	管理图像
IMPORT	IMP	输入不同格式的文件
INTERSECT	IN	从两个或多个实体或面域的交集中创建组合实体或面域，并删除交集外面的区域

命　令	快　捷　键	中 文 含 义
INTERFERE	INF	用两个或多个实体的公共部分创建三维组合实体
INSERTOBJ	IO	插入链接对象或内嵌对象
LINE	L	创建直线段
LAYER	LA	管理图层和图层特性
LENGTHEN	LEN	修改对象的长度和圆弧的包含角
LIST	LI	显示选定对象的数据库信息
LWEIGHT	LW	设置当前线宽、线宽显示选项和线宽单位
-LAYOUT	LO	创建并修改图形布局选项
LINETYPE	LT	加载、设置和修改线型
LTSCALE	LTS	设置全局线型比例因子
MOVE	M	移动对象
MATCHPROP	MA	将选定对象的特性应用到其他对象
MEASURE	ME	以指定的间距放置对象或块
MIRROR	MI	镜像对象
MLINE	ML	创建多线
MSPACE	MS	从图纸空间切换到模型空间
MTEXT	MT	创建多行文本
MVIEW	MV	创建并控制布局视口
OFFSET	O	偏移对象
OPTIONS	OP	自定义AutoCAD设置
OSNAP	OS	设置执行对象捕捉模式
PAN	P	在当前视口中移动视图
PASTESPEC	PA	插入剪贴板数据并控制数据格式
PEDIT	PE	编辑多段线
PLINE	PL	创建二维多段线
POINT	PO	创建点对象
POLYGON	POL	创建多边形
PROPERTIES	CH	控制现有对象的特性
PROPERTIESCLOSE	PRCLOSE	关闭【特性】选项板
PREVIEW	PRE	显示图形的打印效果
PLOT	PRINT	将图形打印到绘图仪、打印机或文件
PSPACE	PS	从模型空间视口切换到图纸空间
PUBLISHTOWEB	PTW	创建包括选定图形的图像网页
PURGE	PU	删除图形中未使用的命名项，如块定义和图层
QLEADER	LE	创建引线和引线注释
QUICKCALC	QC	打开"快速计算"计算器
QUIT	EXIT	退出AutoCAD
REDRAW	R	刷新显示当前视口
REDRAWALL	RA	刷新显示所有视口

续表

命　　令	快　捷　键	中　文　含　义
RENDERCROP	RC	选择图像中要进行渲染的特定区域（修剪窗口）
REGEN	RE	从当前视口重生成整个图形
REGENALL	REA	重生成图形并刷新所有视口
RECTANG	REC	绘制矩形多段线
REGION	REG	将包含封闭区域的对象转换为面域对象
RENAME	REN	修改对象名
REVOLVE	REV	通过绕轴旋转二维对象来创建三维实心体
ROTATE	RO	围绕基点旋转对象
RENDERPRESETS	RP	指定渲染预设和可重复使用的渲染参数来渲染图像
RPREF	RPR	设置渲染系统配置
RENDER	RR	创建三维线框或实体模型的照片级真实感着色图像
RENDERWIN	RW	显示【渲染】窗口而不调用渲染任务
STRETCH	S	移动或拉伸对象
SCALE	SC	在X、Y和Z方向按比例放大或缩小对象
SCRIPT	SCR	从脚本文件执行一系列命令
SECTION	SEC	用平面和实体的交集创建面域
SETVAR	SET	列出或修改系统变量值
SLICE	SL	用平面或曲面剖切实体
SNAP	SN	规定光标按指定的间距移动
SOLID	SO	创建实体填充的三角形和四边形
SPELL	SP	检查图形中的拼写
SPLINE	SPL	在指定的公差范围内把光滑曲线拟合成一系列的点
SECTIONPLANE	SPLANE	以通过三维对象创建剪切平面的方式创建截面对象
SPLINEDIT	SPE	编辑样条曲线或样条曲线拟合多段线
SHEETSET	SSM	打开图纸集管理器
STYLE	ST	创建、修改或设置命名文字样式
STANDARDS	STA	管理标准文件与图形之间的关联性
SUBTRACT	SU	通过减操作合并选定的面域或实体
TABLET	TA	校准、配置、打开和关闭已连接的数字化仪
TABLE	TB	在图形中创建空白表格对象
TEXT	DT	创建单行文字对象
TOOLBAR	TO	显示、隐藏和自定义工具栏
TOLERANCE	TOL	创建形位公差
TORUS	TOR	创建三维圆环形实体
TOOLPALETTES	TP	打开【工具选项板】窗口
TRIM	TR	按其他对象定义的剪切边修剪对象
TABLESTYLE	TS	定义新的表格样式
UCSMAN	UC	管理已定义的用户坐标系

命 令	快 捷 键	中 文 含 义
UNITS	UN	控制坐标和角度的显示格式和精度
-UNITS	-UN	控制坐标和角度的显示格式和精度
UNION	UNI	通过添加操作合并选定面域或实体
VIEW	V	保存和恢复命名视图、相机视图、布局视图和预设视图
VPOINT	-VP	设置图形的三维直观观察方向
VISUALSTYLES	VSM	创建和修改视觉样式，并将视觉样式应用到视口
WBLOCK	W	将对象或块写入新图形文件
WEDGE	WE	创建五面三维实体，并使其倾斜面沿 X 轴方向
XATTACH	XA	将外部参照附着到当前图形
XBIND	XB	将外部参照中命名对象的一个或多个定义绑定到当前图形
XCLIP	XC	定义外部参照或块剪裁边界，并设置前剪裁平面和后剪裁平面
XLINE	XL	创建无限长的线
XREF	XR	控制图形文件的外部参照
ZOOM	Z	放大或缩小当前视口中对象的外观尺寸